中国特色高水平高职学校项目建设成果

焊接基础技术

主　编　崔元彪
副主编　李　涛　管晓光
参　编　方乃文　徐　涛
　　　　　王滨滨　樊志伟
主　审　刘　洋

哈爾濱工程大學出版社
Harbin Engineering University Press

内容简介

本书按照国际焊接技师(IWS)的培养要求,选择典型的焊接构件为载体进行学习情境描述,按照工作过程的“6步法”安排教材内容,真正做到“教中学,学中做”,使二者互动融合,互相促进提高。全书以储罐为载体,以焊接生产技术人员的工作岗位迁移为主线,共设4个学习情境,包括储罐焊接生产的绘图与识图、材料选择及成形加工、安全技术应用和常用焊接方法及工艺的选用。此外,本书配有视频等资源的二维码,方便读者学习。

本书既可作为智能焊接技术、模具设计与制造、机械制造与自动化等相关专业的高职教材,也可作为成人教育和继续教育的教材,还可作为相关从业人员的参考用书。

图书在版编目(CIP)数据

焊接基础技术 / 崔元彪主编. -- 哈尔滨 : 哈尔滨工程大学出版社, 2025. 4. -- ISBN 978-7-5661-4750-9

Ⅰ. TG4

中国国家版本馆 CIP 数据核字第 2025ZU5089 号

焊接基础技术
HANJIE JICHU JISHU

选题策划 史大伟
责任编辑 关 鑫
封面设计 李海波

出版发行 哈尔滨工程大学出版社
社 址 哈尔滨市南岗区南通大街 145 号
邮政编码 150001
电 话 0451-82519989
经 销 新华书店
印 刷 哈尔滨市海德利商务印刷有限公司
开 本 787 mm×1 092 mm 1/16
印 张 13.75
字 数 339 千字
版 次 2025 年 4 月第 1 版
印 次 2025 年 4 月第 1 次印刷
书 号 ISBN 978-7-5661-4750-9
定 价 55.00 元

http://www.hrbeupress.com
E-mail:heupress@hrbeu.edu.cn

中国特色高水平高职学校项目建设系列
教材编审委员会

编写说明

中国特色高水平高职学校和专业建设计划(简称“双高计划”)是我国教育部、财政部为建设一批引领改革、支撑发展、中国特色、世界水平的高等 职业学校和骨干专业(群)的重大决策建设工程。哈尔滨职业技术大学(原哈尔滨职业技术学院)入选“双高计划”建设单位,学校对中国特色高水平学校建设项目进行顶层设计,编制了站位高端、理念领先的建设方案和任务书,并扎实 地开展人才培养高地、特色专业群、高水平师资队伍与校企合作等项目建设, 借鉴国际先进的教育教学理念,开发中国特色、国际标准的专业标准与规范, 深入推动“三教改革”,组建模块化教学创新团队, 实施“课程思政”,开展“课堂革命”,出版校企双元开发活页式、工作手册式、新形态的教材。为适应智能时代先进教学手段应用,学校加大优质在线资源的建设,丰富教材的载体, 为开发以工作过程为导向的优质特色教材奠定基础。按照教育部印发的《职业院校教材管理办法》要求,教材编写总体思路是:依据学校双高建设方案中教材建设规划、国家相关专业教学标准、专业相关职业标准及职业技能等级标准,服务学生成长成才和就业创业,以立德树人为根本任务,融入课程思政,对接相关产业发展需求,将企业应用的新技术、新工艺和新规范融入教材之中。教材编写遵循技术技能人才成长规律和学生认知特点,适应相关专业人才培养模式创新和优化课程体系的需要,注重以真实生产项目、典型工作任务、生产流程及典型工作案例等为载体开发教材 内容体系,理论与实践有机融合,满足“做中学、做中教”的需要。

本系列教材是哈尔滨职业技术大学中国特色高水平高职学校项目建设的重要成果之一,也是哈尔滨职业技术大学教材改革和教法改革成效的集中体现。教材体例新颖,具有以下特色:

第一,教材研发团队组建创新。按照学校教材建设统一要求,遴选教学经验丰富、课程改革成效突出的专业教师担任主编,邀请相关企业作为联合建设单位,形成了一支学校、行业、企业和教育领域高水平专业人才参与的开发团队,共同参与教材编写。

第二,教材内容整体构建创新。精准对接国家专业教学标准、职业标准、职业技能等级标准,确定教材内容体系,参照行业企业标准,有机融入新技术、新工艺、新规范,构建基于职业岗位工作需要的体现真实工作任务、流程的内容体系。

第三,教材编写模式形式创新。与课程改革相配套,按照“工作过程系 统化”“项目 + 任务式”“任务驱动式”“CDIO 式”四类课程改革需要设计四种教材编写模式,创新新形态、活页式或工作手册式教材三种编写形式。

第四,教材编写实施载体创新。依据专业教学标准和人才培养方案要求,在深入企业调研岗位工作任务和职业能力分析基础上，按照“做中学、做中教”的编写思路，以企业典型工作任务为载体进行教学内容设计，将企业真实工作任务、真实业务流程、真实生产过程纳入教材之中，并开发了与教学内容配套的教学资源，以满足教师线上线下混合式教学的需要。本套教材配套资源同时在相关平台上线，可随时下载相应资源，也可满足学生在线自主学习的需要。

第五，教材评价体系构建创新。从培养学生良好的职业道德、综合职业能力、创新创业能力出发，设计并构建评价体系，注重过程考核和学生、教师、企业、行业、社会参与的多元评价，在学生技能评价上借助社会评价组织的“1+X”考核评价标准和成绩认定结果进行学分认定，每部教材根据专业特点设计了综合评价标准。为确保教材质量，哈尔滨职业技术大学组建了中国特色高水平高职学校项目建设成果编审委员会。教材编审委员会由职业教育专家组成，同时聘用企业技术专家指导。学校组织了专业与课程专题研究组，对教材编写持续进行培训、指导、回访等跟踪服务，有常态化质量监控机制，能够为修订完善 教材提供稳定支持，确保教材的质量。

本系列教材是在国家骨干高职院校教材开发的基础上，经过几轮修改，融入课程思政内容和课堂革命理念，既具教学积累之深厚，又具教学改革之创新，凝聚了校企合作编写团队的集体智慧。本套教材充分展示了课程改革成果，力争为更好地推进中国特色高水平高职学校和专业建设及课程改革做出积极贡献！

哈尔滨职业技术大学

中国特色高水平高职学校项目建设成果系列教材编审委员会

2025 年 3 月

前　言

随着现代工业的高速发展,制造业的关键技术之一——焊接技术作为一种可靠、精确的金属材料连接方法,越来越多地被应用到各个行业的各个领域中。无论是机械制造、船舶制造领域,还是航空航天、核工业领域,或是石油化工、建筑、交通运输等领域,均需要焊接技术的支撑。在各个领域中,焊接技术发挥着越来越重要的作用。

高校作为培养焊接实用人才的主要基地,无论是在人才培养模式方面,还是在课程改革方向方面,或是在课程教材研发等方面,都应根据行业、企业的发展要求进行改进。本教材是在进行充分调研的基础上,联合行业、企业的专家和专业技术人员编写的,突出特色如下:

(1)以工作过程为导向,采用任务驱动的模式

本教材在编写模式上,按照焊接生产的一般过程创设学习情境,设置工作任务,融"教、学、做"于一体,按照"6 步法"(即资讯、计划、决策、实施、检查、评价)编写工作任务,使学生系统地掌握焊接过程的特点及分布规律,熟悉焊接生产的特点,掌握焊接生产的要点,提高焊接生产技术与技能,同时使学生能够将理论联系实际,成为熟悉焊接生产、懂得管理的实用型技术人才。

(2)以典型焊接结构为载体组织教学内容

本教材以典型焊接结构——储罐为载体,将专业知识内容按照焊接结构的一般生产过程进行逻辑展开。本教材将焊接结构的一般生产过程分解,对应于创设的学习情境,并按照焊接专业的职业岗位,根据典型的工作任务,设置学习情境的工作任务,更加贴近生产实际,具有鲜明的职业教育特色。此外,本书配有视频等资源(均来自职业教育焊接技术与自动化专业教学资源库)的二维码。

(3)融入最新标准

本教材内容融入了最新的国家标准、行业标准和国际焊接技师(IWS)标准,体现了国内外焊接行业的最新技术及发展,可培养职业教育的国际人才,提高学生获得国际焊接技师资质的概率,使其具备在国际市场就业的能力,并提高就业率,提升就业水平,使学生能够高质量、高水平就业。

本教材由哈尔滨职业技术大学崔元彪担任主编,并负责全书的统稿工作;由哈尔滨职业技术大学李涛、黑龙江科技大学管晓光担任副主编;由哈尔滨理工大学刘洋担任主审。

本教材的编写具体分工如下:学习情境1由哈尔滨职业技术大学崔元彪、李涛和中国机械总院集团哈尔滨焊接研究所有限公司徐涛共同编写;学习情境2由哈尔滨职业技术大学李涛、王滨滨和中国机械总院集团哈尔滨焊接研究所有限公司方乃文共同编写;学习情境3由哈尔滨职业技术大学崔元彪、樊志伟、徐涛共同编写;学习情境4由黑龙江科技大学管晓光、哈尔滨职业技术大学崔元彪、中国机械总院集团哈尔滨焊接研究所有限公司方乃文共同编写。

本教材在编写过程中与有关企业进行合作,得到了企业专家和专业技术人员的大力支持,获得了许多宝贵意见和建议,在此表示衷心的感谢。

由于时间仓促,编者水平有限,书中难免存在疏漏之处,恳请读者批评指正。

编　者

目　录

学习情境1　储罐焊接生产的绘图与识图

【学习指南】

【情境导入】

一名在某厂储罐焊接车间实习的学生被任命为焊接工程师助理，主要负责机械、焊接产品的零部件分析与制图，对设计图纸进行解释及提供技术指导等工作。其在就职后发现一部分用于指导工人生产的图纸不规范，在请示上级领导并得到批准后，其负责重新对产品工艺图纸进行审核并协助相关人员进行完善，按照现有的技术规范使产品图纸实现标准化，提升了焊接生产产品的质量，确保了焊接生产的高效运行。

【学习目标】

知识目标

1. 能够阐述机械制图国家标准；
2. 能够准确阐述投影法的基本理论及其应用；
3. 能够阐述画剖视图的方法与步骤；
4. 能够描述零部件的代号标注方法及识读焊缝符号。

能力目标

1. 能够识读平面图形，并能判断图样绘制是否规范；
2. 能够正确识读基本体的三视图；
3. 能够正确分析、绘制典型的焊接结构装配图。

素质目标

1. 培养学生自学的习惯和能力；
2. 培养学生查阅及整理文献资料的能力。

【工作任务】

任务1　机械制图及常用零件的绘制	参考学时：课内4学时（课外2学时）
任务2　焊接结构图的识读	参考学时：课内4学时（课外2学时）

任务1　机械制图及常用零件的绘制

【任务工单】

<table>
<tr><td>学习情境1</td><td colspan="3">储罐焊接生产的绘图与识图</td><td>任务1</td><td colspan="2">机械制图及常用零件的绘制</td></tr>
<tr><td colspan="4">任务学时</td><td colspan="3">课内4学时(课外2学时)</td></tr>
<tr><td colspan="7">布置任务</td></tr>
<tr><td>任务目标</td><td colspan="6">1. 理解直线、平面及三视图的投影规律;
2. 能正确识读基本体的三视图;
3. 熟悉投影法的基本理论及其应用;
4. 掌握钢板、钢管、型钢、轴、螺纹和法兰的规定画法;
5. 掌握钢板、钢管、型钢、轴、螺纹和法兰的代号标注方法</td></tr>
<tr><td>任务描述</td><td colspan="6">1. 掌握机械制图的一般基本规定,能贯彻国家关于技术制图和机械制图的相关标准的各项规定;
2. 通过学习常用零部件的规定画法、代号及标注方法等知识,能够正确选用焊接生产中常见零部件</td></tr>
<tr><td>学时安排</td><td>资讯
0.5学时</td><td>计划
1学时</td><td>决策
0.5学时</td><td>实施
3学时</td><td>检查
0.5学时</td><td>评价
0.5学时</td></tr>
<tr><td>对学生的学习过程及成果的要求</td><td colspan="6">1. 掌握机械图样中图纸幅面等国家标准的有关规定;
2. 会识读简单的平面图形,并能判断图样绘制是否规范,树立标准化意识;
3. 具备空间想象能力;
4. 具备查找资料的能力;
5. 能利用网络或《机械零件设计手册》查阅机械零件、常用件、标准件等的材料、功用、结构设计特点、加工方法等;
6. 每名同学均需独立或在小组同学的帮助下完成任务工作单等,并提请教师检查、签认,对教师提出的建议或指出的错误务必及时思考或修改;
7. 每组必须完成任务工单,并提请教师进行小组评价,之后小组成员分享小组评价分数或等级;
8. 每名同学均需进行任务反思并做书面报告,以小组为单位提交</td></tr>
</table>

【课前自学】

知识点1　制图国家标准的认知

一、图纸幅面与格式

图纸幅面是指图纸宽度与长度组成的图面。在绘制图样时,应采用规定的图纸基本幅面尺寸,见表1-1。相关标准为《技术制图　图纸幅面和格式》(GB/T 14689—2008)。

表 1-1　图纸幅面尺寸

项目	内容				
幅面代号	A0	A1	A2	A3	A4
B×*L*/mm	841×1 189	594×841	420×594	297×420	210×297
e	20		10		
c	10			5	
a	25				

注：*B*、*L* 分别为图纸的总宽度和长度；*a* 为留给装订的一边的空余宽度；*c* 为其他 3 条边的空余宽度；*e* 为无装订边时的各边空余宽度。

一般选用幅面代号为 A0、A1、A2、A3、A4 的 5 种基本幅面。各基本幅面尺寸间的关系如图 1-1 所示。

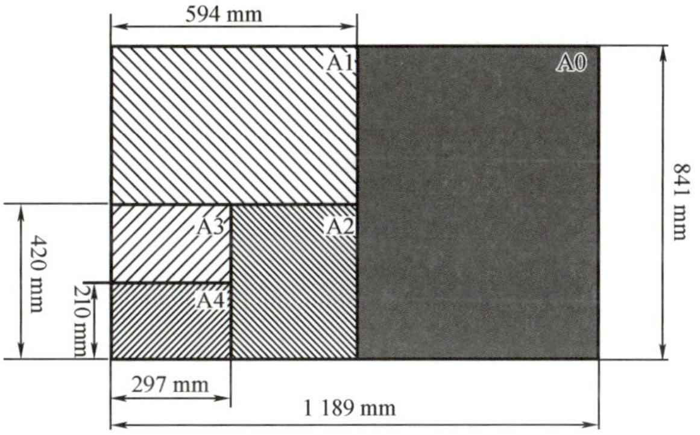

图 1-1　基本幅面尺寸

必要时，允许选用规定的加长幅面。加长幅面的尺寸由基本幅面的短边成整数倍增加后得出。如果将 A3 幅面加长 2 倍，将 A4 幅面加长 2 倍，其图纸的大小如图 1-2 所示。

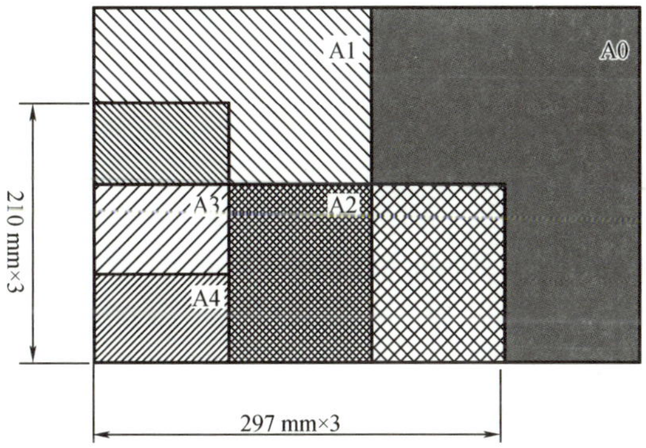

图 1-2　加长图纸的幅面

二、图框格式

1. 图框的定义

图纸上限定绘图区域的线框。

2. 线型使用

在图纸上必须用粗实线画出图框。

3. 格式分类

其格式分为不留装订边和留装订边两种，如图 1-3 所示。图纸可以横放或竖放，如图 1-4 所示。同一产品的图样必须采用一种格式。

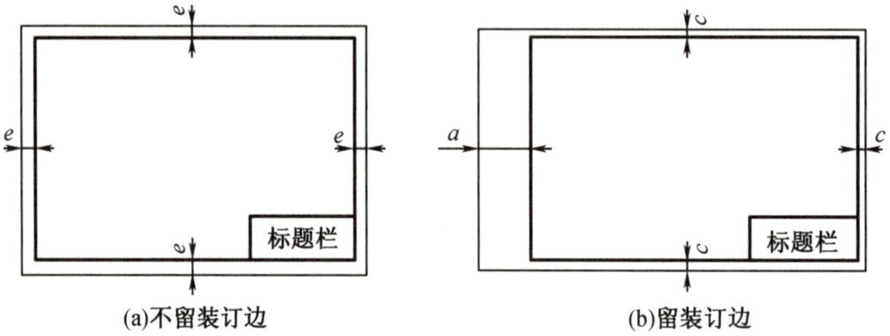

图 1-3　图框格式

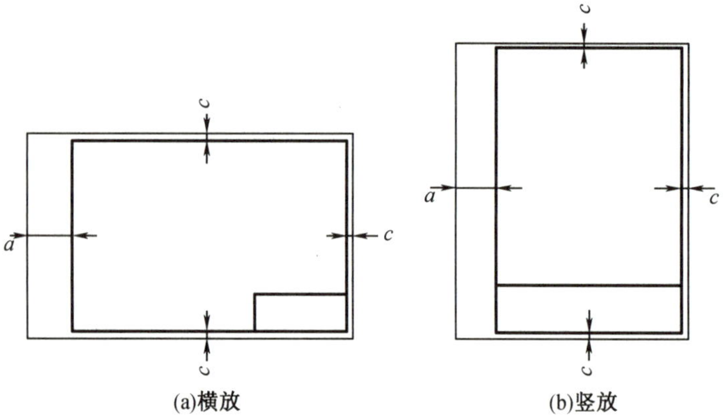

图 1-4　图纸的横放及竖放

三、标题栏

标题栏通常位于图框的右下角。看图的方向应与看标题栏的方向一致。

《技术制图　标题栏》(GB/T 10609.1—2008)规定了两种标题栏分区形式[图 1-5(a)和(b)]，图 1-5(c)是第一种标题栏分区形式和格式，这种格式与《技术制图——标题栏》(ISO 7200—1984)相一致。

每张图纸都必须有标题栏。对于在校学习的学生，建议在制图时采用图 1-6 所示的简易标题栏格式。标题栏的格式和尺寸应符合 GB/T 10609.1—2008 的规定。标题栏的外边框是粗实线，其右边的底线与图纸边框重合，其余是细实线。

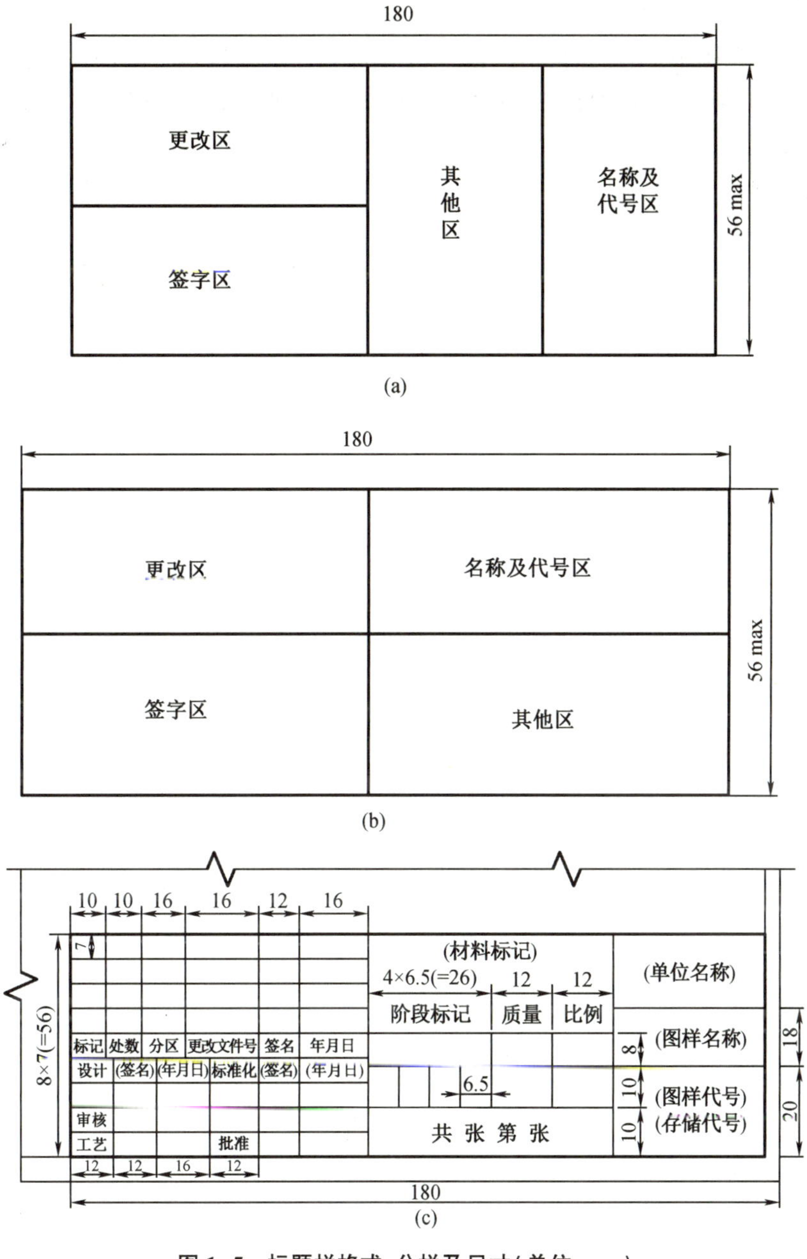

图 1-5　标题栏格式、分栏及尺寸(单位:mm)

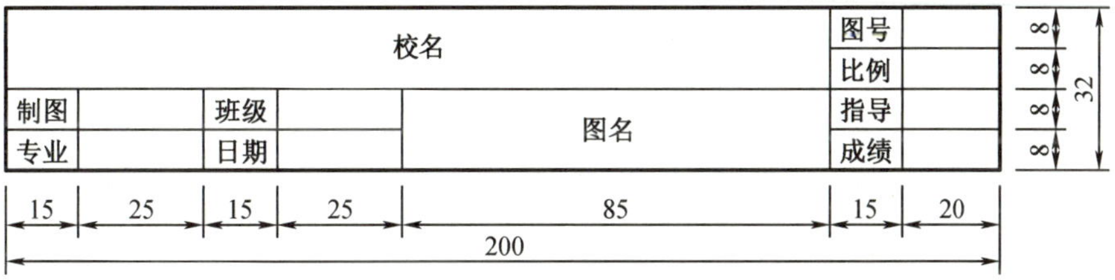

图 1-6　简易标题栏格式(单位:mm)

四、图线、字体和比例

在机械工程制图中，用计算机辅助设计（CAD）软件绘制机械工程图样时，首先应考虑表达准确，看图方便，并且应保证 CAD 图完整和清晰，在准确地表达机件各部分形状的前提下力求制图简便。

1. 图线的规定

（1）线宽的规定

在 CAD 制图中，所用图线除按照表 1-2 的规定外，还应遵守《技术制图　图线》（GB/T 17450—1998）的规定。

表 1-2　CAD 制图线宽的规定

分组						一般用途
组别	1	2	3	4	5	
线宽	2.0	1.4	1.0	0.7	0.5	粗实线、粗点画线
	1.0	0.7	0.5	0.35	0.25	细实线、波浪线、虚线、细点画线、双折线

（2）颜色的规定

屏幕上显示的图线一般应按表 1-3 中提供的颜色显示并要求相同类型的图线应采用相同的颜色。

表 1-3　图线颜色的规定

图线类型		屏幕上的颜色
粗实线	————————	白色
细实线	————————	绿色
波浪线		
双折线	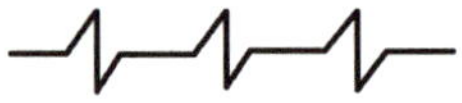	
细虚线	------------------------	黄色
细点画线	—·—·—·—·—·—·—	红色
粗点画线	—·—·—·—·—·—·—	棕色
双点画线	—··—··—··—··—··—	粉红色

2. 字体的规定

机械工程制图所使用的字体，应按《技术制图　字体》（GB/T 14691—1993）的要求，做到字体端正、笔画清楚、排列整齐、间隔均匀。

字母和数字：可写成斜体和直体。斜体字字头向右倾斜，与水平基准线成 75°。

小数点：在输出时应占 1 个字位并位于中间靠下处。

汉字：在输出时一般采用长仿宋体并采用国家正式公布推行的简化字。汉字的高度 h

不应小于 3. 5 mm，字宽一般为 $h/\sqrt{2}$。字体高度的公称尺寸系列为 1. 8 mm、2. 5 mm、3. 5 mm、5 mm、7 mm、10 mm、14 mm、20 mm。

标点符号：应按其含义正确使用。除省略号和破折号占 2 个字位外，其余标点符号均为 1 个符号占 1 个字位。

字体与图纸幅面之间的选用关系参见表 1-4。

表 1-4　字体与图纸幅面之间的选用关系

字体	图幅				
	A0	A1	A2	A3	A4
	字体高度 h/mm				
字母数字	5		3. 5		
汉字	7		5		

字体的最小字（词）距、行距以及间隔线或基准线与书写字体之间的最小距离见表 1-5。

表 1-5　字体的最小字（词）距、行距以及间隔线或基准线与书写字体之间的最小距离

字体	最小距离/mm	
汉字	字距	1. 5
	行距	2
	间隔线或基准线与汉字的间距	1
字母与数字	字符	0. 5
	词距	1. 5
	行距	1
	间隔线或基准线与字母、数字的间距	1

注：当汉字与字母、数字混合使用时，字体的最小字距、行距等应根据汉字的规定使用。

3. 比例的规定

《技术制图　比例》（GB/T 14690—1993）对比例的选用做了规定。

比例的定义：图中图形与其实物相应要素的线性尺寸之比。

绘制图样时应优先选取表 1-6 中所规定的比例。

表 1-6　比例关系

种类	比例		
原值比例	1 : 1		
放大比例	5 : 1 5×10^n : 1	2 : 1 2×10^n : 1	1×10^n : 1

表 1-6(续)

种类	比例		
缩小比例	1 : 2 1 : 2×10^n	1 : 5 1 : 5×10^n	1 : 10 1 : 1×10^n

注:n 为正整数。

放大、缩小比例的示例如图 1-7 所示。

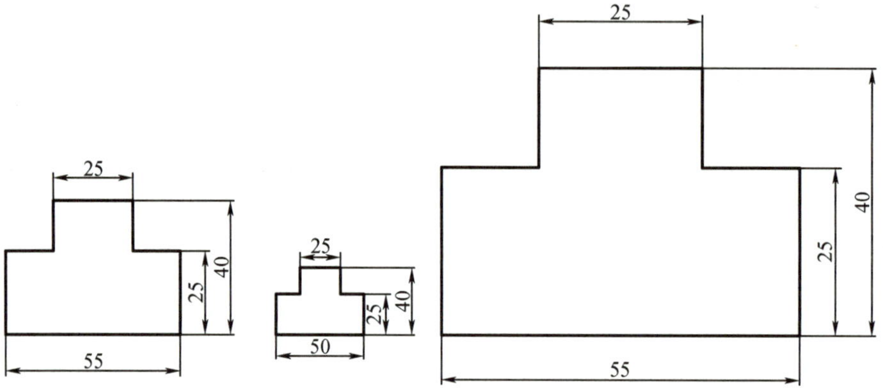

(a)1∶1　(b)1∶2　(c)2∶1

图 1-7　放大、缩小比例的示例(单位:mm)

知识点 2　投影作图基础技术的应用

人们在长期的生产实践中创造了用物体的投影来表达物体形状的方法。由于物体的形状不同,表达目的不同,因此所采用的投影方法也不同。

一、投影的基本知识

1. 投影的基本概念

在日常生活中,当灯光或阳光照射物体时,在地面或墙上就会产生影子,这就是投影现象。

如图 1-8 所示,将一块三角板放在电灯与地面之间,地面上出现三角板的影子。若把灯光的光束看成从一个点发出的,则这个点称为投射中心,用 S 表示;地面所代表的平面称为投影面,用 H 表示;从投射中心发出的光线称为投射线,过空间点 A 的投射线与投影面的交点 a 就是点 A 在投影面 H 上的投影。这种在投影面上表示空间物体的基本方法,称为投影法。

2. 投影法的分类

投影法一般分为中心投影法和平行投影法两类。

(1) 中心投影法

由一点发出呈放射状的投射线照射物体所形成的投影称为中心投影,如图 1-9 所示。可以这样理解:由点光源产生放射状的光线,使形体产生的投影,叫作中心投影。

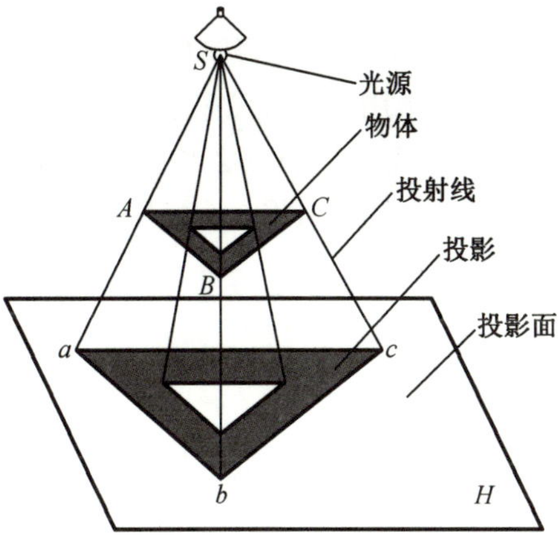

图 1-8　投影的基本概念

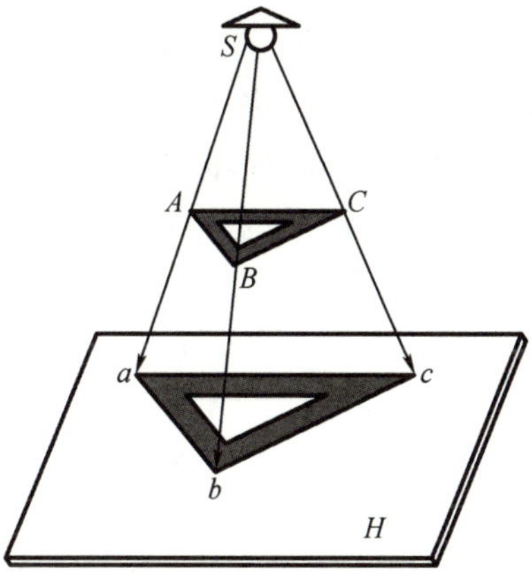

图 1-9　中心投影法

中心投影法的特点：具有较强的立体感，适用于绘制建筑物的透视图。但是，中心投影法由于作图复杂，度量性差，一般不反映形体的真实大小，因此在机械图样中很少被采用。

(2)平行投影法

当投影中心 S 至投影面 H 的距离无限远时，可认为投射线是相互平行的，由平行投射线照射物体所形成的投影称为平行投影。可以这样理解：当点光源向无限远处移动时，光线与光线之间的夹角逐渐变小，直至为 0°，这时光线与光线互相平行，使形体产生的投影，叫作平行投影。

根据投射线与投影面之间的夹角不同，平行投影法又可以分为斜投影法和正投影法两类。

①正投影法

在平行投影中，投射线垂直于投影面时所形成的投影称为正投影。作出正投影的方法称为正投影法，如图 1-10 所示。

正投影法的特点：作图简单、度量方便，投影面上的投影与空间物体大小相等，可反映物体的实际形状，在工程制图中广泛应用。

②斜投影法

在平行投影中，投射线倾斜于投影面时所形成的投影称为斜投影。作出斜投影的方法称为斜投影法，如图 1-11 所示。

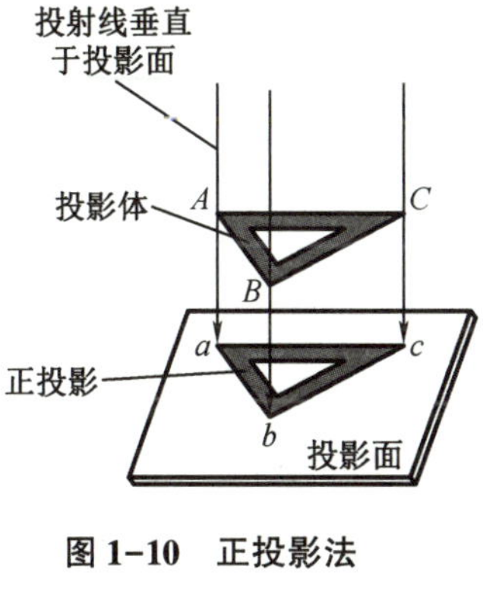

图 1-10　正投影法

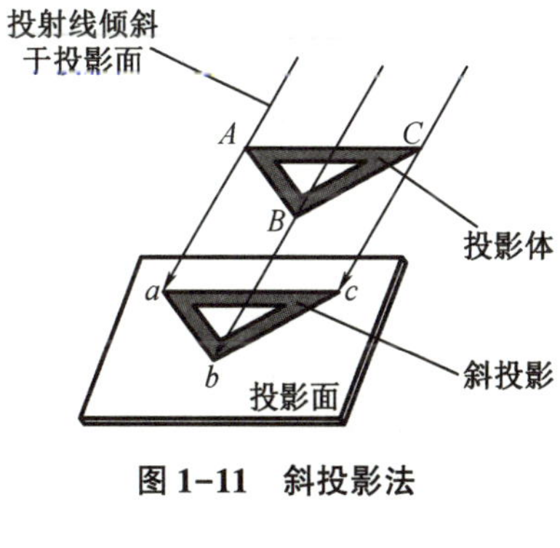

图 1-11　斜投影法

二、三视图的形成及对应关系

一般只用一个方向的投影来表达物体的形状是不确定的，通常需将物体向几个方向投影，画出多个视图，才能完整清晰地表达出物体的形状。通常用 3 个视图来表示。

3 个互相垂直的投影面构成三投影面体系；投影面的交线 OX、OY、OZ 称为投影轴；3 个投影轴交于一点 O，称为原点。为了将 3 个视图画在一张图纸上，需将 3 个投影面展开到同一个平面上。

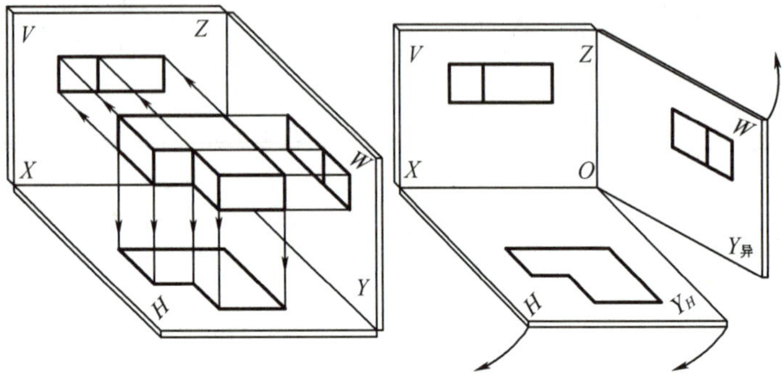

(a)直观图　　(b)展开投影面

图 1-12　三投影面体系

1. 三视图与物体方位的对应关系

如图 1-13(a)所示，物体有上、下、左、右、前、后共 6 个方位，其中，主视图[图 1-13(b)]反映物体的上、下和左、右的相对位置关系；俯视图[图 1-13(c)]反映物体的前、后和左、右的相对位置关系；左视图[图 1-13(d)]反映物体的前、后和上、下的相对位置关系。

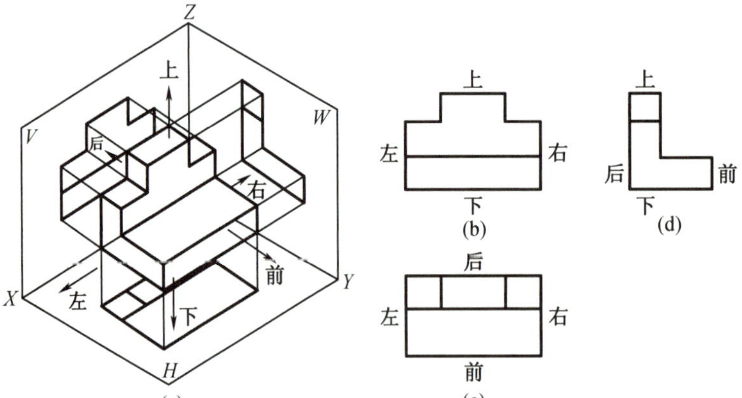

图 1-13　三视图与物体的方位对应关系

2. 三视图的投影对应关系

物体有长、宽、高 3 个方向的尺寸。通常规定：物体左右之间的距离为长，前后之间的距离为宽，上下之间的距离为高。

主视图与俯视图反映物体的长度——长对正。

主视图与左视图反映物体的高度——高平齐。

俯视图与左视图反映物体的宽度——宽相等。

“长对正、高平齐、宽相等”的投影对应关系既是三视图的重要特性，也是画图与读图的依据，如图 1-14 所示。

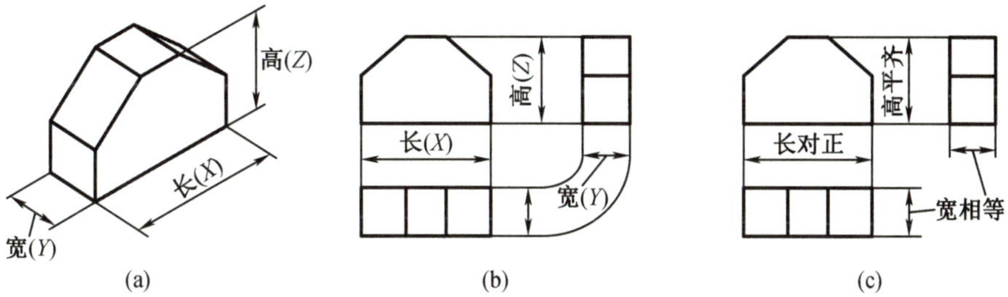

图 1-14　三视图的投影对应关系

三、画物体三视图的方法和步骤

画图时，选择反映物体形状特征明显的方向作为主视图的投射方向。将物体在三投影面体系中放正后按正投影法向各投影面投射。

画简单物体的三视图时，可先画出主视图，再按“长对正、高平齐、宽相等”的对应关系逐个画出俯视图和左视图。

画比较复杂的物体的三视图时，必须将几个视图配合起来，依次画出三视图，如图 1-15 所示。

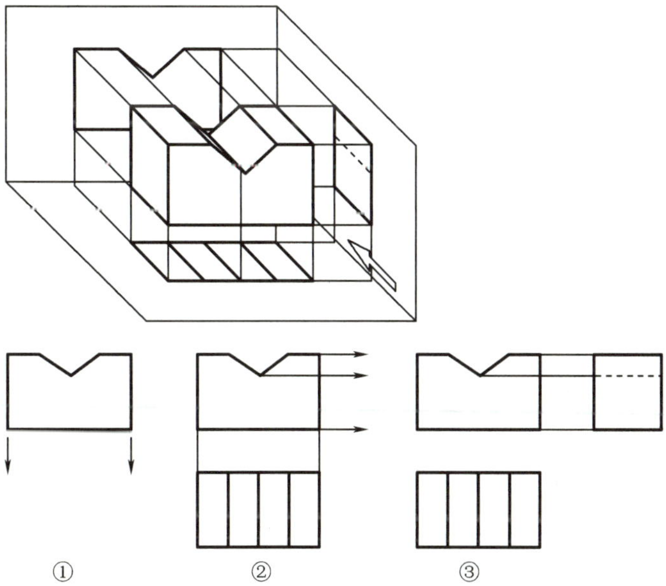

图 1-15　画物体三视图的步骤

知识点 3　剖视图的绘制和识读

一、剖视图的形成和画法

1. 剖视图的形成

假想用剖切面剖开机件，将处在观察者与剖切面之间的部分移去，其余部分向投影面投射所得的图形称为剖视图，简称剖视。剖视图的形成过程如图 1-16 所示。

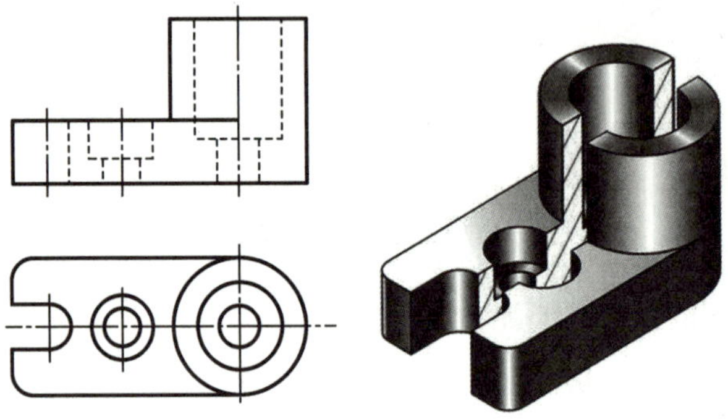

(a)机件视图和立体图

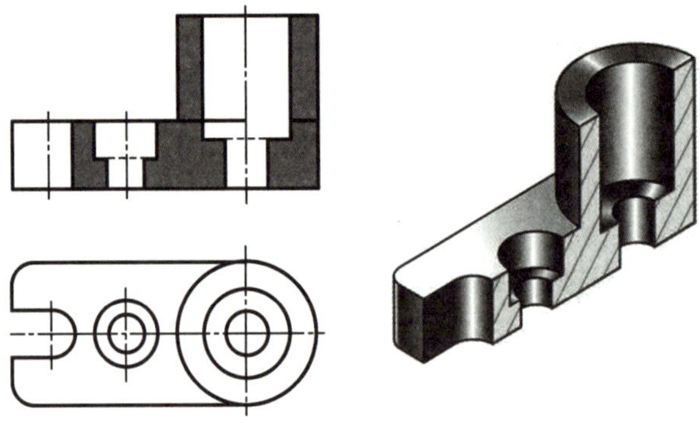

(b)剖视过程

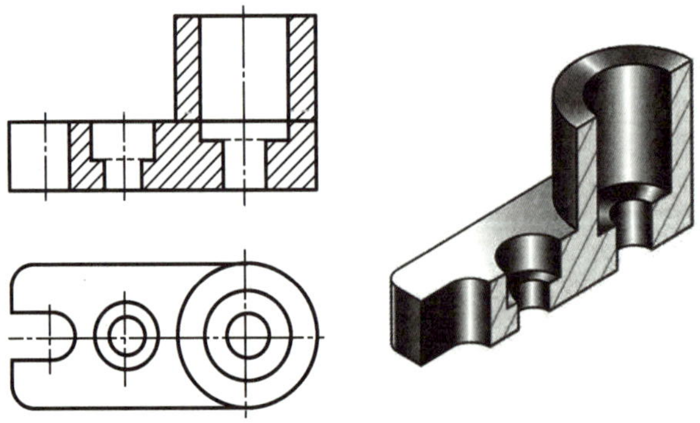

(c)剖视图

图 1-16　剖视图的形成过程

2. 画剖视图的方法与步骤

(1)确定剖切面的位置。剖切面一般应通过物体的孔洞、槽等内部结构的轴线或对称面。

(2)画出剖切后的剖面区域。

(3)画出剖切面后面的可见轮廓线。

(4)在剖面区域内应画上剖面符号以表示物体的材料,并完成其他视图。

以图 1-17 所示机件为例说明画剖视图的方法和步骤。

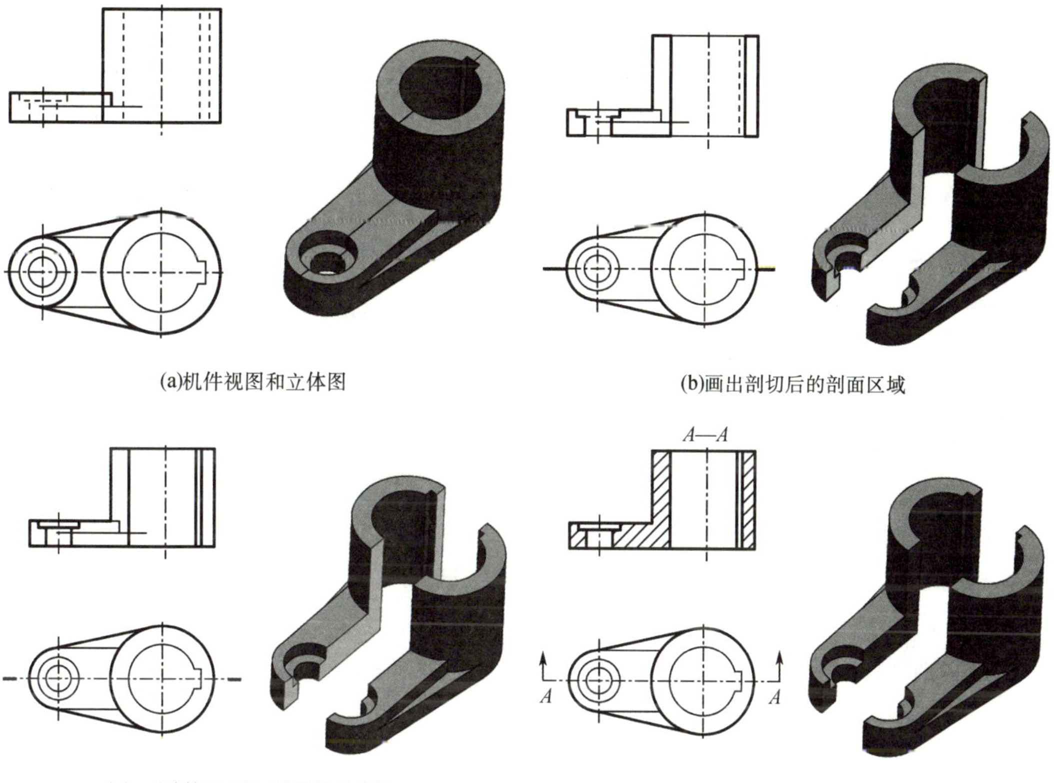

(a)机件视图和立体图　(b)画出剖切后的剖面区域

(c)画出剖切面后面的可见轮廓线　(d)画出必要的虚线,标注剖切面的位置和名称

图 1-17　画剖视图的方法和步骤

3. 剖面符号

在剖视图中,剖切面与机件接触的部分称为剖面区域。各种材料的剖面符号见表 1-7。

表 1-7　各种材料的剖面符号

材料名称	剖面符号	材料名称	剖面符号
金属材料(已有规定剖面符号者除外)		砖	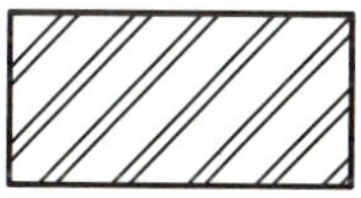

表 1-7(续)

材料名称	剖面符号	材料名称	剖面符号
线圈绕组材料	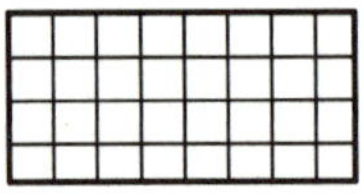	液体	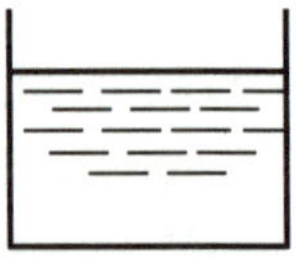
转子、电枢、变压器等的叠钢片	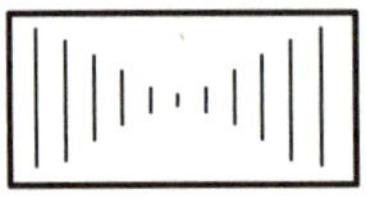	混凝土	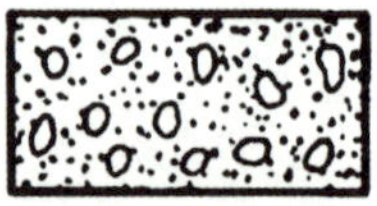
非金属材料(已有规定剖面符号者除外)		钢筋混凝土	
型砂、填砂、粉末冶金、砂轮、陶瓷刀片、硬质合金刀片等	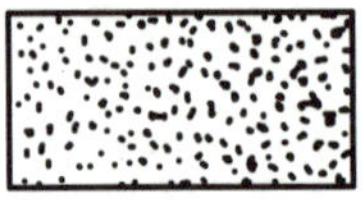	格网(筛网、过滤网等)	
玻璃及供观察用的其他透明材料	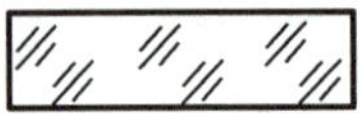	木材(纵剖)	

4. 剖视图的标注

剖视图的标注有 3 个要素:剖切线、剖切符号和字母。

(1)剖切线,指示剖切面位置的线,用细点画线表示。

(2)剖切符号,指示剖切面起讫和转折位置及投射方向。

(3)字母,表示剖视图的名称。

剖视图的标注示例如图 1-18 所示。

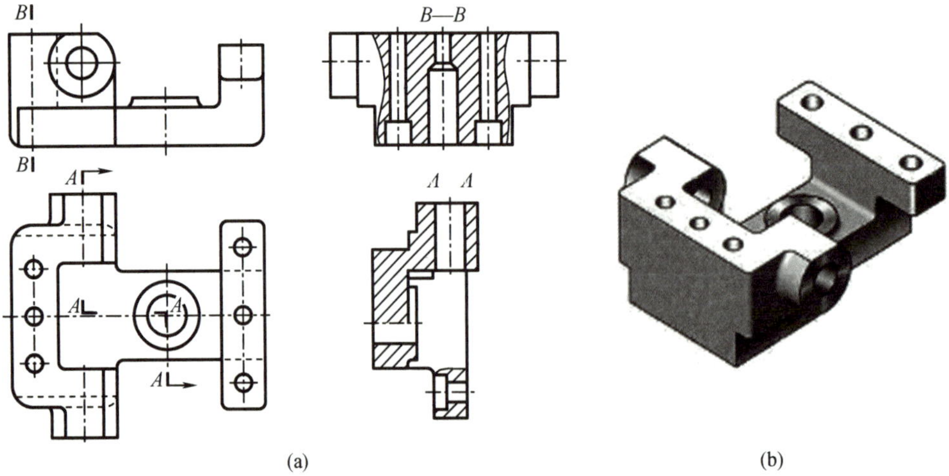

图 1-18　剖视图的标注示例

5. 剖视图的配置

剖视图应首先考虑配置在基本视图的方位，当难以按基本视图的方位配置时，也可按投影关系配置在相应位置上，必要时才考虑配置在其他适当位置上。

二、剖视图的种类

1. 全剖视图

用剖切面完全地剖开机件所得的剖视图称为全剖视图，如图 1-19 所示。全剖视图一般适用于外形比较简单、内部结构较为复杂的机件。

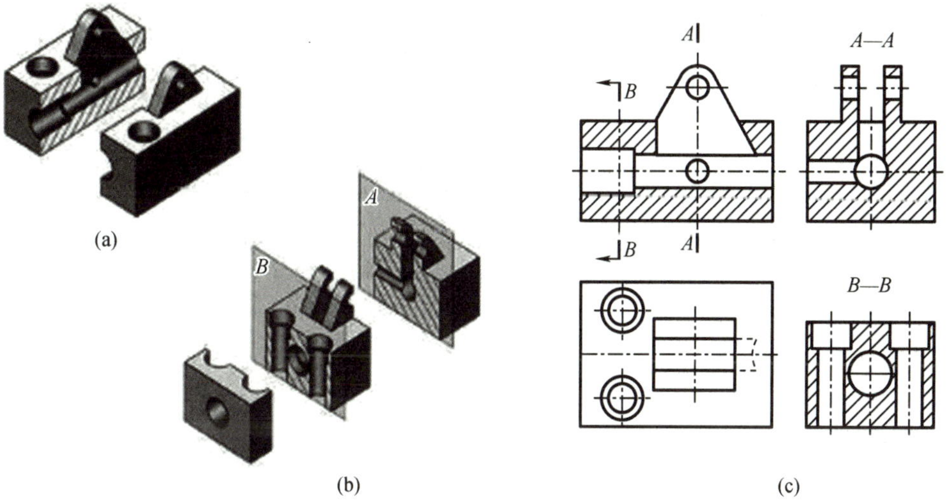

图 1-19 全剖视图

2. 半剖视图

当机件具有对称平面时，以对称平面为界，用剖切面剖开机件的一半所得的剖视图称为半剖视图，如图 1-20 所示。

半剖视图既表达了机件的内部形状，又保留了其外部形状，所以常用于表达内、外形状都比较复杂的对称机件。

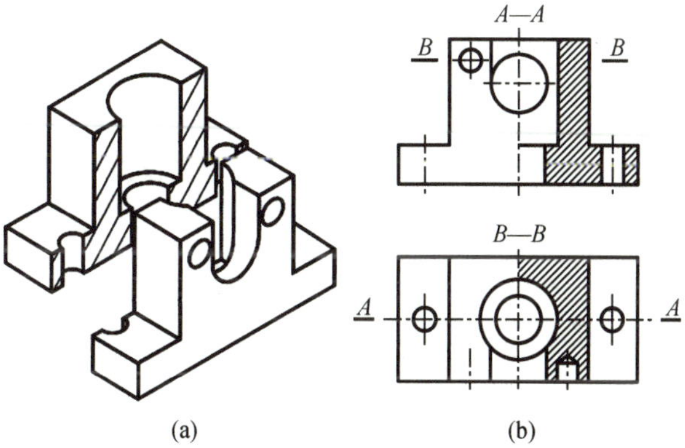

图 1-20 半剖视图

3. 局部剖视图

局部剖视图是用剖切面局部地剖切机件所得的剖视图,如图 1-21 所示。局部剖视图可以兼顾对机件内、外结构和形状的表达。

(a)

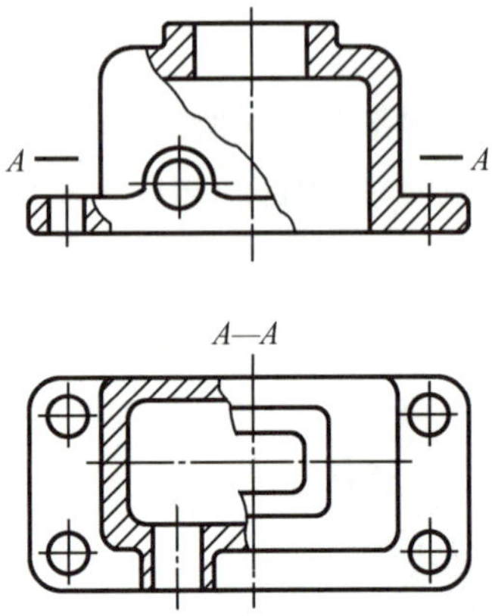

(b)

图 1-21　局部剖视图

知识点 4　零部件的画法及其代号标注

一、零部件的画法

焊接技术文件中常见的零部件有钢板、钢管、型钢、轴、螺纹和法兰等,下面对这些常见的零部件的画法进行必要的说明。

1. 钢板的画法

长为 L、宽为 B、厚为 t 的钢板的画法如图 1-22 所示。

2. 钢管的画法

直径为 ϕ,厚度为 t 的钢管的画法如图 1-23 所示。

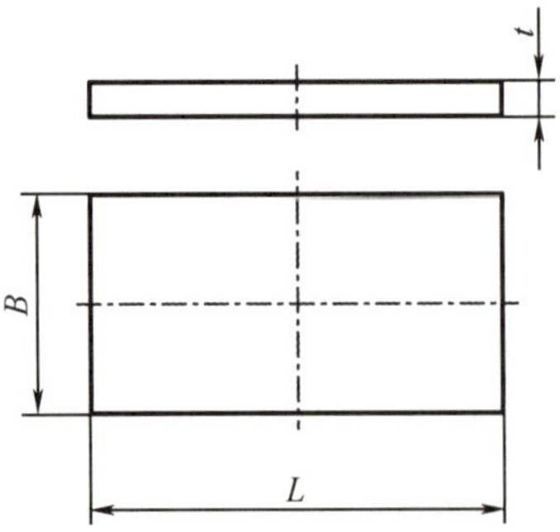

图 1-22　钢板的画法

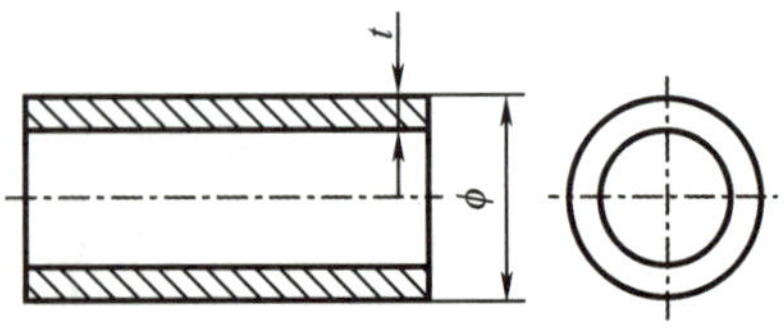

图 1-23　钢管的画法

3. 型钢的画法

型钢(角钢、工字钢和槽钢)的画法如图 1-24 所示。

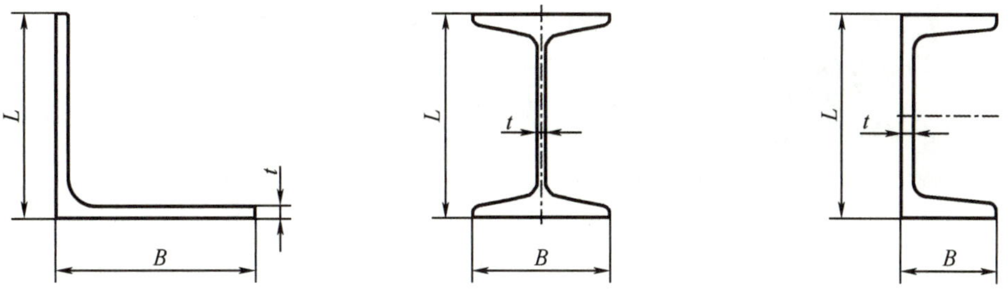

(a)角钢(L型钢)　　(b)工字钢　　(c)槽钢

图 1-24　型钢的画法

4. 轴的画法

直径为 ϕ、长为 L 的轴的画法如图 1-25 所示。

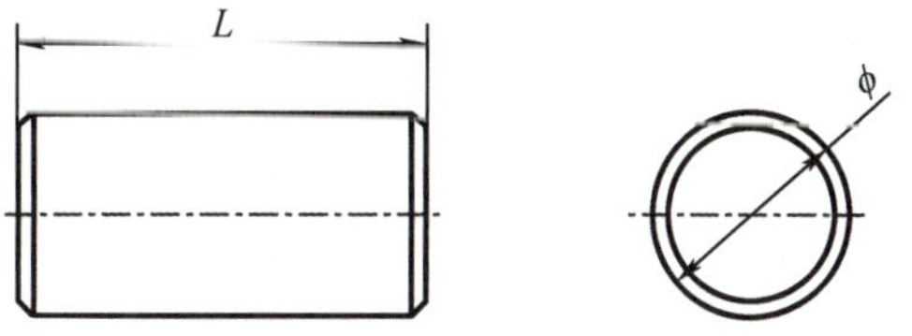

(a)　　(b)

图 1-25　轴的画法

5. 螺纹的画法

(1)外螺纹

螺纹的牙顶(大径)及螺纹的终止线用粗实线表示,牙底(小径)用细实线表示。在平行于螺杆轴线的投影面的视图中,螺杆的倒角或倒圆部分也应画出;在垂直于螺纹轴线的投影面的视图中,表示牙底的细实线圆只画约 3/4 圆,此时螺纹的倒角省略不画,如图 1-26 所示。

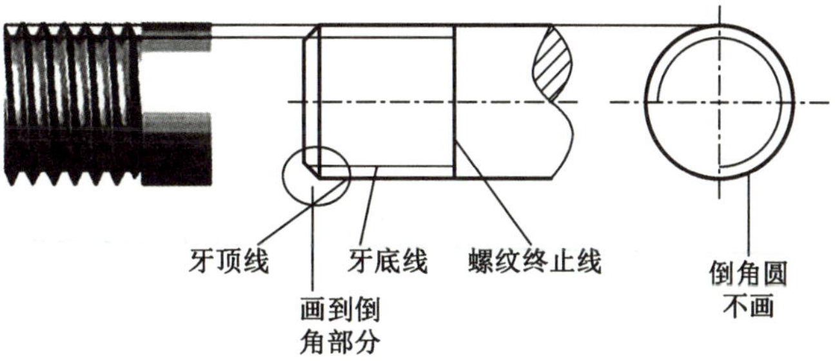

图 1-26　外螺纹的画法

(2)内螺纹

图 1-27 所示为内螺纹的画法。剖开表示时,牙底(大径)为细实线,牙顶(小径)及螺纹终止线为粗实线。不剖开表示时,牙底、牙顶和螺纹终止线皆为虚线。在垂直于螺纹轴线的视图中,牙底仍然画成约 3/4 圈的细实线,并规定螺纹的倒角也省略不画。

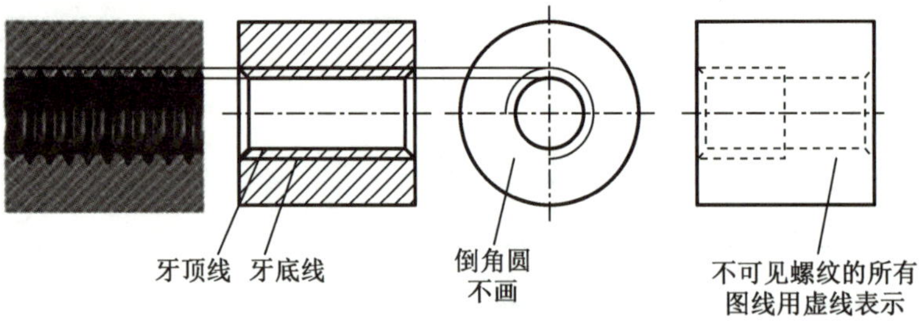

图 1-27　内螺纹的画法

(3)内、外螺纹连接的画法

图 1-28 所示为装配在一起的内、外螺纹连接的画法。在剖视图中表示螺纹连接时,其旋合部分应按外螺纹的画法表示,非旋合部分仍按各自的画法表示。

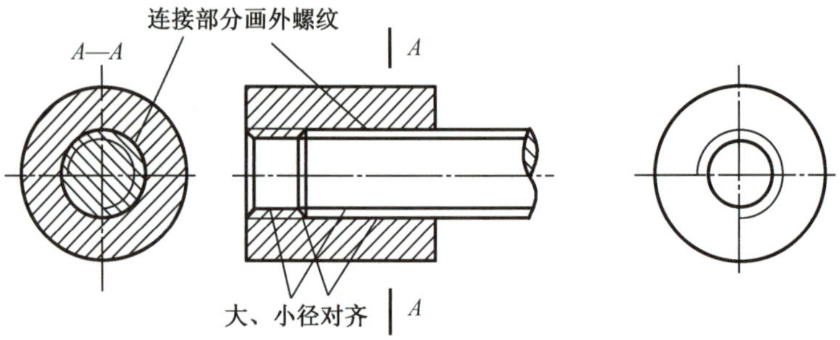

图 1-28　内、外螺纹连接的画法

6. 法兰的画法

法兰,又叫法兰凸缘盘或突缘。法兰是轴与轴之间相互连接的零件,用于管端之间的连接;也有用在设备进出口上的,用于两个设备之间的连接,如减速机法兰。法兰连接或法兰接头是指由法兰、垫片及螺栓三者相互连接作为一组组合密封结构的可拆连接。管道法兰是指管道装置中配管用的法兰,用在设备上是指设备的进出口法兰。法兰上有孔眼,可用螺栓使两法兰紧连。法兰间用衬垫密封。法兰分为螺纹连接(丝扣连接)法兰、焊接法兰和卡夹法兰。法兰都是成对使用的,在低压管道中可使用丝扣连接法兰,压力在 4 kg (1 kgf≈9.8 N)以上的管道使用焊接法兰。两片法兰盘之间加上密封垫,然后用螺栓紧固。不同压力的管道所使用的法兰的厚度不同,使用的螺栓也不同。在将水泵和阀门与管道连接时,将这些器材设备的局部也制成相对应的法兰形状,也称为法兰连接。凡是在两个平面周边使用螺栓连接并同时封闭的连接零件,一般都称为法兰,如在通风管道的连接中,这一类零件可以称为法兰类零件。但是若这种连接只是一个设备的局部,如法兰和水泵的连接,就不宜把水泵称为法兰类零件。对于比较小型的零件如阀门等,则可以称之为法兰类零件。法兰的画法如图 1-29 所示。

二、零部件的代号标注

1. 钢板的代号标注

钢板的标注用其长度(L)×宽度(B)×厚度(t)(单位为 mm)表示。

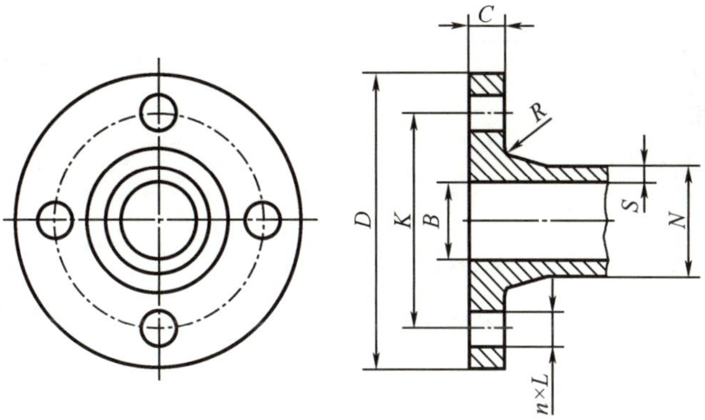

图 1-29　法兰的画法

2. 钢管的代号标注

钢管需要注明外径和壁厚,用 ϕ 外径×壁厚(单位为 mm)表示,如 ϕ108×4。

3. 型钢的代号标注

(1)L 型钢即为角钢,分为等边和不等边两种。等边角钢用"∠"与边宽度(B)×边宽度(B)×边厚度(t)表示,如∠200×200×24(简记为∠200×24)。不等边角钢用"∠"与长边长度(L)×短边宽度(B)×边厚度(t)表示,如∠160×100×16。

(2)工字钢因其截面为"工"字形而得名,其规格用"Ⅰ"与腰高(L)×腿宽(B)×腰厚(t)(单位为 mm)表示,如"Ⅰ160×88×6"即表示腰高为 160 mm、腿宽为 88 mm、腰厚为 6 mm 的工字钢。

(3)槽钢一般用型号表示,如 8 号槽钢,其尺寸表示方法为[L×B×t,其中 L 表示槽钢腰部的截面高度,B 表示槽钢腿部的截面宽度,t 表示槽钢腰部的厚度。

4. 轴的代号标注

轴的代号标注由符号公称直径 ϕ、轴径偏差代号、长度组成。如 ϕ50h7×100 表示公称直径为 50 mm、轴径偏差代号为 h7,长度为 100 mm 的轴;$\phi 30^{0}_{-0.021}$×50 表示公称直径为 30 mm,上极限偏差为 0 mm、下极限偏差为-0.021 mm,长度为 50 mm 的轴。

5. 螺纹的代号标注

按国家标准《机械制图　螺纹及螺纹紧固件表示法》(GB/T 4459.1—1995)的规定,标准螺纹的标注均用牙型代号来表示,普通螺纹及自攻锁紧螺钉用螺纹(粗牙普通螺纹)的代号是 M,因此,一般的螺钉的螺纹标注均用 M 表示。常用标准螺纹的特征(牙型)代号见表 1-8。

表 1-8　常用标准螺纹的特征(牙型)代号

螺纹种类	特征(牙型)代号
普通螺纹及自攻锁紧螺钉用螺纹(粗牙普通螺纹)	M
小螺纹	S
梯形螺纹	Tr
锯齿形螺纹	B

表 1-8(续)

螺纹种类		特征(牙型)代号
米制锥螺纹		ZM
60°圆锥管螺纹		NPT
非螺纹密封的管螺纹		G
用螺纹密封的管螺纹	圆锥外螺纹	R
	圆锥内螺纹	Rc
	圆柱内螺纹	Rp
自攻螺钉用螺纹		ST

普通螺纹是人们生活中使用得最广泛的螺纹,螺纹紧固件(螺栓、螺柱、螺钉、螺母等零件)上的螺纹大多为普通螺纹。

普通螺纹分粗牙普通螺纹和细牙普通螺纹。细牙普通螺纹多用在精密零件和薄壁零件上,如液压管接头中用的均为细牙普通螺纹。

在螺纹的标注中,细牙普通螺纹的螺距必须注出,而粗牙普通螺纹的螺距一般不标注(因为同一直径的细牙普通螺纹可能有多种螺距,而粗牙普通螺纹的螺距是一定的)。关于普通螺纹的螺距,在《普通螺纹　直径与螺距系列》(GB/T 193—2003)中有详尽的说明,读者可自行查阅。

普通螺纹的完整标记由 5 部分组成,下面以 M10×1—7H—L—LH 为例进行介绍。

(1)普通螺纹的特征代号和尺寸代号

特征代号:M,表示普通螺纹。

尺寸代号:公称直径×螺距(多线螺纹的导程和螺距均要注出,单线粗牙普通螺纹的螺距不标注)。

“M10”表示公称直径为 10 mm、螺距 1.5 mm 的单线粗牙普通螺纹。

“M10×1”表示公称直径为 10 mm、螺距为 1 mm 的单线细牙普通螺纹。

(2)普通螺纹的公差带代号

普通螺纹的公差带代号由公差等级(数字)和基本偏差(外螺纹用小写字母、内螺纹用大写字母表示)组成,如 5g6g、6g、6H、7H。

当螺纹的中径公差带与顶径公差带的代号不同时,需分别注出,如 M10—5g6g,其中 5g 为中径公差带代号,6g 为顶径公差带代号。

当螺纹的中径公差带与顶径公差带的代号相同时,只注一个代号,如 M10×1—7H。公差带代号为 6g 或 6H(公称直径≥1.6 mm)时不标注(当普通螺纹的公差带代号不标注时,均默认其公差带代号为 6g 或 6H)。

(3)螺纹的旋合长度

普通螺纹的旋合长度有长、中、短 3 种,分别用代号 L、N、S 表示。

例如,M10—5g6g—S 为短旋合长度的螺纹,M10—7H—L 为长旋合长度的螺纹。当螺纹为中等旋合长度时,代号 N 不标注。

有特殊需要时,可注明旋合长度的数值,如 M20×2—5g6g—40。

(4)旋向代号

左旋时标注 LH,右旋时不标注。例如,M10—7H—L—LH 为左旋螺纹,M10—7H—L 为右旋螺纹。

6. 法兰的代号标注

按相关规定,对法兰应按公称通径、公称压力、密封面形式代号、配用的钢管系列代号(配用米制管代号为"系列 2",配用英制管不标注)和标准编号进行标注。

【自学自测】

一、单选题

1. 一般选用幅面时有(　　)种基本幅面。

A. 4　　B. 5　　C. 6　　D. 7

2. 通常标题栏位于图框的(　　),看图的方向应与看标题栏的方向一致。

A. 左上角　　B. 左下角　　C. 右上角　　D. 右下角

3. 图纸中字母和数字可写成斜体和直体,斜体字字头向右倾斜,与水平基准线成(　　)。

A. 65°　　B. 70°　　C. 75°　　D. 80°

4. 一般只用一个方向的投影来表达物体的形状是不确定的,通常需将物体向几个方向投影,画出多个视图,才能完整清晰地表达出形体的形状。通常用(　　)个视图来表示。

A. 2　　B. 3　　C. 4　　D. 5

5. 主视图与俯视图反映物体的长度——(　　)。

A. 长对正　　B. 高平齐　　C. 宽相等　　D. 不能确定

6. 工字钢因其截面为"工"字形而得名,其规格用"Ⅰ"与腰高(L)×腿宽(B)×腰厚(t)(单位为(　　))表示。

A. mm　　B. cm　　C. dm　　D. m

7、普通螺纹的旋合长度有长、中、短 3 种,其中,"中"用代号(　　)表示。

A. L　　B. N　　C. S　　D. Z

二、填空题

1. 投影法一般分为(　　　　)和(　　　　)两类。

2. 剖视图的标注有(　　　　)、(　　　　)、(　　　　)3 个要素。

3. 半剖视图既表达了机件的内部形状,又保留了其外部形状,所以常用于表达内、外形状都比较复杂的(　　　　)机件。

4. 细牙普通螺纹多用在(　　　　)和(　　　　)上。

5. (　　　　)是轴与轴之间相互连接的零件,用于管端之间的连接。

【任务实施】

1. 案例 1:缺角长方体的立体图和主、俯视图,如图 1-30(a)所示,据此补画左视图。

分析、作图：

①按长方体的主、左视图高平齐，俯、左视图宽相等的投影关系，补画长方体的左视图，如图 1-30(b)所示。

②用同样的方法补画长方体上缺角部分的左视图，如图 1-30(c)所示。

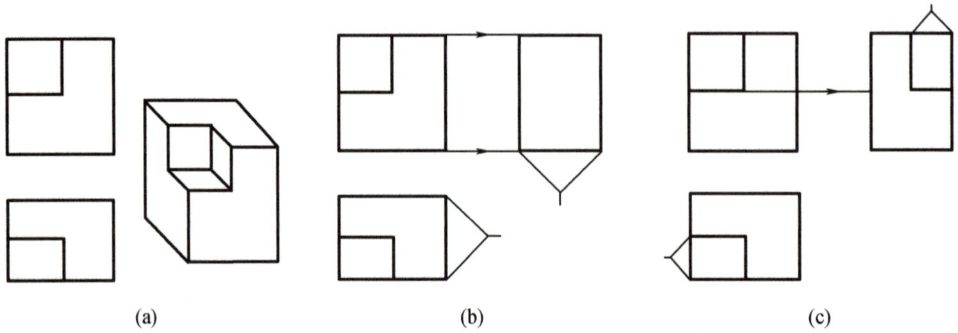

图 1-30　案例 1

2. 案例 2：绘制图 1-31 所示物体的三视图。

(1)分析

首先要分析其形状特征，选择主视图的投射方向，并使物体的主要表面与相应的投影面平行。

根据直角弯板 L 形的形状特征，选择由前向后为主视图投射方向，并使 L 形的前、后壁与平面平行，底面与水平面平行。

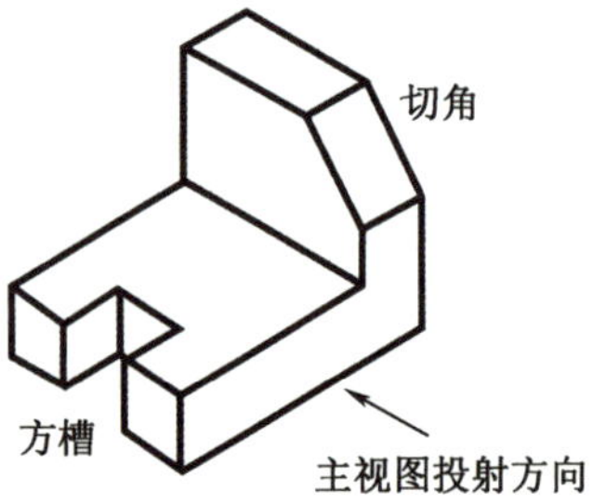

图 1-31　案例 2 物体图

(2)作图(步骤如图 1-32 所示)

①画直角弯板轮廓的三视图[图 1-32(a)]。

②画方槽的三面投影[图 1-32(b)]。

③画右部切角的三面投影[图 1-32(c)]。

④检查无误，完成三视图[图 1-32(d)]。

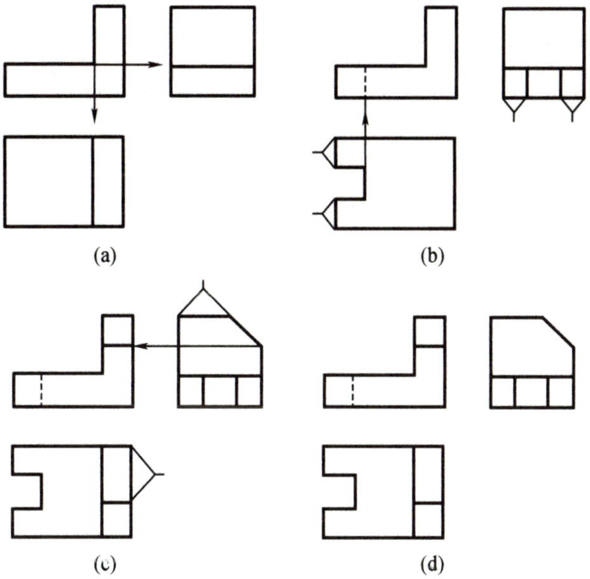

图 1-32　案例 2 作图步骤

【机械制图及常用零件的绘制工作单】

计划单

<table>
<tr><td>学习情境 1</td><td colspan="2">储罐焊接生产的绘图与识图</td><td>任务 1</td><td colspan="2">机械制图及常用零件的绘制</td></tr>
<tr><td>工作方式</td><td colspan="3">组内讨论，团结协作共同制订计划。小组成员进行工作讨论，确定工作步骤</td><td>计划学时</td><td>1 学时</td></tr>
<tr><td>完成人</td><td colspan="5">1.　2.　3.　4.　5.　6.</td></tr>
<tr><td colspan="6">计划依据：</td></tr>
<tr><td>序号</td><td colspan="3">计划步骤</td><td colspan="2">具体工作内容描述</td></tr>
<tr><td>1</td><td colspan="3"></td><td colspan="2"></td></tr>
<tr><td>2</td><td colspan="3"></td><td colspan="2"></td></tr>
<tr><td>3</td><td colspan="3"></td><td colspan="2"></td></tr>
<tr><td>4</td><td colspan="3"></td><td colspan="2"></td></tr>
<tr><td>5</td><td colspan="3"></td><td colspan="2"></td></tr>
<tr><td>制订计划说明</td><td colspan="5">（为各成员完成任务提供可借鉴的建议或对计划中的某些方面做出解释。）</td></tr>
</table>

决策单

<table>
<tr><td>学习情境 1</td><td colspan="2">储罐焊接生产的绘图与识图</td><td>任务 1</td><td colspan="2">机械制图及常用零件的绘制</td></tr>
<tr><td colspan="3">决策学时</td><td colspan="3">0.5 学时</td></tr>
<tr><td colspan="6">决策目的：</td></tr>
<tr><td rowspan="13">方案对比</td><td>成员</td><td>工艺的可行性
(加工质量)</td><td>加工的合理性
(加工时间)</td><td>加工的经济性
(加工成本)</td><td>综合评价</td></tr>
<tr><td>1</td><td></td><td></td><td></td><td></td></tr>
<tr><td>2</td><td></td><td></td><td></td><td></td></tr>
<tr><td>3</td><td></td><td></td><td></td><td></td></tr>
<tr><td>4</td><td></td><td></td><td></td><td></td></tr>
<tr><td>5</td><td></td><td></td><td></td><td></td></tr>
<tr><td>6</td><td></td><td></td><td></td><td></td></tr>
<tr><td></td><td></td><td></td><td></td><td></td></tr>
<tr><td></td><td></td><td></td><td></td><td></td></tr>
<tr><td></td><td></td><td></td><td></td><td></td></tr>
<tr><td></td><td></td><td></td><td></td><td></td></tr>
<tr><td></td><td></td><td></td><td></td><td></td></tr>
<tr><td></td><td></td><td></td><td></td><td></td></tr>
<tr><td>决策评价</td><td colspan="5">结果：(将自己的工艺方案与组内成员的工艺方案进行对比分析，对自己的工艺方案进行修改并说明修改原因，最后确定一个最佳方案。)</td></tr>
</table>

实施单

学习领域	焊接基础技术		
学习情境 1	储罐焊接生产的绘图与识图	学时	12 学时
任务 1	机械制图及常用零件的绘制	学时	6 学时
作业方式	小组分析、个人解答,现场批阅、集体评判		
1	储罐零件图的绘制		

作业解答:

2	钢板、钢管、型钢、轴、螺纹和法兰的画法

作业解答:

3	钢板、钢管、型钢、轴、螺纹和法兰的代号标注

作业解答:

作业评价:

班级		组别		组长签字	
学号		姓名		教师签字	
教师评分		日期			

检查单

学习情境 1	储罐焊接生产的绘图与识图	任务 1	机械制图及常用零件的绘制				
检查学时		课内 0.5 学时	第　　组				
检查目的及方式	教师对小组的工作过程和工作情况进行检查。如检查等级为不合格,则小组需要整改,并做出整改说明						
序号	检查项目	检查标准	检查结果分级 (在检查相应的分级框内画"√")				
			优秀	良好	中等	合格	不合格
1	准备工作	资源是否已查到;材料是否准备完整					
2	分工情况	安排是否合理、全面;分工是否明确					
3	工作态度	小组工作是否积极、主动且全员参与					
4	遵纪情况	是否按时完成所负责的工作内容,遵守工作纪律					
5	团队合作	成员是否团结协作、互相帮助,并听从指挥					
6	创新意识	任务完成过程是否不照搬照抄;看问题是否有独到见解和创新思维					
7	完成效率	工作单记录是否完整;是否按照计划完成任务					
8	完成质量	工作单填写是否准确;工艺表、程序、仿真结果是否达标					
检查评语	评语:				教师签字:		

评价单

学习情境 1	储罐焊接生产的绘图与识图	任务 1	机械制图及常用零件的绘制			
评价学时		课内 0.5 学时				
班级：		第　　组				
考核情境	考核内容及要求	分值（100 分）	小组自评（10%）/分	小组互评（20%）/分	教师评价（70%）/分	实得分（$\sum$）/分
汇报展示（20 分）	演讲资源利用	5				
	演讲表达和非语言技巧应用	5				
	团队成员补充配合程度	5				
	时间与完整性	5				
质量评价（40 分）	工作完整性	10				
	工作质量	5				
	报告完整性	25				
团队情感（25 分）	核心价值观	5				
	创新性	5				
	参与率	5				
	合作性	5				
	劳动态度	5				
安全文明（10 分）	工作过程中的安全保障情况	5				
	工具正确使用和保养、放置规范性情况	5				
工作效率（5 分）	能够在要求的时间内完成，每超时 5 min 扣 1 分	5				

小组成员素质评价单

<table>
<tr><td>学习情境 1</td><td colspan="2">储罐焊接生产的绘图与识图</td><td colspan="2">任务 1</td><td colspan="3">机械制图及常用零件的绘制</td></tr>
<tr><td>班级</td><td></td><td>第　　组</td><td colspan="2"></td><td colspan="2">成员姓名</td><td></td></tr>
<tr><td>评分说明</td><td colspan="7">每个小组成员的评分包括自评分和小组其他成员评分两部分，取平均值作为该小组成员最终得分。评分项目共包括以下 5 项。评分时，每人依据评分标准进行合理量化评分。小组成员在进行自评分后，要找小组其他成员以不记名的方式进行评分</td></tr>
<tr><td>评分项目</td><td>评分标准</td><td>自评分</td><td>成员 1 评分</td><td>成员 2 评分</td><td>成员 3 评分</td><td>成员 4 评分</td><td>成员 5 评分</td></tr>
<tr><td>核心价值观（20 分）</td><td>有无违背社会主义核心价值观的思想及行为</td><td></td><td></td><td></td><td></td><td></td><td></td></tr>
<tr><td>工作态度（20 分）</td><td>是否按时完成所负责的工作且遵守纪律；是否积极主动参与小组工作；是否全过程参与；是否吃苦耐劳；是否具有工匠精神</td><td></td><td></td><td></td><td></td><td></td><td></td></tr>
<tr><td>交流沟通（20 分）</td><td>能否良好地表达自己的观点；能否倾听他人的观点</td><td></td><td></td><td></td><td></td><td></td><td></td></tr>
<tr><td>团队合作（20 分）</td><td>能否与小组成员合作完成任务，并做到团结协作、互相帮助且听从指挥</td><td></td><td></td><td></td><td></td><td></td><td></td></tr>
<tr><td>创新意识（20 分）</td><td>对待问题能否独立思考，提出独到见解；能否利用创新思维解决遇到的问题</td><td></td><td></td><td></td><td></td><td></td><td></td></tr>
<tr><td>小组成员最终得分</td><td colspan="7"></td></tr>
</table>

【课后作业】

1. 中心投影法的特点有哪些？
2. 三视图的投影对应关系是什么？
3. 简述画剖视图的方法与步骤。
4. 什么是全剖视图，如何应用？
5. 简述外螺纹的画法。

任务2　焊接结构图的识读

【任务工单】

学习情境1	储罐焊接生产的绘图与识图			任务2	焊接结构图的识读	
任务学时				课内4学时(课外2学时)		
布置任务						
任务目标	1. 了解焊缝在图样上的表示方法； 2. 了解机械图样中焊缝的基本符号、辅助符号、补充符号的相关知识； 3. 掌握机械图样中的焊缝尺寸符号表示方法； 4. 掌握在机械图样上标注焊缝符号的方法； 5. 掌握焊接结构装配图的识读、装配知识； 6. 掌握焊接工艺规程图及焊接工艺卡的识读知识					
任务描述	1. 掌握机械图样中的焊缝符号及焊接方法代号； 2. 掌握焊接结构装配图的识读、装配知识，焊接工艺规程图及焊接工艺卡的识读知识等，具备熟练识读、绘制机械零件图和装配图的基本能力					
学时安排	资讯 0.5学时	计划 1学时	决策 0.5学时	实施 3学时	检查 0.5学时	评价 0.5学时
对学生的学习过程及成果的要求	1. 掌握常用的焊接方法代号； 2. 能正确标注与识读焊缝符号； 3. 掌握常用焊接接头的类型与规定画法； 4. 了解焊接结构图、装配图的组成及规定画法； 5. 能正确识读焊接结构装配图； 6. 每名同学均需独立或在小组同学的帮助下完成任务工作单等，并提请教师检查、签认，对教师提出的建议或指出的错误务必及时思考或修改； 7. 每组必须完成任务工单，并提请教师进行小组评价，之后小组成员分享小组评价分数或等级； 8. 每名同学均需进行任务反思并做书面报告，以小组为单位提交					

【课前自学】

知识点 1　金属焊接图的识读

施工图解读

一、焊缝的图示法

国家标准《技术制图　焊缝符号的尺寸、比例及简化表示法》(GB/T 12212—2012)规定，需要在图样中简易地绘制焊缝时，可用视图、剖视图或断面图表示，也可用轴测图示意性地表示。在同一图样中，通常只允许采用一种画法。

1. 视图

在视图上，焊缝可用栅线(一系列细实线段，允许示意绘制)表示，如图 1-33(a)和(b)所示。焊缝也可采用粗实线(线宽为 $2d$~$3d$，d 为基本线宽)表示，如图 1-33(c)所示。在同一图样中，只允许采用一种画法。

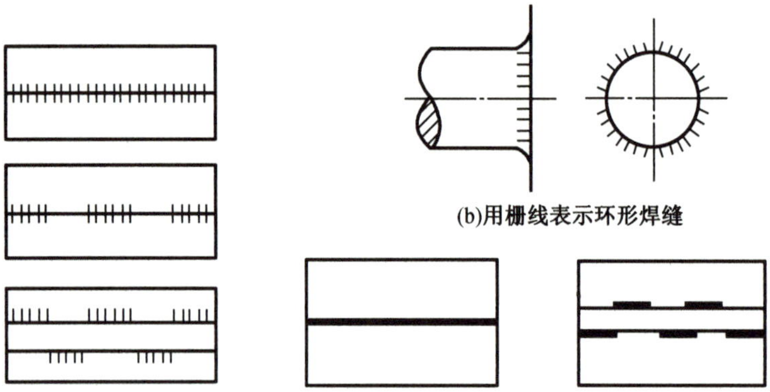

(b)用栅线表示环形焊缝

(a)用栅线表示焊缝

(c)用粗实线表示焊缝

图 1-33　焊缝画法

在表示焊缝端面的视图中，通常用粗实线绘出焊缝的轮廓。必要时，可用细实线画出焊接前的坡口形状等，如图 1-34 所示。

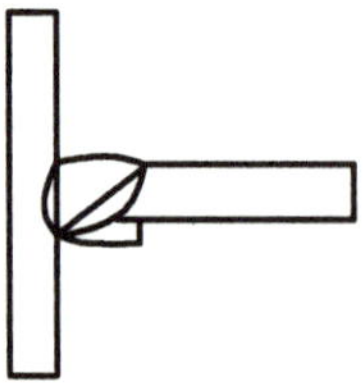

图 1-34　焊缝端面视图

2. 剖视图或断面图

在剖视图或断面图上，焊缝的金属熔焊区通常应涂黑表示，如图 1-35(a)所示。在同时表示坡口等的形状时，熔焊区部分亦可按 GB/T 12212—2012 的规定绘制，如图 1-35(b)所示。

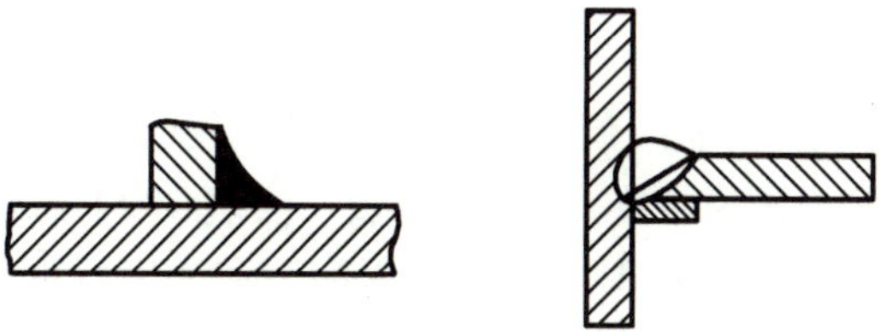

(a)　(b)

图 1-35　焊缝剖视图

3. 局部放大图

当标注焊缝符号不能充分表达设计要求,并需要保证某些尺寸时,可将该焊缝部位用局部放大图表示并进行尺寸标注,如图 1-36 所示。

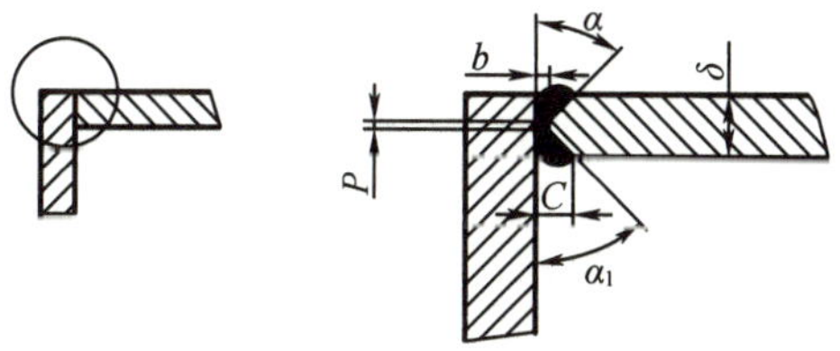

图 1-36　焊缝局部放大图(2∶1)

4. 轴测图

用轴测图示意性地表示焊缝的画法如图 1-37 所示。

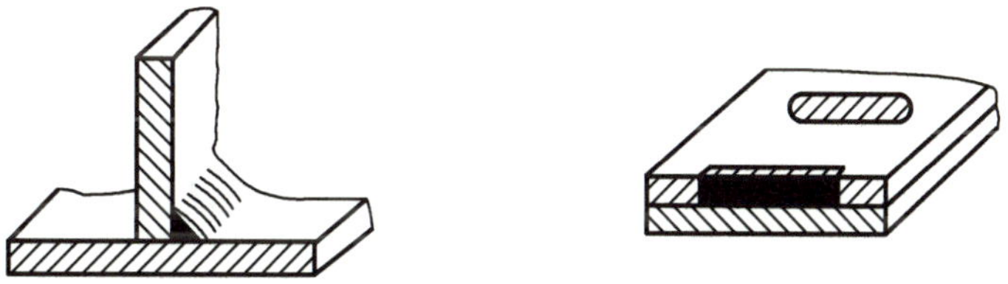

(a)　(b)

图 1-37　焊缝轴测示意图

5. 图示法与标注焊缝符号的关系

当在图样上采用图示法绘出焊缝时,通常应同时标注焊缝符号,如图 1-38 所示。

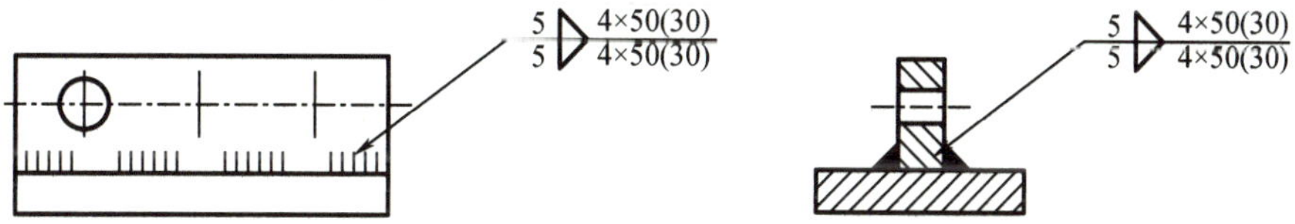

(a)　(b)

图 1-38　焊缝标注示意图(单位:mm)

二、焊缝符号及代号

焊缝符号是一种工程语言，能简单、明了地在图纸上说明焊缝的形状、几何尺寸和焊接方法。我国的焊缝符号是由国家标准《焊缝符号表示法》(GB/T 324—2008)规定的。

焊缝符号是通过一些符号将在图样上用技术制图方法表示的焊缝的基本形式和尺寸表示出来的方法。

焊缝符号可以表示出：

①焊缝的位置。

②焊缝横截面形状(坡口形状)及坡口尺寸。

③焊缝表面形状特征。

④焊缝某些特征或其他要求。

GB/T 324—2008 规定，焊缝符号一般由基本符号和指引线组成，必要时还可以加上补充符号、尺寸符号及数据等。

1. 焊缝基本符号

焊缝基本符号是表示焊缝横断面的基本形式或特征的符号，近似于焊缝横截面的形状。焊缝基本符号有 20 种，常用焊缝基本符号见表 1-9。

焊缝基本符号

表 1-9　常用焊缝基本符号

序号	名称	示意图	符号
1	I 形焊缝		||
2	V 形焊缝		V
3	单边 V 形焊缝		
4	带钝边 V 形焊缝		Y
5	带钝边单边 V 形焊缝		

表 1-9(续)

序号	名称	示意图	符号
6	带钝边 U 形焊缝		
7	带钝边 J 形焊缝		
8	角焊缝	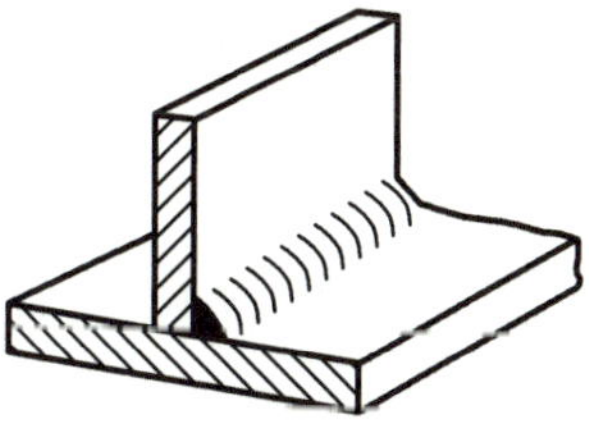	
9	封底焊缝		
10	塞焊缝或槽焊缝	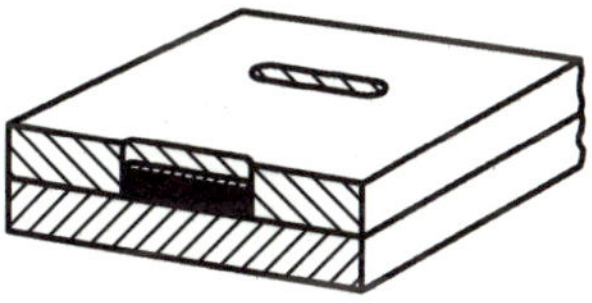	
11	点焊缝	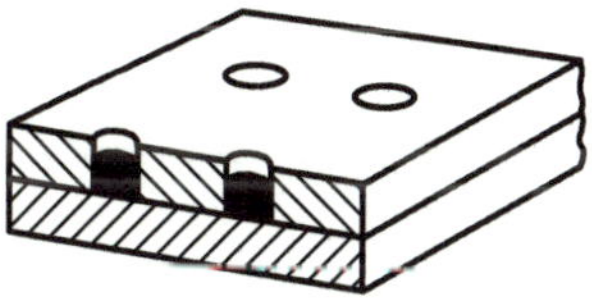	
12	缝焊缝		

2. 补充符号

补充符号是表示焊缝表面形状特征的符号。不需要确切地说明焊缝的表面形状时可以不加注补充符号。补充符号配置在基本符号的固定位置。补充符号有 10 个,其中常用焊缝补充符号见表 1-10。

表 1-10　常用焊缝补充符号

序号	名称	示意图	符号	标注位置	说明
1	平面符号	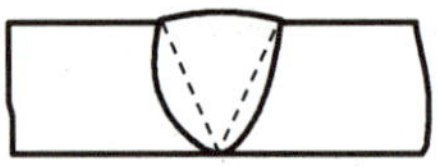	—		焊缝表面齐平
2	凹面符号	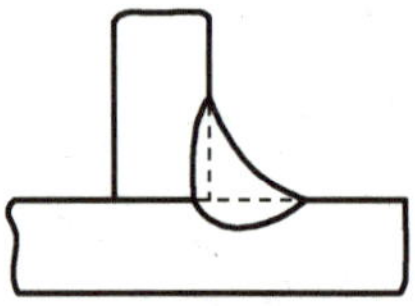	⌣		焊缝表面凹陷
3	凸面符号		⌢		焊缝表面凸起

此外，还有一些补充符号，如图 1-39 所示。

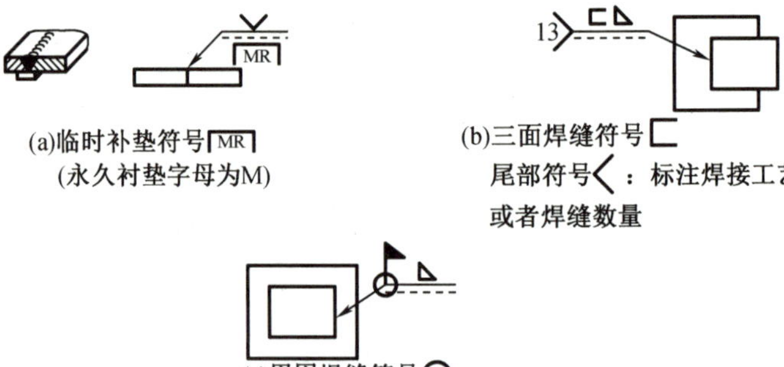

(a)临时补垫符号 MR
(永久衬垫字母为M)

(b)三面焊缝符号
尾部符号：标注焊接工艺方法
或者焊缝数量

(c)周围焊缝符号○
现场符号：在现场进行焊接

图 1-39　其他焊缝补充符号

3. 特殊符号

特殊符号是为了满足某些特殊情况而规定的焊缝符号，如图 1-40 所示。

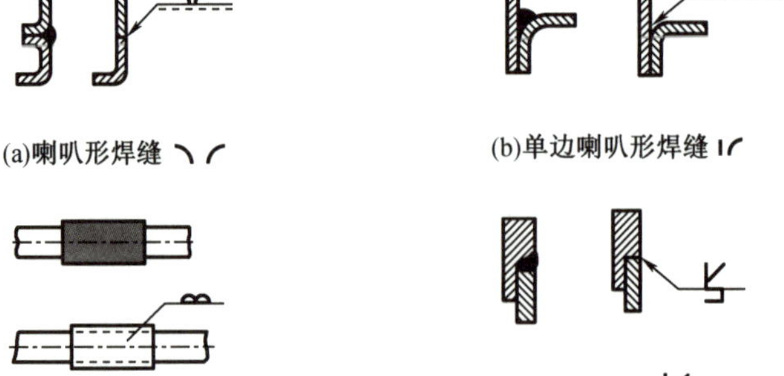

(a)喇叭形焊缝　(b)单边喇叭形焊缝　(c)堆焊缝　(d)锁边焊缝

图 1-40　焊缝特殊符号

4. 焊缝尺寸符号

焊缝标注在必要时可附带尺寸。焊缝尺寸符号共有 16 个(详见 GB/T 324—2008),常用焊缝尺寸符号见表 1-11。

表 1-11　常用焊缝尺寸符号

符号	名称	示意图	符号	名称	示意图
α	坡口角度	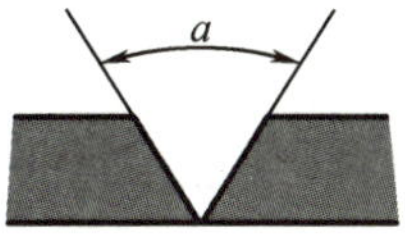	*H*	坡口深度	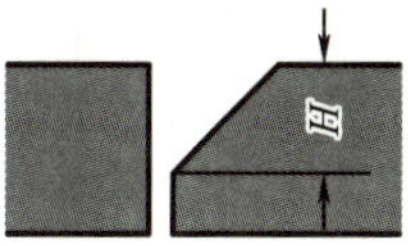
β	坡口面角度	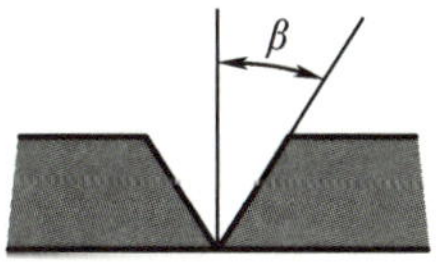	*n*	焊缝段数	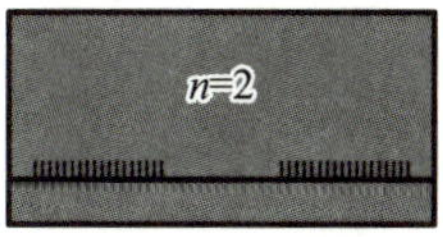
p	钝边	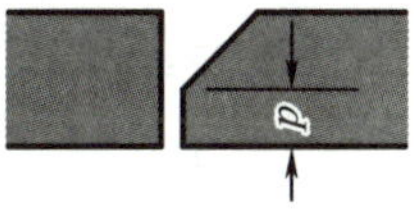	*l*	焊缝长度	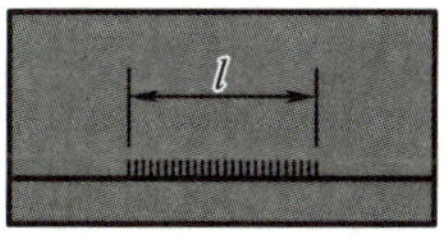
K	焊脚尺寸	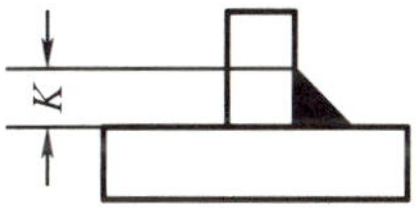	*e*	焊缝间距	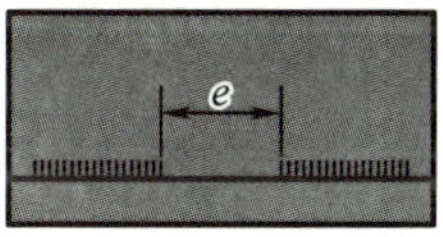

5. 焊接位置代号

板材对接焊缝试件、管材对接焊缝试件、管板角接头试件和螺柱焊试件都有专门的焊接位置和代号,见表 1-12。焊接位置代号表示图如图 1-41 所示。

表 1-12　试件形式、焊接位置、代号及示意图

试件形式	焊接位置	代号	
		数字	英文(欧洲标准)
板材对接焊缝试件	平焊	1G	PA
	横焊	2G	PC
	立焊	3G	PF(PG)
	仰焊	4G	PE

表 1-12(续)

试件形式	焊接位置		代号	
			数字	英文(欧洲标准)
管材对接焊缝试件	水平转动		1G	PA
	垂直固定		2G	PC
	水平固定	向上焊	5G	PF
		向下焊	5GX	PG
	45°固定	向上焊	6G	H-L045
		向下焊	6GX	J-L045
板角接头试件	平焊		1F	PA
	横焊		2F	PB
	立焊(向上)		3F	PF
	立焊(向下)		3F	PG
	仰焊		4F	PD
管板角接头试件	水平转动		2FRG	PA
	垂直固定平焊		2PF	PB
	垂直固定仰焊		4FG	PD
	水平固定		5FG	PF(PG)
	45°固定		6FG	

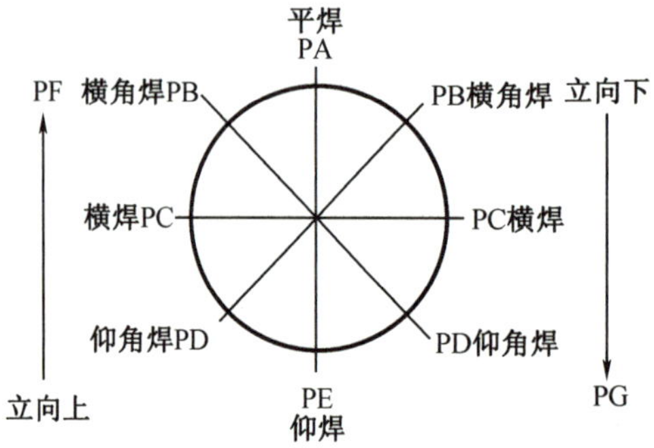

图 1-41　焊接位置代号表示图

6. 焊接方法代号

焊接方法有专门的数字代号,生产中也常用其英文缩写,常用焊接方法代号见表 1-13。

表 1-13　常用焊接方法代号

焊接方法	代号		备注
	英文缩写	数字代号	
焊条电弧焊	SMAW	111	

表 1-13(续)

焊接方法	代号		备注
	英文缩写	数字代号	
CO_2 气体保护焊	GMAW（熔化极气体保护电弧焊）	135	MAG（熔化极非惰性气体保护电弧焊）
钨极氩弧焊	GTAW（钨极气体保护电弧焊）	141	TIG（钨极惰性气体保护焊）
埋弧焊	SAW	12	

三、焊缝标注方法

图样上的焊缝有两种标注方法，即符号法和图示法(图 2-50)。

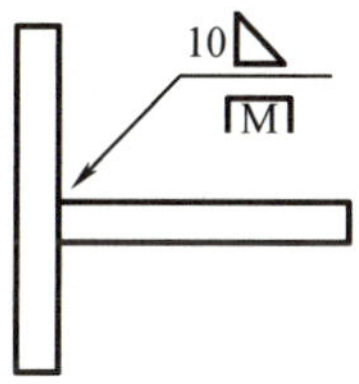

(a)符号法

(b)图示法

图 1-42　焊缝标注方法(单位:mm)

焊缝标注以符号法为主，在必要时允许辅以图示法。比如，用连续或断续的粗线表示连续或断续的焊缝，在需要时绘制焊缝局部剖视图或放大图表示焊缝剖面形状，用细实线绘制焊前坡口形状等。符号法是通过焊缝符号和指引线表明焊缝形式的标注方法。

1. 符号法的要素

焊缝标注的符号法中有许多要素，如图 1-43 所示。焊缝基本符号和指引线构成了焊缝的基本要素，属于必须标注的内容。除焊缝基本要素外，在必要时还应加注其他辅助要素，如补充符号、焊缝尺寸符号及焊接工艺等。

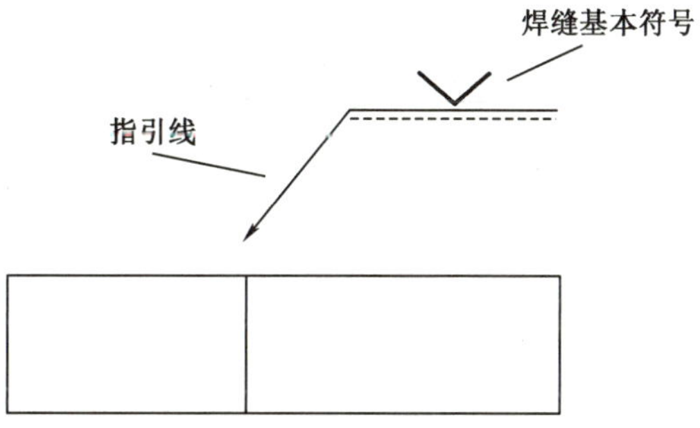

图 1-43　符号法的要素

(1)指引线

指引线是指引焊缝位置的符号,由箭头线和基准线(一条为实线,另一条为虚线)组成。箭头线指向有关焊缝处,基准线一般为水平线。焊缝符号及尺寸标注在基准线上,必要时在基准线末端加一尾部,作其他说明用(如焊接方法等),如图 1-44 所示。

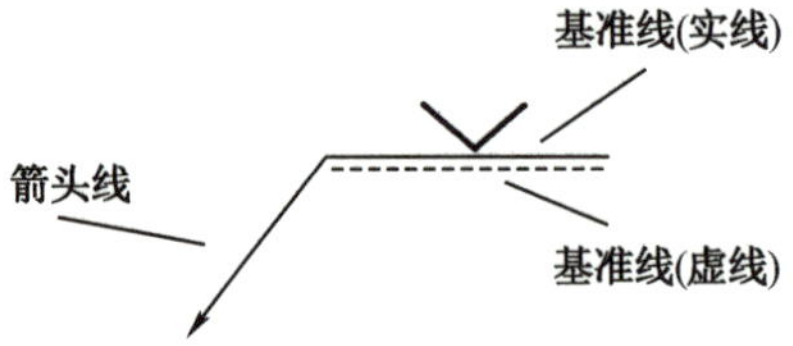

图 1-44　指引线

①箭头线

如图 1-45 所示,箭头线的箭头可指向接头侧和非接头侧。箭头线相对焊缝的位置一般没有特殊要求,允许弯折一次。

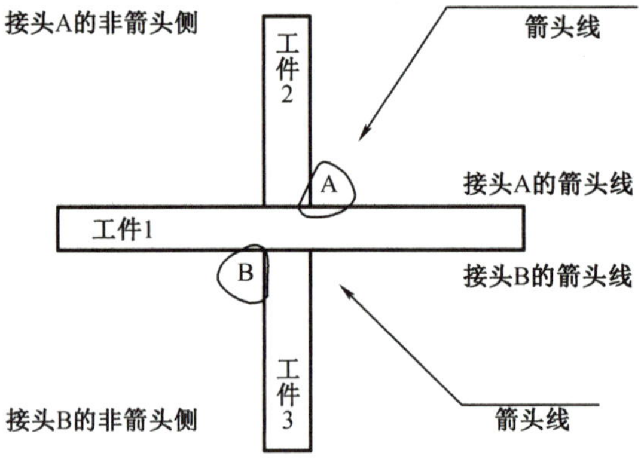

图 1-45　箭头线

②基准线

基准线含有实线基准线和虚线基准线。虚线基准线可画在实线基准线的上方或下方。焊缝符号标注在实线基准线上说明焊缝在箭头侧,标注在虚线基准线上说明焊缝在非箭头侧,标注双面或对称焊缝时可不加虚线。基准线标注说明见表 1-14。

表 1-14　基准线标注

序号	示意图	说明
1	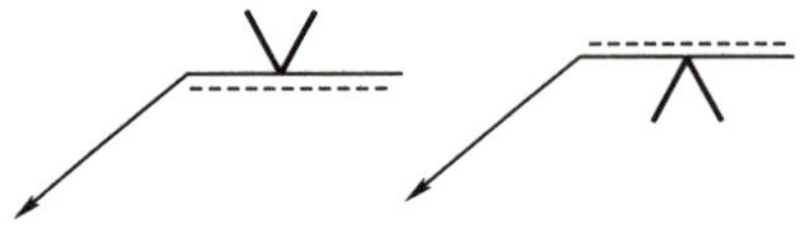	焊缝在接头的箭头侧
2	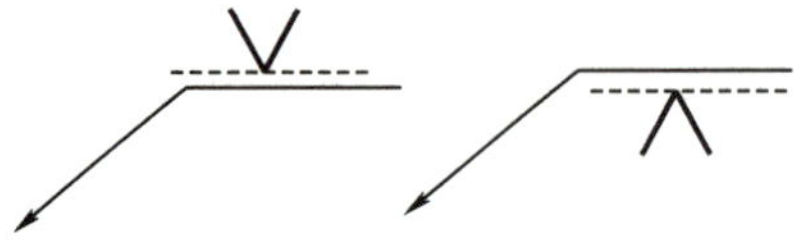	焊缝在接头的非箭头侧

表 1-14(续)

序号	示意图	说明
3	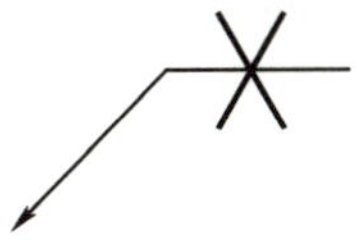	对称焊缝
4	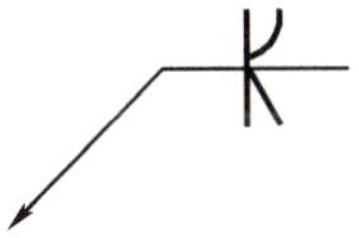	双面焊缝

完整的焊缝标注方法应包括上述基本符号、补充符号、指引线,以及一些尺寸符号和数据等。

2. 焊缝尺寸符号及数据的标注

焊缝尺寸符号及数据的标注的原则是:焊缝横截面上的尺寸标注在基本符号的左侧,长度方向的尺寸标注在基本符号的右侧;坡口角度、坡口面角度、根部间隙等尺寸标注在基本符号的上方或下方;相同焊缝数量的符号标注在尾部。

(1)在基本符号的左侧标注:钝边高度 p、坡口高度 H、焊角高度 K、焊缝余高 h、熔透深度 s、根部半径 R、焊缝宽度 C、焊角直径 d。

(2)在基本符号右侧标注:焊缝长度 l、焊缝间隙 e、相同焊缝数量 n。

(3)在基本符号的上方或下方标注:坡口角度 a、根部间隙 b。

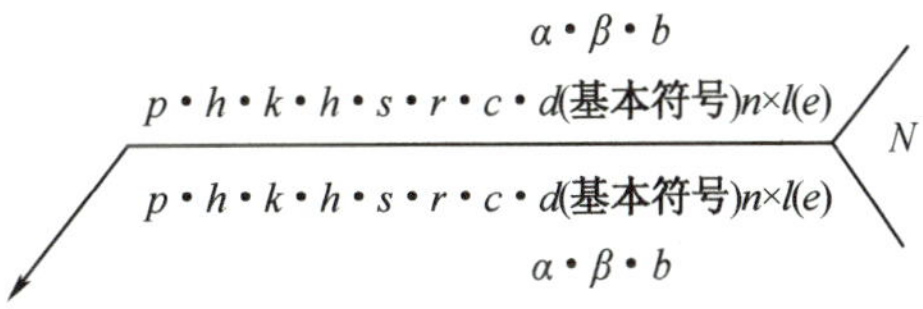

图 1-46 焊缝尺寸符号及数据的标注

基本符号的右侧无任何标注且无其他说明,表示焊缝在工件的整个长度上是连续的;基本符号的左侧无任何标注且无其他说明,表示对接焊缝要完全焊透。

3. 焊接方法代号的标注

我国焊接方法代号参照《焊接及相关工艺方法代号》(GB/T 5185—2005),具体标注如图 1-47 所示。图 1-47 表示对接接头周围焊缝。焊条电弧焊(111)在非箭头侧打底,要求表面齐平;埋弧焊(12)焊成的 V 形焊缝在箭头侧,也要求表面齐平。

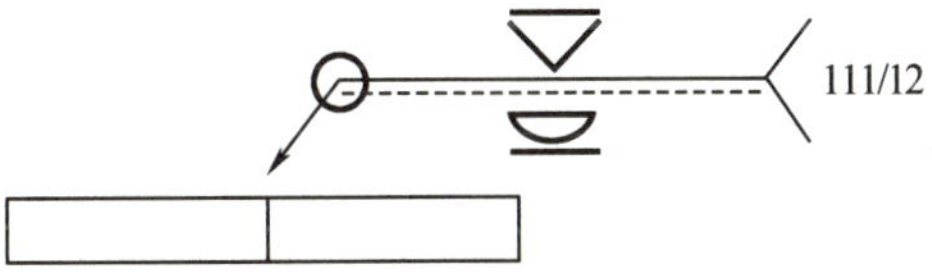

图 1-47 焊接方法代号的标注

4. 焊接标注说明

(1)坡口尺寸的标注。如图 1-48 所示,对一般焊缝,只标注基本符号,不标注坡口尺寸,坡口尺寸由工艺决定;对有强度、气密性等要求的焊缝或受结构限定的特殊坡口,应标注坡口尺寸,必要时用图示法绘制坡口结构图。

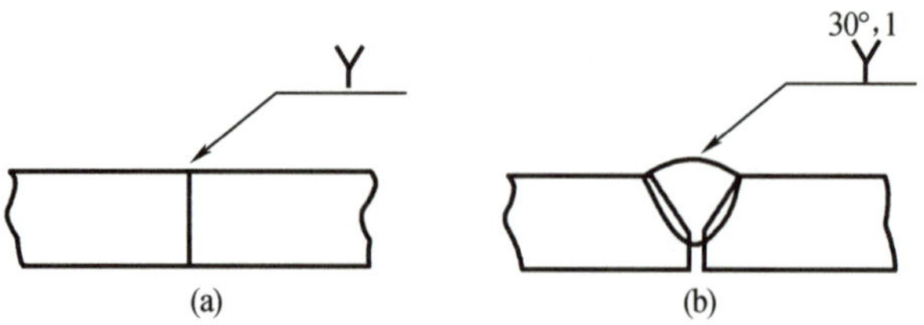

图 1-48　坡口尺寸的标注

(2)对接焊缝有效厚度 S 由工艺保证,焊后无法测量,一般不标注,如图 1-49 所示。

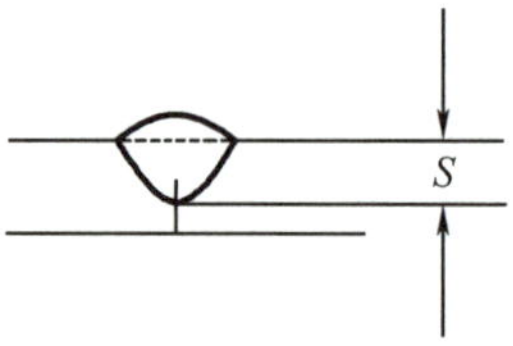

图 1-49　对接焊缝有效厚度 S

(3)焊脚尺寸 K 的大小一般为 3、5、8、10、12、14、20,如图 1-50 所示。

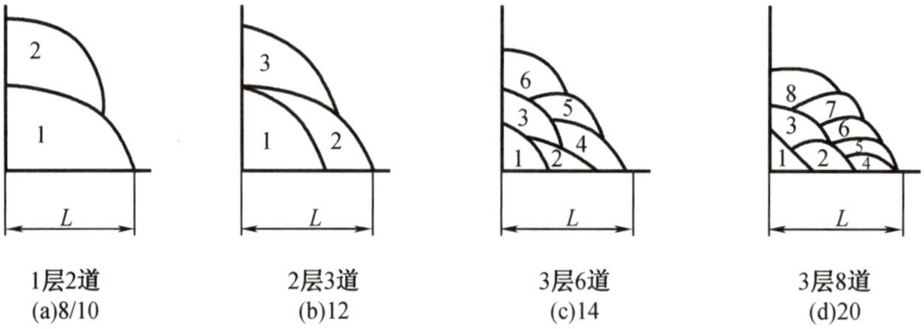

图 1-50　焊脚尺寸的标注

(4)断续焊缝的标注如图 1-51 所示,图中 n 表示焊缝段数,l 表示焊缝长度(不计弧坑),e 表示焊缝间距。常见的焊缝标注示例如图 1-52 所示。

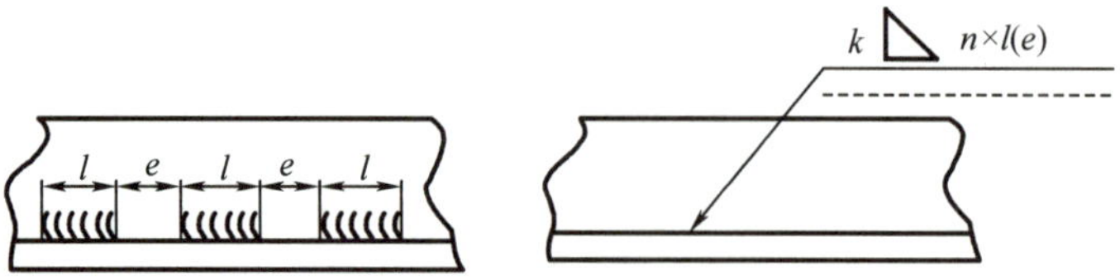

图 1-51　断续焊缝的标注

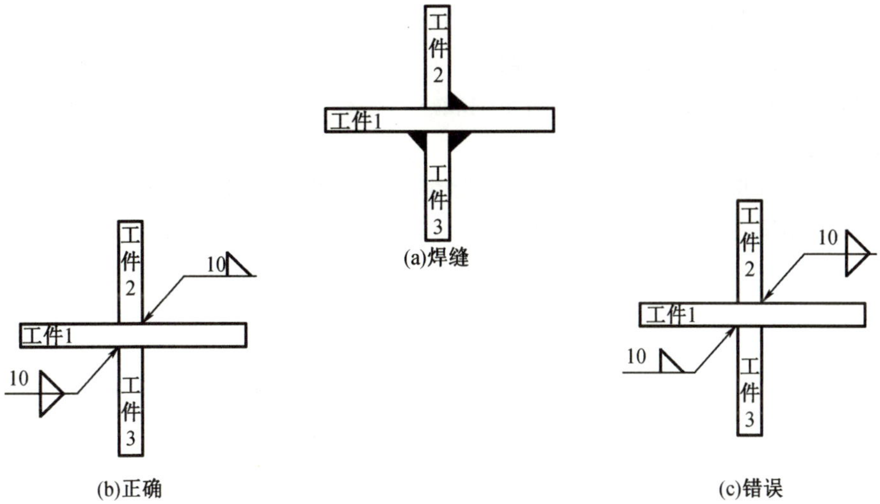

图 1-52　常见的焊缝标注示例

国际标准已经成为世界范围内发展贸易和进行经济技术合作共同遵守的技术依据，并被越来越多的国家采用。特别是《世界贸易组织贸易技术壁垒协议》生效后，采用国际标准工作更为许多国家所重视。采用国际标准已经成为我国国民经济建设中的一项重要技术政策。实施这项政策，对于提高产品质量和经济效益，发展国际贸易，加快我国现有企业的技术进步，具有极其重要的作用。焊接相关标准简称见表 1-15。

表 1-15　焊接相关标准简称

标准简称	代号	拼音/英文全称	中文全称或定义
国标	GB、GB/T、GB/Z	Guójiā Biāozhǔn、Guójiā Biāozhǔn Tuījiàn、Guójiā Biāozhǔn Zhǐdǎo	中华人民共和国强制性国家标准、中华人民共和国推荐性国家标准、中华人民共和国国家标准化指导性技术文件
国际标准	ISO	International Organization for Standardization	由国际标准化组织批准的标准
欧标	EN	European Norm	欧洲标准
德标	DIN	Deutsches Institut für Normung	德国国家标准
美标	ANSI (ASME)	American National Standards Institute (American Society of Mechanical Engineers)	由美国国家标准学会批准的标准(由美国机械工程师协会批准的标准)
日标	JIS	Japanese Industrial Standards	日本工业标准

知识点 2　焊接结构装配图的识读

一、焊接结构装配图的组成

焊接结构装配图是焊接结构生产过程的核心。作为一名焊接从业人员，只有全面理解设计者的意图，看懂焊接结构装配图，详细分析图样中有关焊接的技术条件，才能按图样要求完成焊接结构的装配，制造出合格的焊接结构产品。

焊接结构装配图是用来表达金属焊接构件（简称“焊件”）的工程图样，是指导焊接构件的加工、装配、施焊和焊后处理，并能清楚地表达焊接构件的结构形状、接头形式及尺寸、焊缝位置和焊接要求的技术文件。

通常所说的焊接结构装配图就是指实际生产中的产品零部件或组件的施工图。它与一般装配图的不同在于图中必须清楚地表示与焊接有关的内容，如坡口与接头形式、焊接方法、焊接材料型号及焊接与验收技术要求等。图 1-53 所示为筒体焊接结构装配图。

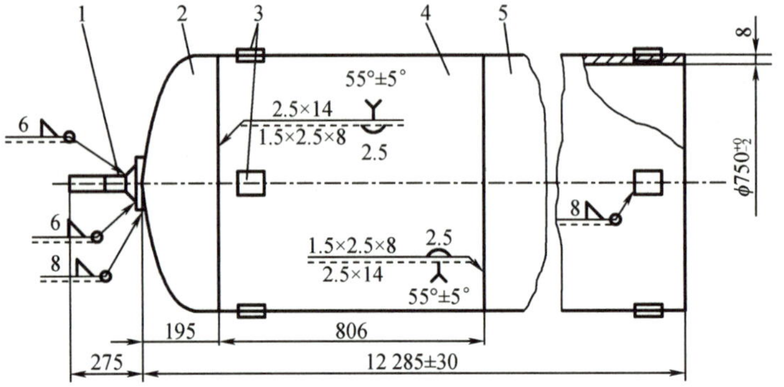

1—管子；2—封头；3—定位块；4—下筒体；5—上筒体。

图 1-53　筒体焊接结构装配图（单位：mm）

焊接结构装配图应包括以下几个方面的内容：

（1）一组用于表达焊接构件结构形状的视图。该组视图能够正确、完整、清晰地表达装配体的工作原理、零件之间的装配关系和零件的结构形状。焊接结构装配图不仅包括与焊接有关的内容，也包括与其他加工方法有关的内容。

①基本视图

如图 1-54 所示，基本视图是将构件向上、下、左、右、前、后 6 个投影面上投影所得到的视图，分别称为主视图、俯视图、左视图、右视图、仰视图、后视图。

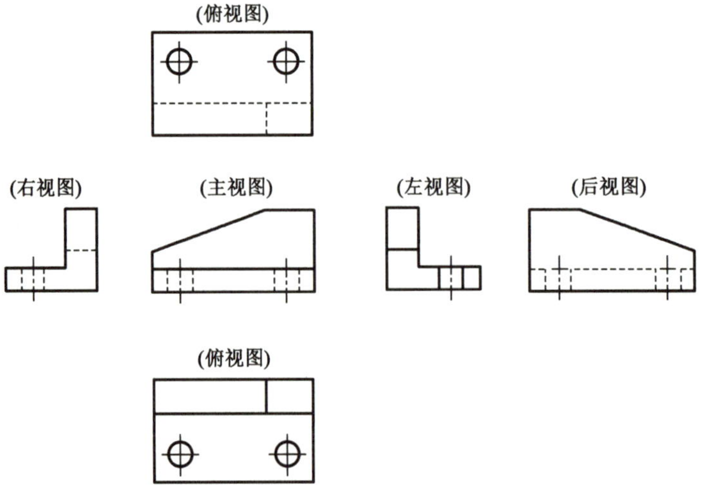

图 1-54　6 个基本视图

②向视图

如图 1-55 所示,向视图是可自由配置的视图。

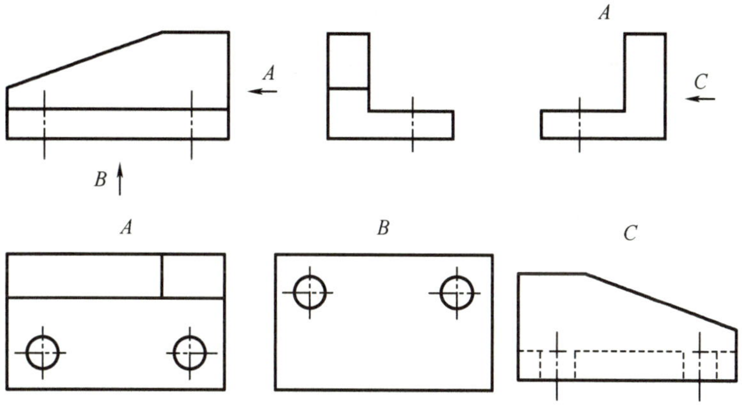

图 1-55 3 个向视图

③局部视图

如图 1-56 所示,将构件的某一部分向基本投影面投影得到的视图称为局部视图。

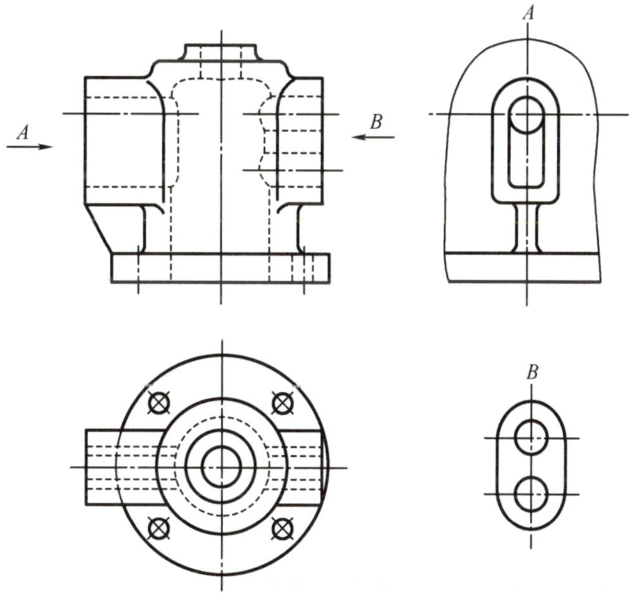

图 1-56 局部视图

④斜视图

将构件向不平行于任何基本投影面的平面投影所得的视图称为斜视图,如图 1-57 所示。

(2)一组用于确定焊接构件的尺寸,其中应包括焊接构件的规格尺寸、各焊接构件的装配位置尺寸等。

(3)各焊接构件连接处的接头形式、焊缝符号及焊缝尺寸。

(4)就焊接构件的装配、焊接或焊后说明必要的技术要求。技术要求指的是用文字表达装配体在装配、检验、使用、维护等过程中需要遵循的技术条件和要求。

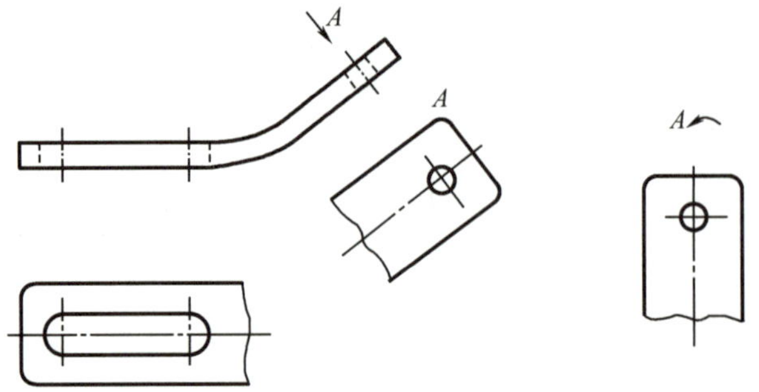

图 1-57 斜视图

(5)零件序号、标题栏和明细表。零件序号是指对装配体每一种零件按序号顺序进行标定。标题栏一般应注明单位名称、图样名称、图样代号、绘图比例、装配体的质量以及设计审核人员的签名和签名日期等。明细表中应填写零件的序号、名称、数量、材质等。

二、焊接结构装配图的特点

焊接结构装配图是焊接结构生产全过程的核心,是组件、装配图与结构图的桥梁。能否正确理解并执行焊接结构装配图将直接关系到焊接结构的质量和生产效率。与其他装配图相比,焊接结构装配图的表达方法具有以下特点:

(1)焊接结构图的结构比较复杂

因为组成焊接结构的构件较多,当将它们焊接成一个整体时,在视图上会出现比较复杂的图线。

(2)焊接结构装配图中的焊缝符号多

在焊接结构装配图上为了正确地表示焊接接头、焊接方法等内容,常采用焊缝符号和焊接方法代号在图样上进行表述。所以在读图时,就必须弄清楚图中的各种符号或代号所代表的焊接接头形式、焊接方法以及焊缝形式和尺寸等。

(3)焊接结构装配图中的剖面图、局部放大图较多

因为焊接结构的构件间连接处较多,所以在基本视图上往往不容易反映出节点处的细小结构,常采用一些剖面图或局部放大图等来表达焊缝的结构尺寸和形式。

(4)焊接结构装配图需要作放样图

不管焊接结构装配图多么复杂,在制造时都必须对某些组成焊接结构的构件放出实样,且放样时对构件间的一些交线也应该准确绘出。

三、识读焊接结构装配图的方法和步骤

识读焊接结构装配图时一般按以下方法和步骤进行:

(1)看标题栏和明细表,了解焊接构件的名称、材质、板厚、焊缝长度、数量、质量和设计单位等;核对各个零部件的图号、名称、数量、材料等,确定哪些是外购件(或库领件),哪些是锻件、铸件或机加工件。

(2)看焊接构件的视图,了解焊缝符号标注内容,包括坡口形式、坡口深度、焊缝有效厚度、焊脚尺寸、焊接方法和焊缝数量等。

(3)分析各部件间的关系,以及焊接变形趋势;分析确定合理的组装和焊接顺序。

(4)通过想象分析焊缝的空间位置,判断焊缝能否施焊,以便为焊接确定较为适宜的焊接位置。

(5)分析焊缝的受力状况,明确焊缝质量要求,包括焊缝外观质量、内部无损检测质量等级和对焊缝力学性能的要求。

(6)选择适宜的焊接方法、焊接材料以及焊接工艺。

(7)了解对焊缝的其他技术要求。

(8)再阅读技术要求和工艺文件,如焊后打磨、后热、焊后热处理和锤击要求等。

正式识图时,要先看总图,后看部件图,最后再看零件图;有剖视图的要结合剖视图,弄清大致结构,然后按投影规律逐个零件阅读。先看零件明细表,确定是钢板还是型钢;然后再看图,弄清每个零件的材料、尺寸及形状。此时,还要看清各零件之间的连接方法、焊缝尺寸、坡口形状,有无焊后加工的孔洞、平面等。

【自学自测】

一、单选题

1. 常用焊缝补充符号有(　　)个。

A. 3　　B. 4　　C. 5　　D. 6

2. 下列不属于补充符号的是(　　)。

A. 平面符号　　B. 曲面符号　　C. 凸面符号　　D. 凹面符号

3. 焊条电弧焊的数字代号为(　　)。

A. 111　　B. 135　　C. 141　　D. 12

4. 钨极氩弧焊的数字代号为(　　)。

A. 12　　B. 135　　C. 141　　D. 111

5. 焊缝符号标注在实线基准线上说明焊缝在(　　)。

A. 左侧　　B. 右侧　　C. 箭头侧　　D. 非箭头侧

6. 下列符号中标注在基本符号左边的是(　　)。

A. 焊缝长度 l　　B. 焊缝间隙 e　　C. 相同焊缝数量 n　　D. 钝边高度 p

7. 在基本符号的右侧无任何标注且又无其他说明时,意味着焊缝在工件的整个长度上是(　　)。

A. 连续的　　B. 间断的　　C. 点固　　D. 不能确定

二、填空题

1. 焊接符号是一种工程语言,能简单、明了地在图纸上说明焊缝的(　　　　)、(　　　　)和(　　　　)。

2. 焊缝基本符号是表示焊缝横断面形状的符号,近似于(　　　　)的形状。

3. 补充符号是为了补充说明焊缝的某些特征而采用的符号,一共有(　　　　)个。

4. (　　　　)和(　　　　)构成焊缝的基本要素,属于必须标注的内容。

5. (　　　　)是指引焊缝位置的符号。

【任务实施】

识读轴承挂架(图 1-58)焊接结构装配图。

图 1-58　轴承挂架

焊接结构装配图与零件图的不同之处在于各相邻焊接构件的剖面线的方向不同,且在焊接结构装配图中需对各焊接构件进行编号,并需要填写零件明细表。显然,焊接结构装配图是以整体形式表示的,它表达的仅仅是一个零件(焊接构件)。挂架焊接结构装配图如图 1-59 所示。

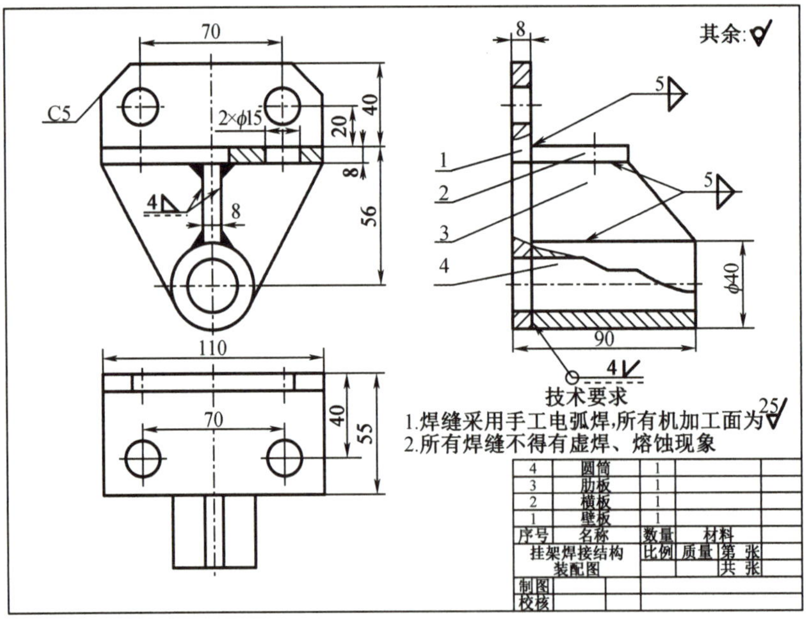

图 1-59　挂架焊接结构装配图(单位:mm)

1. 识读轴承挂架焊接结构装配图的目的

(1)了解轴承挂架零(构)件或部件的名称、性能、结构和工作原理。

(2)了解轴承挂架零件间的相互位置、连接关系、装配关系和拆装顺序。

(3)了解轴承挂架零件的主要结构形状、作用和技术要求。

2. 识读焊接结构装配图的方法与步骤

(1)概括了解

看标题栏、明细表(材料表)。

(2)分析视图,想象形状

分析主、俯、左、局部视图。

(3)分析尺寸

①尺寸分类:定形、定位、总体、配合、安装尺寸。

②基准:设计、工艺基准。

(4)了解技术要求知识要点

①了解座、架类焊接结构装配图的概念、内容。

②掌握焊缝符号表示方法。

③掌握座、架类焊接结构的焊接特点及技术条件。

④掌握视图分析方法。

⑤掌握尺寸分析方法。

3. 座、架类焊接结构

概念:座、架类构件主要用于支承、包容其他零件,此类构件的结构往往较为复杂,一般带有空腔、轴孔、肋板、凸台、沉孔及螺孔。

4. 焊接接头类型及坡口类型的图形表达

焊接坡口、焊接接头、焊接接头类型相关内容在学习情境 4 中详细介绍。

接头焊接工艺卡见表 1-16。

表 1-16 接头焊接工艺卡

产品名称	接头焊接工艺卡						
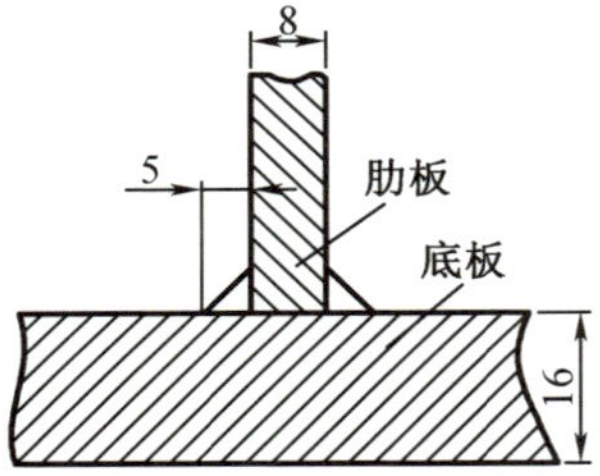	焊接技术要求		焊接工艺卡编号	5			
	1	焊接前将焊接区域及其周围 20 mm 范围内的油污、锈蚀、水及其他有害杂质清理干净	图号				
			接头名称	角接接头			
	2	定位焊与第一层焊接规范相同,沿周围均布 3 点,焊点长度 6~10 mm	接头编号				
			焊评编号				
	3	采用 SMAW 焊接	持证项目				
	4	焊缝外观检查	检验	序号	本厂		
	5	焊缝无损检测:100%RT(Ⅱ级合格)		4	W		
				5	H		

母材 1	Q345R(16MnR)	厚度/mm	8	预热温度/℃	
母材 2	Q345R(16MnR)	厚度/mm	16	层间温度/℃	
焊缝金属 1		厚度/mm		焊后热处理	
焊缝金属 2		厚度/mm		焊接位置	

层	道	焊接方法	焊材/尺寸/mm	电流种类/极性	焊接电流/A	电弧电压/V	焊接速度/(cm · min^{-1})	气体保护焊 钨极直径/mm	喷嘴直径/mm	气体纯度/%	气体流量(L · min^{-1}) 正面	背面	脉宽比
1	1	焊条电弧焊	J503/5	直流/反接	160~210	40~65	30~40						/

注:①RT 为射线检测;②气体纯度为体积分数。

【焊接结构图的识读工作单】

计划单

<table>
<tr><td>学习情境 1</td><td>储罐焊接生产的绘图与识图</td><td>任务 2</td><td colspan="2">焊接结构图的识读</td></tr>
<tr><td>工作方式</td><td colspan="2">组内讨论,团结协作共同制订计划;小组成员进行工作讨论,确定工作步骤</td><td>计划学时</td><td>1 学时</td></tr>
<tr><td>完成人</td><td colspan="4">1. 2. 3. 4. 5. 6.</td></tr>
<tr><td colspan="5">计划依据:</td></tr>
<tr><td>序号</td><td colspan="2">计划步骤</td><td colspan="2">具体工作内容描述</td></tr>
<tr><td>1</td><td colspan="2"></td><td colspan="2"></td></tr>
<tr><td>2</td><td colspan="2"></td><td colspan="2"></td></tr>
<tr><td>3</td><td colspan="2"></td><td colspan="2"></td></tr>
<tr><td>4</td><td colspan="2"></td><td colspan="2"></td></tr>
<tr><td>5</td><td colspan="2"></td><td colspan="2"></td></tr>
<tr><td>制订计划说明</td><td colspan="4">(为各成员完成任务提供可借鉴的建议或对计划中的某些方面做出解释。)</td></tr>
</table>

决策单

学习情境 1	储罐焊接生产的绘图与识图		任务 2	焊接结构图的识读	
决策学时			0.5 学时		
决策目的：					
方案对比	成员	工艺的可行性（加工质量）	加工的合理性（加工时间）	加工的经济性（加工成本）	综合评价
	1				
	2				
	3				
	4				
	5				
	6				
决策评价	结果：（将自己的工艺方案与组内成员的工艺方案进行对比分析，对自己的工艺方案进行修改并说明修改原因，最后确定一个最佳方案。）				

实施单

学习领域	焊接基础技术		
学习情境 1	储罐焊接生产的绘图与识图	学时	12 学时
任务 2	焊接结构图的识读	学时	6 学时
作业方式	小组分析、个人解答,现场批阅、集体评判		
1	储罐零件图的绘制		

作业解答:

2	储罐图纸焊缝的标注

作业解答:

3	储罐焊接工艺卡的分析

作业解答:

作业评价:

班级		组别		组长签字	
学号		姓名		教师签字	
教师评分		日期			

检查单

学习情境 1	储罐焊接生产的绘图与识图		任务 2	焊接结构图的识读				
检查学时			课内 0.5 学时	第　　组				
检查目的及方式	教师对小组的工作过程和工作情况进行检查。如检查等级为不合格，则小组需要整改，并做出整改说明							
序号	检查项目	检查标准	检查结果分级（在检查相应的分级框内画“√”）					
			优秀	良好	中等	合格	不合格	
1	准备工作	资源是否已查到；材料是否准备完整						
2	分工情况	安排是否合理、全面；分工是否明确						
3	工作态度	小组工作是否积极、主动且全员参与						
4	遵纪情况	是否按时完成所负责的工作内容，遵守工作纪律						
5	团队合作	成员是否团结协作、互相帮助，并听从指挥						
6	创新意识	任务完成过程是否不照搬照抄；看问题是否有独到见解和创新思维						
7	完成效率	工作单记录是否完整；是否按照计划完成任务						
8	完成质量	工作单填写是否准确；工艺表、程序、仿真结果是否达标						
检查评语	评语：				教师签字：			

评价单

学习情境 1	储罐焊接生产的绘图与识图	任务 2	焊接结构图的识读			
评价学时		课内 0.5 学时				
班级：		第　　组				
考核情境	考核内容 及要求	分值 (100 分)	小组自评 (10%)/分	小组互评 (20%)/分	教师评价 (70%)/分	实得分 ($\sum$)/分
汇报展示 (20 分)	演讲资源利用	5				
	演讲表达和非语言技巧应用	5				
	团队成员补充配合程度	5				
	时间与完整性	5				
质量评价 (40 分)	工作完整性	10				
	工作质量	5				
	报告完整性	25				
团队情感 (25 分)	核心价值观	5				
	创新性	5				
	参与率	5				
	合作性	5				
	劳动态度	5				
安全文明 (10 分)	工作过程中的安全保障情况	5				
	工具正确使用和保养、放置规范性情况	5				
工作效率 (5 分)	能够在要求的时间内完成，每超时 5 min 扣 1 分	5				

小组成员素质评价单

<table>
<tr><td>学习情境 1</td><td colspan="2">储罐焊接生产的绘图与识图</td><td colspan="2">任务 2</td><td colspan="4">焊接结构图的识读</td></tr>
<tr><td>班级</td><td></td><td>第　　组</td><td colspan="2"></td><td colspan="2">成员姓名</td><td colspan="2"></td></tr>
<tr><td>评分说明</td><td colspan="8">每个小组成员的评分包括自评分和小组其他成员评分两部分，取平均值作为该小组成员最终得分。评分项目共包括以下 5 项。评分时，每人依据评分标准进行合理量化评分。小组成员在进行自评分后，要找小组其他成员以不记名的方式进行评分</td></tr>
<tr><td>评分项目</td><td colspan="2">评分标准</td><td>自评分</td><td>成员 1 评分</td><td>成员 2 评分</td><td>成员 3 评分</td><td>成员 4 评分</td><td>成员 5 评分</td></tr>
<tr><td>核心价值观（20 分）</td><td colspan="2">有无违背社会主义核心价值观的思想及行为</td><td></td><td></td><td></td><td></td><td></td><td></td></tr>
<tr><td>工作态度（20 分）</td><td colspan="2">是否按时完成所负责的工作且遵守纪律；是否积极主动参与小组工作；是否全过程参与；是否吃苦耐劳；是否具有工匠精神</td><td></td><td></td><td></td><td></td><td></td><td></td></tr>
<tr><td>交流沟通（20 分）</td><td colspan="2">能否良好地表达自己的观点；能否倾听他人的观点</td><td></td><td></td><td></td><td></td><td></td><td></td></tr>
<tr><td>团队合作（20 分）</td><td colspan="2">能否与小组成员合作完成任务，并做到团结协作、互相帮助且听从指挥</td><td></td><td></td><td></td><td></td><td></td><td></td></tr>
<tr><td>创新意识（20 分）</td><td colspan="2">对待问题能否独立思考，提出独到见解；能否利用创新思维解决遇到的问题</td><td></td><td></td><td></td><td></td><td></td><td></td></tr>
<tr><td>小组成员最终得分</td><td colspan="8"></td></tr>
</table>

【课后作业】

1. 焊接符号可以表示出哪些信息？
2. 焊缝尺寸符号及数据的标注原则是什么？
3. 焊缝符号标注法的要素有哪些？
4. 基准线有哪些分类，如何使用？
5. 焊缝尺寸符号有哪些？ 数据如何标注？

焊接故事园——鸟巢钢结构的焊接

国家体育场“鸟巢”的钢结构工程是 2008 年北京奥运工程的突出代表，具有建设规模宏大、结构形式复杂、建设工期短、建设标准高、制造安装难度极大、焊接量大、安全隐患多、施工风险大等特点。“鸟巢”采用国产钢，为全焊钢结构，其构件截面均为箱形截面，其空间位置复杂，形体宏大、美观。

“鸟巢”的整个系统中没有一颗螺钉或铆钉，其钢结构焊接工程主要面对 7 大难关：一是 Q460E-Z35 钢的可焊接性试验难关；二是组建焊接“铁军”难关；三是应力应变控制难关；四是焊接工艺评定难关；五是低温焊接难关；六是大面积推广仰焊技术难关；七是“鸟巢”钢结构焊接工程合拢难关。参加“鸟巢”钢结构焊接工程的焊工需经过选拔，其工作量相当大。半军事化的严格训练规定焊工必须完成下蹲、俯卧撑等项目，目的是增强焊工的体能，以适应仰焊的要求。除此之外，还有在狭窄地方进行的针对性模拟训练，以全方位地提高焊工的素质。

学习情境 2　储罐焊接生产的材料选择及成形加工

【学习指南】

【情境导入】

一名在某厂储罐生产车间实习的学生被任命为车间成形工段工艺员。其在就职后接到某型号储罐的罐体材料成形加工任务，经上级领导批准，负责参与储罐材料的选择，撰写储罐母材分析报告并提交上级审核；制定钢材矫正及预处理工艺卡片；设计下料图纸和编制材料成形工艺说明书；针对钢材卷圆工艺过程中容易出现的工艺及质量问题做出预案；针对材料成形加工中存在的安全隐患进行分析，并编制材料成形生产安全管理制度，以提升材料成形生产安全管理水平，确保生产安全高效地运行。

【学习目标】

知识目标

1. 能够阐述金属的特征及金属的晶体结构；
2. 能够阐述材料的牌号编制方法；
3. 能够阐述金属力学性能的测试方法及性能指标；
4. 能够描述板材、型材、角钢的展开长度的计算方法。

能力目标

1. 能够根据母材及焊接工艺合理选择焊材；
2. 能够进行材料划线、放样与下料；
3. 能够对焊接结构进行弯曲成形；
4. 能够对焊件进行力学性能测试。

素质目标

1. 培养学生的团队互助等意识；
2. 初步培养学生的工匠精神、劳模精神。

【工作任务】

任务 1	金属材料的结构及性能测试	参考学时：课内 4 学时（课外 2 学时）
任务 2	钢材备料及成形加工	参考学时：课内 4 学时（课外 2 学时）

任务1 金属材料的结构及性能测试

【任务工单】

学习情境 2	储罐焊接生产的材料选择及成形加工			任务 1	金属材料的结构及性能测试
任务学时			课内 4 学时(课外 2 学时)		
布置任务					
任务目标	1. 了解合金、合金相、金属化合物、结晶的概念; 2. 了解金属的特征和金属的晶体结构; 3. 掌握常用材料的牌号编制方法; 4. 掌握金属力学性能的测试方法及性能指标				
任务描述	通过对金属材料的基本理论及基本知识的学习,具有进行简单的金属材料力学性能测试和硬度性能测试的能力。各小组对任务进行分析、讨论,并根据收集的信息了解常用材料的牌号编制方法,根据材料的组织和性能特点分析材料的应用,掌握金属力学性能的测试方法及力学性能指标。需要查找的内容如下: 1. 金属材料的分类及牌号编制方法; 2. 金属组织的性能特点; 3. 金属力学性能测试的国家标准; 4. 金相检验方法				
学时安排	资讯 0.5 学时	计划 1 学时	决策 0.5 学时	实施 3 学时	检查 0.5 学时	评价 0.5 学时
对学生的学习过程及成果的要求	1. 初步认识材料的性能,了解晶体结构; 2. 掌握常用材料的牌号及用途,并能够合理选用; 3. 掌握金属力学性能的测试方法; 4. 每名同学均需独立或在小组同学的帮助下完成任务工作单等,并提请教师检查、签认,对教师提出的建议或指出的错误务必及时思考或修改; 5. 每组必须完成任务工单,并提请教师进行小组评价,之后小组成员分享小组评价分数或等级; 6. 每名同学均需进行任务反思并做书面报告,以小组为单位提交。					

【课前自学】

知识点1 金属材料的分类及应用

金属材料是指具有光泽、延展性等性质,容易导电、传热的材料。其一般分为黑色金属材料和有色金属材料,还包括特种金属材料。其中黑色金属材料包括铁、铬、锰等,又称钢铁材料。钢铁是基本的结构材料，被称为“工业的骨骼”。虽然随着科学技术的进步，各种新型化学材料和新型非金属材料被广泛应用，钢铁的代用品不断增多，使人们对钢铁的需求量有所下降，但迄今为止，钢铁在工业原材料构成中的主要地位还是难以取代的。

一、金属材料的种类

1. 黑色金属材料

黑色金属材料包括杂质总含量小于 0.2%及含碳量不超过 0.021 8%的工业纯铁，含碳量为 0.021 8%~2.11%的钢，含碳量大于 2.11%的铸铁[①]。广义的黑色金属材料还包括铬、锰及其合金材料。

2. 有色金属材料

有色金属材料是指除铁、铬、锰以外的所有金属及其合金材料，通常分为轻金属、重金属、贵金属、半金属、稀有金属和稀土金属等材料。有色合金材料的强度和硬度一般比纯金属材料高，并且电阻大、电阻温度系数小。

3. 特种金属材料

特种金属材料包括用途不同的结构金属材料和功能金属材料。其中有通过快速冷凝工艺获得的非晶态金属材料，以及准晶、微晶、纳米晶金属材料等，还有隐身、抗氢、超导、形状记忆、耐磨、减振阻尼等特殊功能合金和金属基复合材料等。

二、钢的分类和表示方法

1. 分类

(1)按化学成分分类

钢可分为非合金钢、低合金钢和合金钢。

(2)按主要质量等级分类

①普通非合金钢、优质非合金钢和特殊质量非合金钢；

②普通低合金钢、优质低合金钢和特殊质量低合金钢；

③普通合金钢、优质合金钢和特殊质量合金钢。

还有其他分类方法，钢的分类如图 2-1 所示。

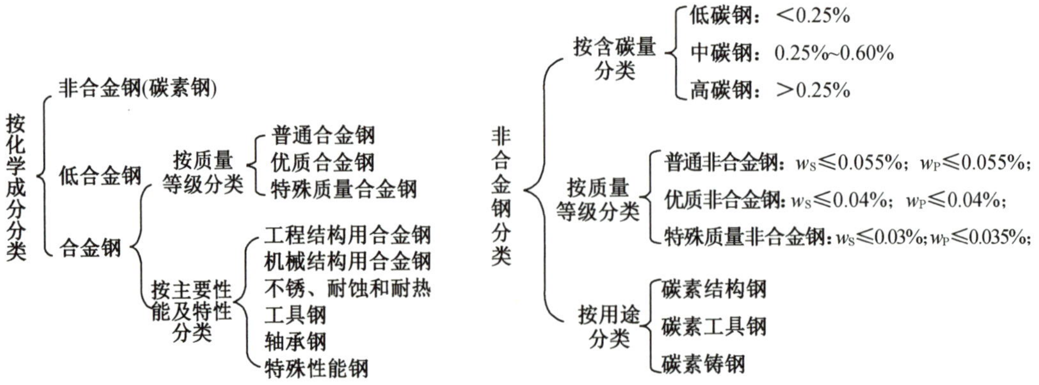

图 2-1 钢的分类

① 百分数均为质量分数。

2. 表示方法

按照国家标准《钢铁产品牌号表示方法》(GB/T 221—2008)规定,我国钢铁产品牌号采用大写汉语拼音字母、化学元素符号和阿拉伯数字相结合的方法表示,即

- 牌号中化学元素采用国际化学元素符号表示。
- 产品名称、用途、特性和工艺方法等,通常采用代表该产品汉字的汉语拼音的大写缩写字母表示。
- 钢铁产品中的主要化学元素含量(质量分数,%)采用阿拉伯数字表示。

依据《碳素结构钢》(GB/T 700—2006)等相关国家标准,工程中常用的碳素结构钢牌号、用途等见表 2-1、表 2-2、表 2-3。

表 2-1 碳素结构钢牌号、用途一览表

牌号	性能	典型牌号	用途
Q:屈服强度的"屈"字汉语拼音首位字母; 数字:屈服强度数值; 质量等级:A、B、C、D、E; 脱氧方法:沸腾钢 F、镇静钢 Z、特殊镇静钢 TZ(Z 和 TZ 可省略)	具有较高的强度、良好的塑性与韧性和良好的焊接性	Q195 Q215 Q235	用于一般桥梁、建筑结构,以及普通机械零件,如螺钉、螺母等
		Q255 Q275	用于受力较大的机械零件,如链轮、拉杆等
举例: Q235AF 表示屈服强度为 235 MPa、质量为 A 级的碳素结构钢,是沸腾钢。 Q285B 表示屈服强度为 285 MPa、质量为 B 级的碳素结构钢,是镇静钢,省略 Z			

表 2-2 优质碳素结构钢牌号、用途一览表

牌号	典型牌号	用途
两位数字:钢中平均碳质量分数(w_C)的万倍	08F	用于冷冲压件,如汽车和仪表外壳、容器、罩子等
	20	用于冷冲压件、焊接件和标准件、渗碳件等零件
	45	用于调质件,如机床齿轮、机床主轴、曲轴、连杆等重要零件
	65	用于弹性件和耐磨件,如小尺寸弹簧、低速车轮等
举例: 45 表示 w_C 为 0.45%的优质碳素结构钢。 65Mn 表示 w_C 为 0.65%、含锰量较高(w_{Mn}=0.9%~1.2%)的优质碳素结构钢。 08F 表示 w_C 为 0.08%的优质碳素结构钢		

（1）合金结构钢的牌号

总体表示方法：两位数字（含碳量）+元素符号+数字。

前面两位数字代表钢中 w_C 的万分之几，元素符号表示钢中所含的主要合金元素，其后面数字表示该元素的平均质量分数的百倍。合金结构钢和弹簧钢用两位数字表示 w_C 的万分之几，不锈耐酸钢和耐热钢的 w_C 用千分数表示。$w_C<0.1\%$时用“0”表示；w_C 为 1.00%时，不标含碳量，否则用千分数表示。高速工具钢和滚珠轴承钢不标含碳量。滚珠轴承钢标注用符号“G”。平均合金含量（质量分数）<1.5%者，在牌号中只标出元素符号，不注其含量。当平均合金含量为 1.50%～2.49%、2.50%～3.49%、3.50%～4.49%……时，则在合金元素后面相应地标出 2，3，4，…。例如，40Cr 表示其 $w_C=0.4\%$，$w_{Cr}<1.5\%$。如果是高级优质合金结构钢，则在牌号的末尾加“A”，如 38CrMoAlA 钢就属于高级优质合金结构钢。

表 2-3　碳素工具钢牌号、用途一览表

牌号	性能	典型牌号	用途
T：“碳”字汉语拼音首位字母； 两位数字：钢中平均碳质量分数的 4 倍	$w_C=0.70\%\sim1.30\%$，高碳钢。必须经淬火回火处理。 具有较高的硬度、强度，良好的耐磨性，一定的塑性与韧性	T7、T8	承受振动、冲击的工具，如冲头、大锤、木工工具
		T10	用于需要较高耐磨性和一定韧性的工具，如手工锯条、剪金属用剪刀
		T12 T13A	不受振动和冲击的耐磨工具，如丝锥、锉刀、绞刀、板牙、量具等
举例： T8 表示 w_C 为 0.8%的碳素工具钢。 T12A 表示 w_C 为 1.20%的高级优质碳素工具钢			

（2）合金工具钢

这类钢的编号方法与合金结构钢的区别仅在于：当 $w_C<1\%$时，用一位数字表示 w_C 的千倍；当 $w_C\geq1\%$时，则不予标出。如 Cr12MoV 钢，其 $w_C=1.45\%\sim1.70\%$，所以不标出；$w_{Cr}=12\%$，w_{Mo} 和 w_V 都小于 1.5%。再如 9SiCr 钢，其 $w_C=0.9\%$，w_{Cr} 和 w_{Si} 均小于 1.5%。不过高速工具钢例外，其 w_C 无论是多少均不标出。因为合金工具钢及高速工具钢都是高级优质钢，所以它们的牌号后面也不必再标“A”。

（3）不锈钢与耐热钢

这类钢牌号前面数字表示 w_C 的千倍。例如 3Cr13 钢表示 $w_C=0.3\%$，$w_{Cr}=13\%$。当 $w_C\leq0.03\%$ 及 $w_C\leq0.08\%$ 时，在牌号前面分别冠以“00”及“0”，如 00Cr17Ni14Mo2、0Cr19Ni9 等。

（4）高速工具钢

高速工具钢是工具钢的一类，通常用作高速切削工具，简称高速钢，俗称“锋钢”。其编号与合金工具钢基本相同，主要区别是钢中 $w_C<1\%$时也不标数字。

三、金属材料的应用

农业现代化、工业现代化、国防和科学技术现代化都离不开金属的支持，小到农具、机械零件、日常用品，大到飞机、导弹、火箭、卫星、核潜艇等尖端武器以及原子能、电视、通信、雷达、电子计算机等尖端技术所需的构件或部件，大都是由金属制成。现在世界上许多国家，尤其是工业发达国家，竞相发展金属、有色金属工业，增加金属的战略储备。所以说金属材料是国民经济发展、人民日常生活保障及国防工业、科学技术发展必不可少的基础材料和重要的战略物资。

知识点 2　金属材料结构的认知

纯金属虽然具有较高的导电性、导热性和良好的塑性等优点，但由于其性能的局限性，故其不能满足各种不同场合的使用要求。纯金属的力学性能不高，以强度为例，纯金属的强度一般较低，铁的抗拉强度约为 200 MPa，纯铝的抗拉强度约为 100 MPa，显然不适用于工程中各种结构的用材。加之纯金属种类有限，制取困难，价格相对较高，因此在各行业上应用较少。实际上，工程中使用的金属材料都是合金。合金是两种或两种以上金属元素或金属与非金属元素制成的具有金属特性的物质，如碳钢、合金钢、铸铁、铜合金等，尤其是以铁、碳为主要成分的合金。

一、纯金属的晶体结构

物质由原子组成。原子的结合方式和排列方式决定了物质的性能。离子、原子、分子之间的结合力称为结合键。

所谓结构就是指物质内部原子在空间中的分布及排列规律。根据原子在物质内部的排列方式，可将固态物质分为两大类：晶体——内部原子呈规则排列的物质，如雪花、固态金属等；非晶体——内部原子无规则排列的物质，如石蜡、橡胶、松香、玻璃等。常见物质的结构如图 2-2 所示。

(a)雪花晶体

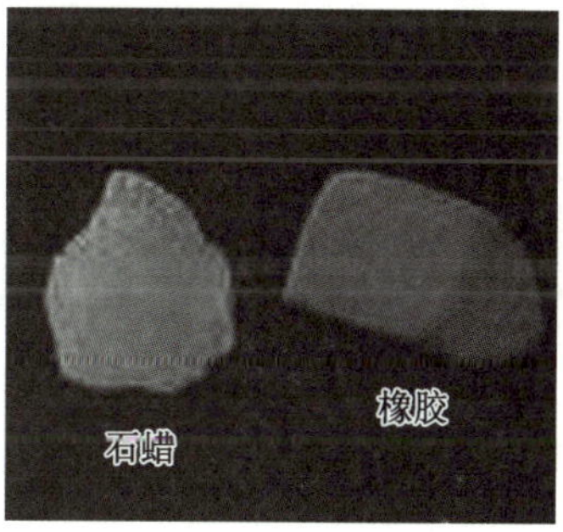

(b)石蜡、橡胶

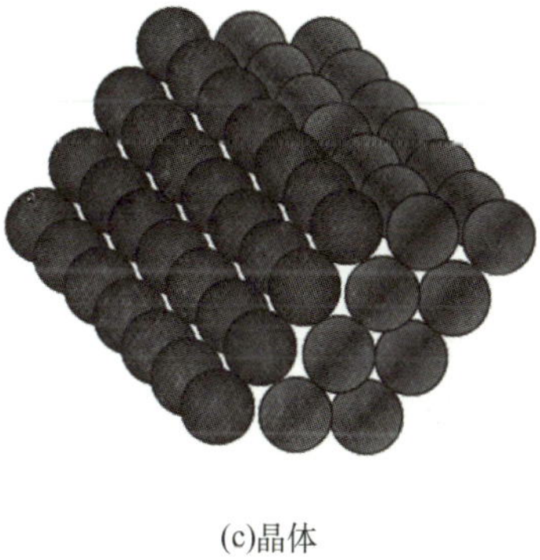

(c)晶体

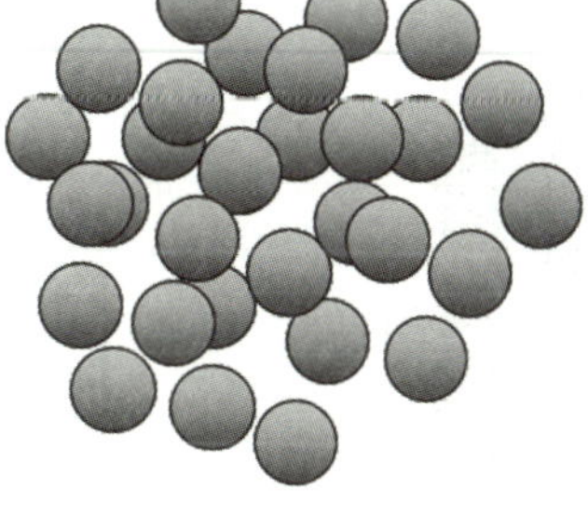

(d)液体

(e)非晶体

图 2-2　常见物质的结构

金属材料通常都是晶体材料。金属的晶体结构指的是金属材料内部的原子排列的规律。它决定着金属材料的显微组织和材料的宏观性能。

1. 晶格

晶格是指用假想的直线将原子中心连接起来所形成的三维空间格架。直线的交点(原子中心)称为结点。由结点形成的空间点的阵列称为空间点阵。

2. 晶胞

晶胞是能代表晶格原子排列规律的最小几何单元。晶胞常数示意图如图 2-3 所示。

3. 晶格常数

晶格常数是指晶胞 3 个棱边的尺寸用 a、b、c 表示,各棱间的夹角用 α、β、γ 表示。晶格常数示意图如图 2-4 所示。

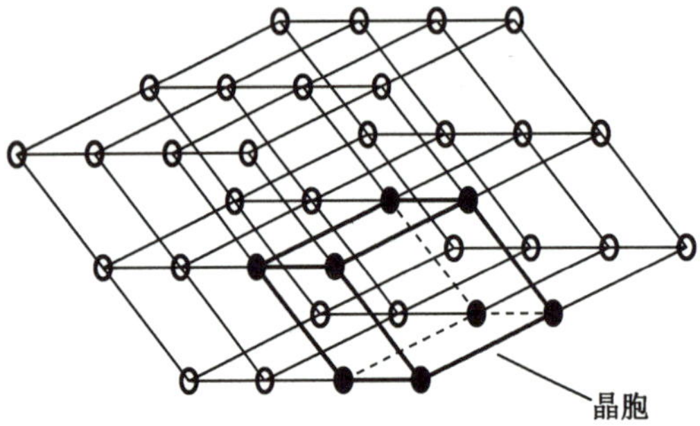

图 2-3 晶胞常数示意图

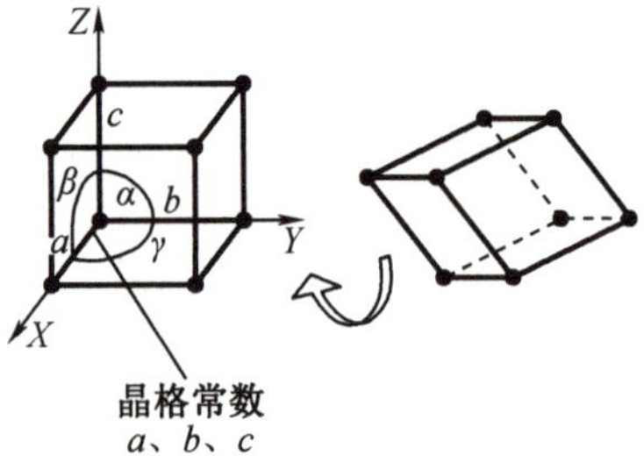

图 2-4 晶格常数示意图

4. 晶系

根据晶胞参数不同,将晶体分为 7 种晶系。90%以上的金属具有立方晶系和六方晶系。

(1)立方晶系:$a=b=c$,$\alpha=\beta=\gamma=90°$。

(2)六方晶系:$a_1=a_2=a_3\neq c$,$\alpha=\beta=90°$,$\gamma=120°$。

5. 晶面

晶面是通过原子中心的平面。晶面示意图如图 2-5 所示。

6. 晶向

晶向是通过原子中心的直线所指的方向。晶向示意图如图 2-6 所示。

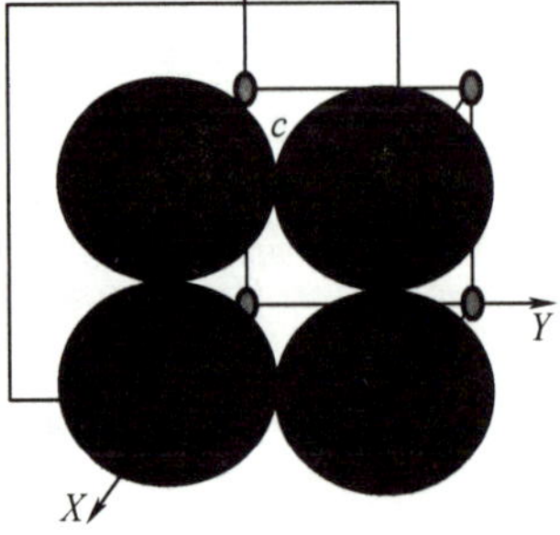

图 2-5 晶面示意图

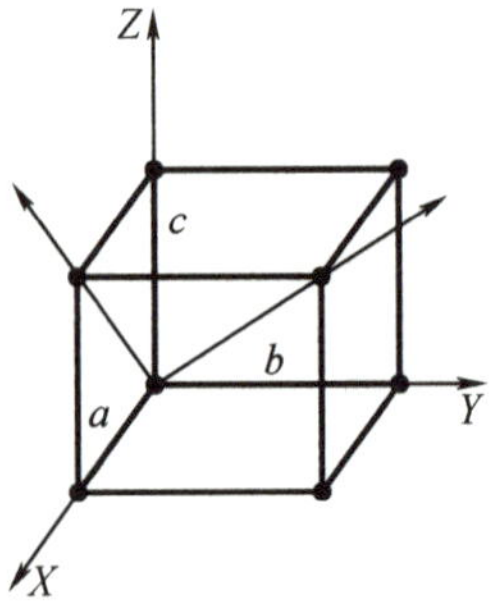

图 2-6 晶向示意图

7. 原子半径

原子半径是晶胞中原子密度最大方向上相邻原子间距的一半。

8. 晶胞原子数

晶胞原子数是一个晶胞内所包含的原子数目。

9. 配位数

配位数是晶格中与任一原子距离最近且相等的原子数目。

10. 致密度

致密度是晶胞中原子本身所占的体积分数。

常见的晶格类型如图 2-7 所示。

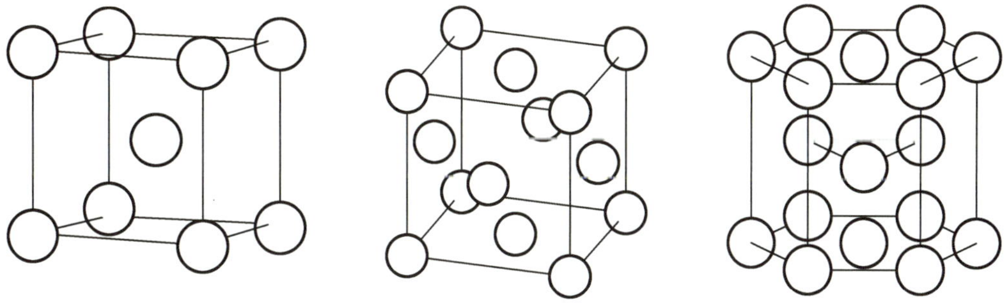

(a)体心立方晶格　　(b)面心立方晶格　　(c)密排六方晶格

图 2-7　常见的晶格类型

二、合金的晶体结构

1. 基本概念

(1)组元

组元是指组成合金的最基本的独立的物质。

由两个组元组成的合金称为二元合金。

由三个组元组成的合金称为三元合金或多元合金。

例如,Fe-C 合金:Fe(组元一)-Fe_3C(组元二)。

(2)合金系

合金系是指由给定的组元以不同的比例配制成的一系列成分不同的合金系统。

例如,Fe-C: 90%Fe-10%C、80%Fe-20%C、50%Fe-50%C、20%Fe-80%C。

(3)相

相是金属或合金中具有同一结构、同一原子聚集状态和性质均匀的连续组成体,不同“相”之间存在界面,称为相界面。

金属或合金均由相构成,如单相合金、多相合金,二者的金相结构如图 2-8、图 2-9 所示。相用 α、β、γ、δ、η、θ 等表示。

2. 合金的相结构

合金的相结构是指相的原子排列规律,它比金属的晶体结构复杂,可归为两类:固溶体和金属化合物,二者的相结构示意图如图 2-10、图 2-11 所示。

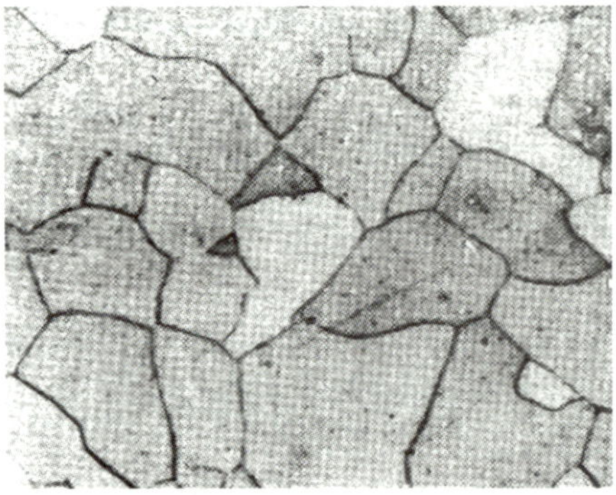

图 2-8　单相固态合金的金相结构(硅钢)

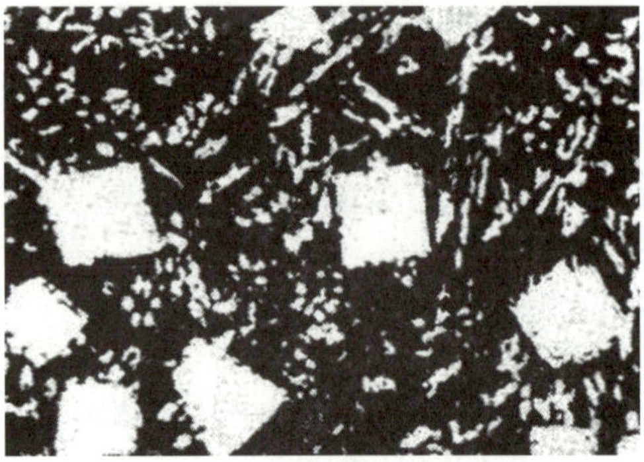

图 2-9　多相固态合金的金相结构

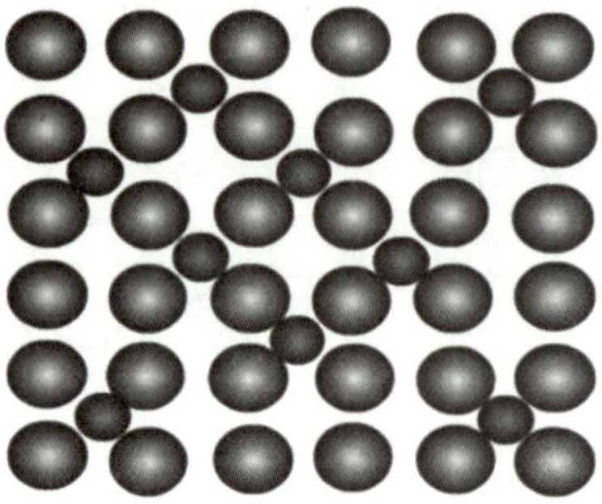

图 2-10　固溶体的相结构示意图

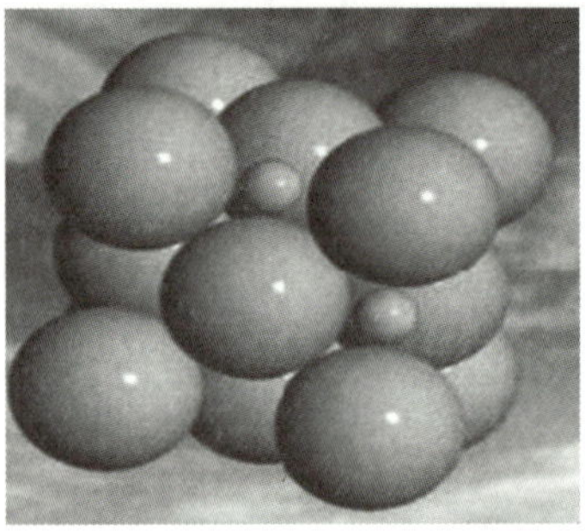

图 2-11　金属化合物的相结构示意图

(1)固溶体

固溶体与溶液一样,有溶剂与溶质之分,含量少的叫溶质,含量多的叫溶剂。固溶体相用 α、β、γ 等符号表示。A、B 组元组成的固溶体也可表示为 A(B),其中 A 为溶剂,B 为溶质。

①特点:固溶体的晶格类型与溶剂组元的晶格类型相同。

②分类:按溶质原子在溶剂晶格中所占位置的不同,固溶体可分为置换固溶体和间隙固溶体,其示意图如图 2-12、图 2-13 所示。

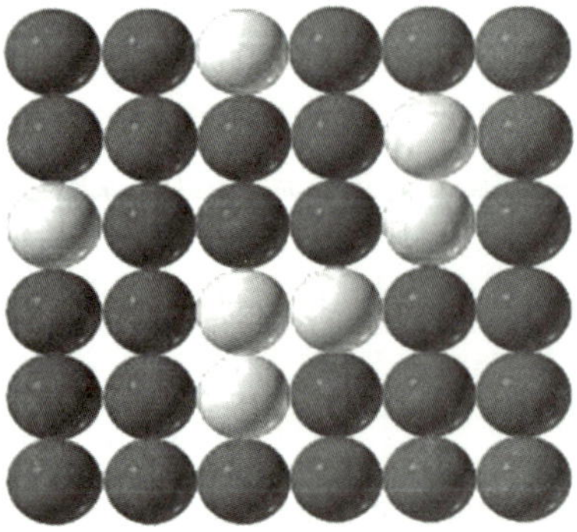

图 2-12　置换固溶体示意图

图 2-13　间隙固溶体示意图

(2)金属化合物(中间相)

①定义:A、B 两组元组成合金时,由于溶解度的不同,除形成有限固溶体外,还有可能形成与 A、B 组元晶格类型不同的新相,这种新相就称为金属化合物(中间相)。

②分类:金属化合物根据形成条件,可分为下列 3 种类型(表 2-4),即正常价化合物、电子化合物、间隙化合物。

表 2-4　金属化合物分类表

分类	定义	举例	特点
正常化合物	化合物按正常的原子价规律组成,具有一定的化学成分,可用化学分子式来表示其组成	Mg_2Si、Mg_2Sn	硬度高,脆性大
电子化合物	化合物的组成不遵守原子价规律,而是按一定的电子浓度组成	Cu-Al 合金系	熔点、硬度高,塑性差
间隙化合物	化合物由过渡族金属元素与原子半径较小的非金属元素组成	C、N、O、B 等形成的碳化物或氮化物	熔点、硬度高

知识点 3　金属材料的性能测试

金属材料的性能包括使用性能和工艺性能。使用性能是指金属材料在使用过程中应具备的性能,包括力学性能(强度、塑性、硬度、冲击吸收能量、疲劳强度等)、化学性能(耐腐蚀性、抗氧化性等)和物理性能(密度、熔点、导热性、导电性等)。金属材料的性能分类如图 2-14 所示。金属材料的性能决定着材料的适用范围及应用的合理性。

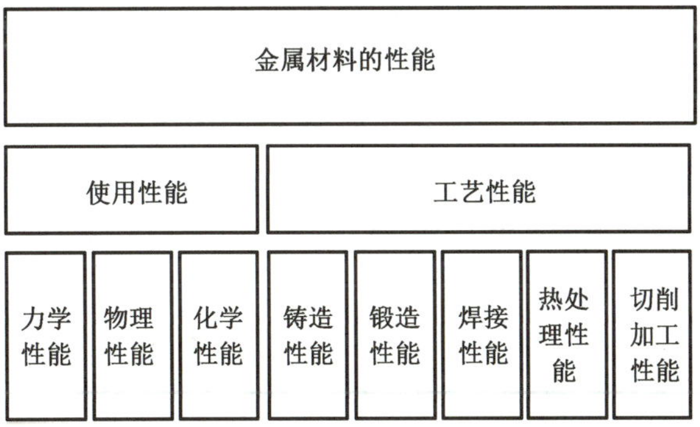

图 2-14　金属材料的性能分类

一、力学性能

金属材料的力学性能是指金属在力作用下所显示与弹性和非弹性反应相关或涉及应力-应变关系的性能。

人们要有效地使用材料,首先必须要了解材料的力学性能以及影响材料力学性能的各种因素。每种材料的失效形式均与其相关的力学性能有

力学性能试验

关。结合材料的失效形式,人们可以通过设计试验来了解材料各方面的力学性能。常见的金属材料力学性能试验有拉伸试验(图 2-15)、压缩试验、扭转试验、硬度试验、冲击韧度试验、疲劳试验等。

1. 变形

变形是指材料在外力作用下发生的形状和尺寸变化。去除外力后能够恢复的叫作弹性变形;去除外力后不能恢复的叫作塑性变形。

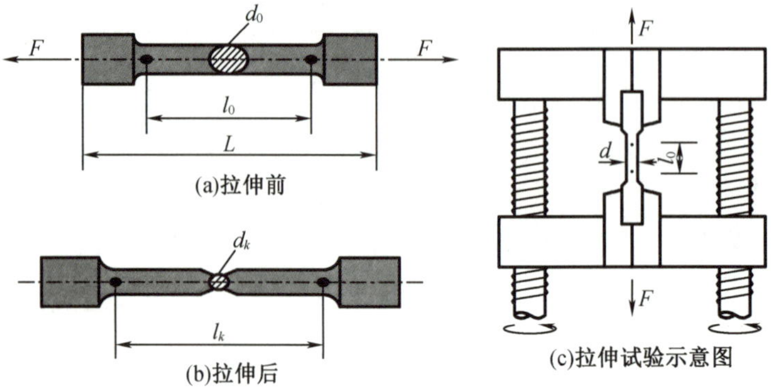

图 2-15　低碳钢拉伸试验

2. 强度

强度是指材料在静载荷作用下抵抗变形和破坏的能力,是工程技术上重要的力学性能指标。材料的强度和韧性是一对相互制约的指标,强度高则韧性差,韧性高则强度低。通过晶粒细化可以同时提高材料的强度和韧性。

(1)抗拉强度

抗拉强度是材料断裂前所能承受的最大应力,是拉伸应力-应变曲线(图 2-16)上的最大应力点,单位为 MPa。其物理意义是塑性材料抵抗均匀变形的能力。对于不出现颈缩的材料,抗拉强度就是其断裂强度。

图 2-16 中,*oe* 段表示直线、弹性变形;*es* 段表示曲线、弹性变形加塑性变形;*ss′* 段为水平线(略有波动),表示明显的塑性变形屈服现象,此时作用的力基本不变,试样连续伸长;*s′b* 为曲线表示弹性变形加均匀塑性变形;*b* 点出现缩颈现象,即试样局部截面明显缩小,试样承载能力降低,拉伸力达到最大值,而后降低,但变形量增大;*K* 点试样发生断裂。

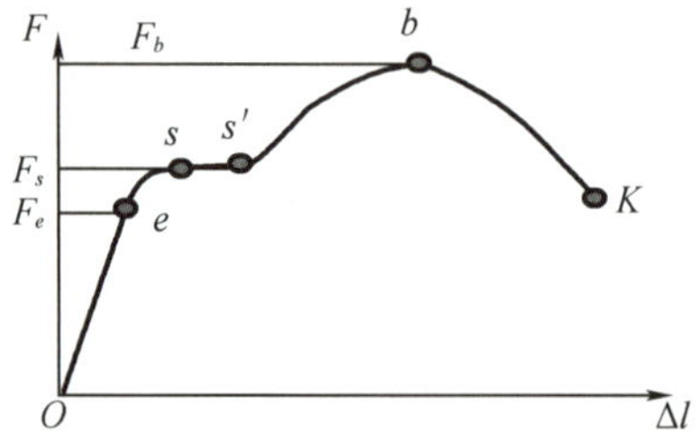

e—弹性极限点;*s*—屈服点;*b*—极限载荷点;*K*—断裂点。

图 2-16　应力-应变曲线图

(2)屈服强度

屈服强度是材料的拉伸应力超过弹性范围,开始产生塑性变形时的应力。有些材料没有明显的屈服点,工程上通常取试样产生0.2%残余变形时的应力作为条件屈服极限$\sigma_{0.2}$,单位为MPa。

(3)持久强度

持久强度是试样在设计温度下,经过10万小时后断裂时的平均应力,单位为MPa。

(4)蠕变强度

蠕变强度是在给定温度下和规定的持续时间内,使试样产生一定蠕变量的应力,单位为MPa。工程上通常采用钢材在设计温度下,经过10万小时后蠕变率为1%时的应力作为蠕变强度。

3. 塑性

塑性是指材料在静载荷作用下发生永久变形而不破坏的能力。其衡量指标为伸长率和断面收缩率。塑性好的材料可以防止突然破坏。

(1)延伸率

延伸率表明试样在拉伸试验破坏时,产生了百分之几的塑性伸长量。它是衡量钢材塑性的一个指标。试样长度一般选择为其直径的5倍或10倍,因此,有$\delta5$(短试样)和$\delta10$(长试样)两种指标,用百分数表示。

(2)断面收缩率

断面收缩率表明试样在拉伸试验发生破坏时,缩颈处产生的塑性变形率,用百分数表示。

4. 韧脆转变温度

金属由韧性状态向脆性状态转变的温度称为脆性转变温度。材料的脆性转变温度越低,材料的低温冲击韧性越好。碳素结构钢的脆性转变温度为-20 ℃。目前确定脆性转变温度的普遍方法是把冲击值降到某一特定允许的最低冲击值,对应的温度即作为该材料的脆性转变温度。

5. 硬度

硬度是衡量材料软硬程度的一个重要技术指标,是其抵抗其他物体压入其表面的能力,也是金属表面抵抗变形和破坏的能力。常见的硬度计如图2-17所示。常测的硬度有布氏硬度、洛氏硬度和维氏硬度,具体应用见表2-5。

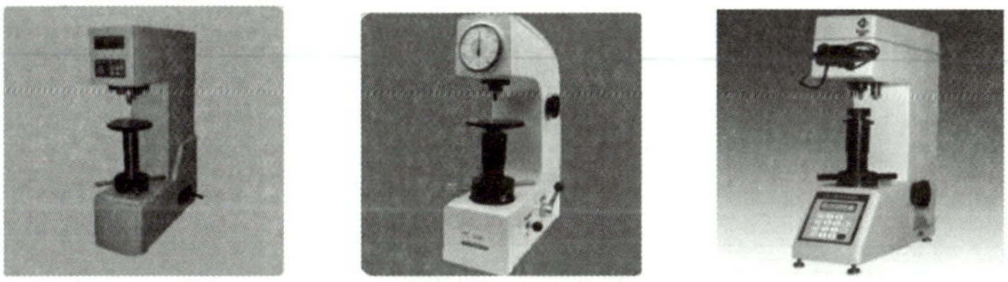

(a)布氏硬度计　　(b)洛氏硬度计　　(c)维氏硬度计

图2-17　常见的硬度计

表 2-5　硬度分类

分类	符号	表示方法	相关试验的优缺点	相关试验的应用范围
布氏硬度	HB	硬度值 + HBS(HBW)+D+F+t	优点：测量误差小(因压痕大)，数据稳定，重复性强。 缺点：压痕面积较大，测量费时	可测量较软材料、灰铸铁、有色金属、退火正火钢材的硬度，适于测量成品零件或薄件的硬度
洛氏硬度	HR	硬度值 + 硬度符号	优点：测量操作简单，方便快捷，压痕小；测量范围大，能测较薄工件。 缺点：测量精度较低，可比性差，不同标尺的硬度值不能比较	是生产中应用最广泛的硬度试验方法，可用于成品检验和薄件表面硬度检验；不适于测量组织不均匀材料
维氏硬度	HV	硬度值+HV+F+t	优点：适用范围广，从极软到极硬材料都可测量；测量精度高，可比性好；能测较薄工件。 缺点：测量操作较烦琐，测量效率低	用于科研单位和高校，可测量薄件表面硬度；不适于大批生产和测量组织不均匀材料及其检验

注：表中 HBS 表示采用淬火钢球作为压头；HBW 表示采用硬质合金球作为压头；D 为压头直径；F 为试验力；t 为保持试验力的时间。

6. 冲击韧性

冲击韧性指金属材料抵抗冲击载荷而不发生破坏的能力。表征金属材料冲击韧性高低的指标是冲击吸收能量，冲击吸收能量越大，材料越能承受较大的冲击载荷。冲击吸收能量低的材料称为脆性材料；冲击吸收能量高的材料称为韧性材料。冲击韧性对材料的组织结构敏感，可以通过改变材料成分、提高材料冶金质量来改善材料的冲击韧性。冲击韧性与材料的质量有直接关系，如图 2-18 所示。

(a)“泰坦尼克号”船体 1

(b)“泰坦尼克号”船体 2

(c)“泰坦尼克号”用钢板

(d)近代船用钢板

图 2-18　“泰坦尼克号”的沉没与船体材料的质量直接相关

7. 疲劳

金属材料在受交变应力或循环载荷的作用时,常会在工作应力小于屈服强度的情况下突然断裂,这种现象称为疲劳。

8. 疲劳强度

金属材料在无限多次循环载荷(10^7 周)的作用下而不发生破坏的最大应力称为疲劳强度或疲劳极限。

二、化学性质

金属材料的化学性能是金属在化学介质作用下所表现出来的性能,包括耐腐蚀性、抗氧化性和化学稳定性等。下面对金属腐蚀进行简要介绍。

金属与周围介质相接触时因产生化学或电化学作用而遭受破坏的过程称为腐蚀。按腐蚀介质分,有大气腐蚀、水腐蚀、土壤腐蚀、高温气体腐蚀及各种酸、碱、盐的腐蚀等。按腐蚀形式分,金属腐蚀有均匀腐蚀及局部腐蚀两大类,后者又有晶间腐蚀、点蚀及缝隙腐蚀等。按腐蚀发生的机理分,金属腐蚀有化学腐蚀及电化学腐蚀两大类。此外,金属腐蚀还包括应力腐蚀开裂、氢脆等。金属腐蚀显微组织图如图 2-19 所示。

1. 应力腐蚀开裂

应力腐蚀开裂(SCC)是金属构件在拉伸应力和腐蚀环境的共同作用下产生的破坏。应力腐蚀开裂的产生应具备 3 个条件:其一是要有特定的腐蚀环境(包括腐蚀介质的成分、浓度、杂质和温度等);其二是要有足够大的拉伸应力(超过某一极限值);其三是金属材料具有特定的合金成分和组织(包括晶粒大小、晶粒取向、形态、相结构、各类缺陷等)。不锈钢 SCC 分叉裂纹的显微组织如图 2-20 所示。

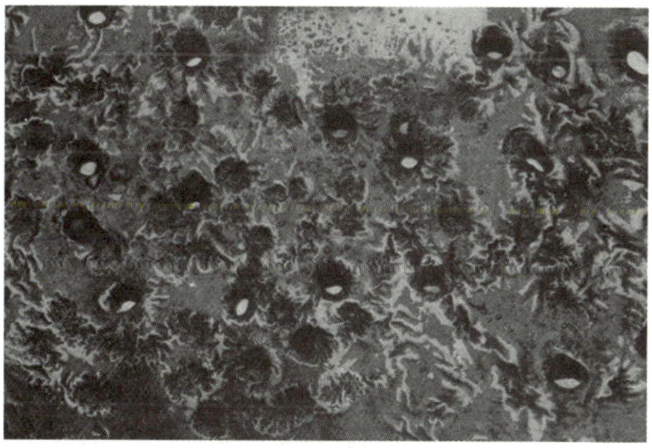

图 2-19 金属腐蚀显微组织图

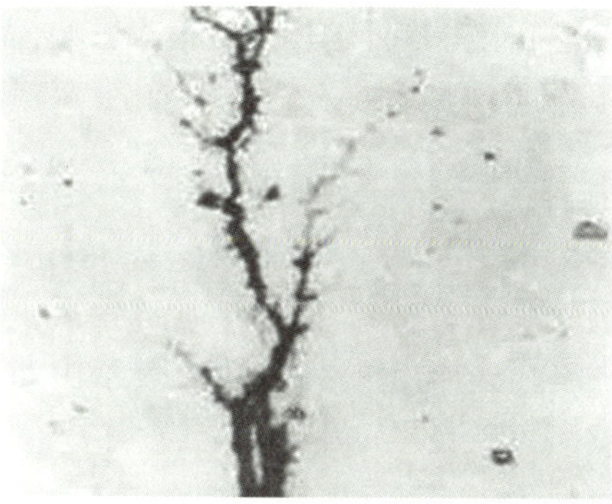

图 2-20 不锈钢 SCC 分叉裂纹的显微组织

2. 晶间腐蚀

晶间腐蚀是由于晶界沉积了杂质,或者是由于某一元素的增多或减少而引起的。这种变化大多由不适当的热处理或冷加工所致。晶间腐蚀的发生有两个条件:其一是晶界物质的物理化学状态与晶粒本身不同;其二是存在特定的腐蚀环境。晶间腐蚀的显微组织如图 2-21 所示。

3. 氢脆

在高温、高压下分子氢部分分解成原子氢,或者在湿酸性腐蚀环境中经过电化学反应生成氢原子,这些氢原子渗透到金属如钢内部后,使金属晶粒间的原子结合力降低,表现为金属材料的延伸率、断面收缩率降低，强度也发生变化，这种现象叫作氢脆。氢脆的显微组织如图 2-22 所示。

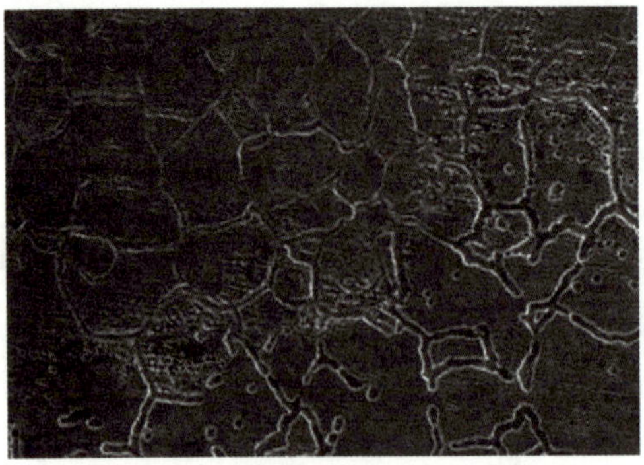

图 2-21　晶间腐蚀的显微组织

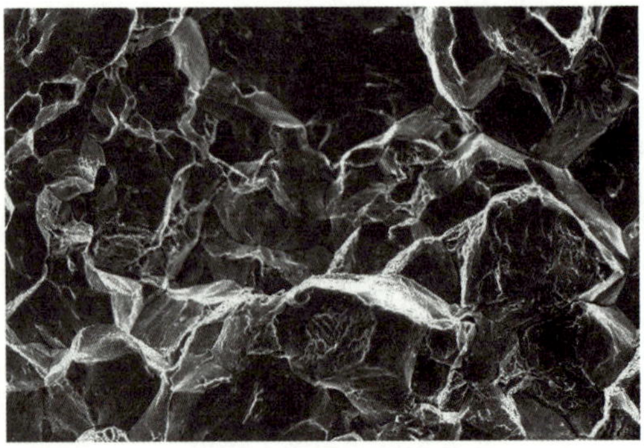

图 2-22　氢脆的显微组织

三、物理性能

金属材料的物理性能主要是指其密度、熔点、导热性、导电性及热胀冷缩性等 。

1. 导热性

金属的导热性常用导热系数 λ[W/(m · K)]来评价，λ 越大，导热性越好。金属材料的导热性对其加工和使用都有很大的影响。

2. 热胀冷缩性

金属材料的热胀冷缩性用线膨胀系数 α(1/℃)或体积膨胀系数来评价。线膨胀系数或体积膨胀系数越大，材料的尺寸或体积随温度升高而增大得越多，随温度降低而减少得越多，这不仅对零件的使用有很大影响，而且影响零件的加工。

【自学自测】

一、选择题

1. 合金结构钢的牌号总体表示由“(　　)数字(含碳量)+元素符号+数字” 3 部分组成。

A. 1 位　　B. 2 位　　C. 3 位　　D. 4 位

2. 纯铝的抗拉强度约为(　　)。

A. 100 MPa　　B. 200 MPa　　C. 300 MPa　　D. 400 MPa

3. 下列符号中表示维氏硬度的是(　　)。

A. HB　　B. HR　　C. HV　　D. HW

4. 下列钢的牌号中属于不锈钢的是(　　)。

A. Q195　　B. 45　　C. 65Mn　　D. 0Cr19Ni9

5. 金属材料在受交变应力或循环载荷的作用时，常会在工作应力(　　)屈服强度的情况下突然断裂，这种现象称为疲劳。

A. 小于　　B. 大于　　C. 等于　　D. 无法确定

二、填空题

1. 钢按化学成分分类可分为(　　　　)、(　　　　)、(　　　　)。

2. 按溶质原子在溶剂晶格中所占位置的不同,固溶体可分为(　　　　)固溶体和(　　　　)固溶体。

3. 强度是指材料在(　　　　)作用下抵抗变形和破坏的能力,是工程技术上重要的力学性能指标。

4. 金属的韧性状态向脆性状态转化的温度称为(　　　　)。

5. 不锈钢与耐热钢的牌号前面的数字表示平均碳质量分数(w_C)的(　　　　)倍。

【任务实施】

下面进行拉伸试验。

1. 试件准备

(1)低碳钢试件

①在低碳钢试件长度 $L_0=100$ mm 的标距内,用刻线机每隔 10 mm 刻一圆周线,即将长度标距均匀地分为 10 格,以便观察试件变形沿轴向分布的情况和计算断后伸长率。

②用游标卡尺在标距两端和中间部位分别沿互相垂直的两个方向各测量一次直径,并分别计算这 3 处测量值的平均值,取其最小值作为试件直径 d_0。

(2)铸铁试件

铸铁试件不需要刻圆周线。用游标卡尺在试件两端和中间部位分别沿互相垂直的两个方向各测量一次直径,并分别计算这 3 处测量值的平均值,取其最小值作为试件直径 d_0。

分别对低碳钢试件、铸铁试件进行试验。

2. 试验机准备

根据电子万能试验机的试验步骤,打开系统和计算机,根据计算机提示(或计算机操作详细说明)输入有关参数,使系统进入试验状态。

3. 安装试件

先将试件装夹在上夹头中,然后使用手动盒升降旋扭移动横梁至合适位置,把试件下端夹持在下夹头中。

4. 试验

(1)根据计算机提示(或计算机操作详细说明)进行试验,直至试件拉断,将系统退出试验状态。对于低碳钢试件则进行下一步;对于铸铁试件则根据计算机提示打印拉伸曲线图和试验结果。

(2)测量低碳钢试件的断后标距和断口直径(对铸铁试件无须进行此操作)

①测量断后标距

将被拉断试件的两段断口对齐并靠紧,如果断口到邻近标距点的距离大于 $1/3L_0$,则用游标卡尺直接测量断后的标距长度,此长度即为 L。若断口到邻近标距点的距离小于 $1/3L_0$,则需进行断口移中计算,计算所得长度即为断后标距 L_1。

②测量断口直径

在断口处(即颈缩最细处)沿互相垂直的两个方向各测量一次直径,取其平均值作为直径 d_1。将 L_1、d_1 根据计算机提示输入。根据计算机提示打印低碳钢试件的拉伸曲线图和试验结果。

【金属材料的结构及性能测试工作单】

计划单

<table>
<tr><td>学习情境 2</td><td colspan="2">储罐焊接生产的材料选择及成形加工</td><td>任务 1</td><td colspan="2">金属材料的结构及性能测试</td></tr>
<tr><td>工作方式</td><td colspan="2">组内讨论,团结协作共同制订计划。小组成员进行工作讨论,确定工作步骤</td><td>计划学时</td><td colspan="2">1 学时</td></tr>
<tr><td>完成人</td><td colspan="5">1. 2. 3. 4. 5. 6.</td></tr>
<tr><td colspan="6">计划依据:</td></tr>
<tr><td>序号</td><td colspan="3">计划步骤</td><td colspan="2">具体工作内容描述</td></tr>
<tr><td>1</td><td colspan="3"></td><td colspan="2"></td></tr>
<tr><td>2</td><td colspan="3"></td><td colspan="2"></td></tr>
<tr><td>3</td><td colspan="3"></td><td colspan="2"></td></tr>
<tr><td>4</td><td colspan="3"></td><td colspan="2"></td></tr>
<tr><td>5</td><td colspan="3"></td><td colspan="2"></td></tr>
<tr><td>制订计划说明</td><td colspan="5">(为各成员完成任务提供可借鉴的建议或对计划中的某些方面做出解释。)</td></tr>
</table>

决策单

<table>
<tr><td>学习情境 2</td><td colspan="2">储罐焊接生产的材料
选择及成形加工</td><td>任务 1</td><td colspan="2">金属材料的结构及性能测试</td></tr>
<tr><td colspan="3">决策学时</td><td colspan="3">0.5 学时</td></tr>
<tr><td colspan="6">决策目的：</td></tr>
<tr><td rowspan="13">方案对比</td><td>成员</td><td>工艺的可行性
（加工质量）</td><td>加工的合理性
（加工时间）</td><td>加工的经济性
（加工成本）</td><td>综合评价</td></tr>
<tr><td>1</td><td></td><td></td><td></td><td></td></tr>
<tr><td>2</td><td></td><td></td><td></td><td></td></tr>
<tr><td>3</td><td></td><td></td><td></td><td></td></tr>
<tr><td>4</td><td></td><td></td><td></td><td></td></tr>
<tr><td>5</td><td></td><td></td><td></td><td></td></tr>
<tr><td>6</td><td></td><td></td><td></td><td></td></tr>
<tr><td></td><td></td><td></td><td></td><td></td></tr>
<tr><td></td><td></td><td></td><td></td><td></td></tr>
<tr><td></td><td></td><td></td><td></td><td></td></tr>
<tr><td></td><td></td><td></td><td></td><td></td></tr>
<tr><td></td><td></td><td></td><td></td><td></td></tr>
<tr><td></td><td></td><td></td><td></td><td></td></tr>
<tr><td>决策评价</td><td colspan="5">结果:(将自己的工艺方案与组内成员的工艺方案进行对比分析,对自己的工艺方案进行修改并说明修改原因,最后确定一个最佳方案。)</td></tr>
</table>

实施单

学习领域	焊接基础技术		
学习情境 2	储罐焊接生产的材料选择及成形加工	学时	12 学时
任务 2	金属材料的结构及性能测试	学时	6 学时
作业方式	小组分析、个人解答,现场批阅、集体评判		
1	根据储罐技术要求,通过力学性能测试和相关资料选择材料		

作业解答:

2	储罐材料耐腐蚀性分析

作业解答:

3	储罐材料焊接性分析

作业解答:

作业评价:

班级		组别		组长签字	
学号		姓名		教师签字	
教师评分		日期			

检查单

<table>
<tr><td>学习情境 2</td><td colspan="2">储罐焊接生产的材料选择及成形加工</td><td>任务 1</td><td colspan="5">金属材料的结构及性能测试</td></tr>
<tr><td colspan="3">检查学时</td><td>课内 0.5 学时</td><td colspan="5">第　　组</td></tr>
<tr><td colspan="2">检查目的及方式</td><td colspan="7">教师对小组的工作过程和工作情况进行检查。如检查等级为不合格,则小组需要整改,并做出整改说明</td></tr>
<tr><td rowspan="2">序号</td><td rowspan="2">检查项目</td><td rowspan="2" colspan="2">检查标准</td><td colspan="5">检查结果分级
(在检查相应的分级框内画“√”)</td></tr>
<tr><td>优秀</td><td>良好</td><td>中等</td><td>合格</td><td>不合格</td></tr>
<tr><td>1</td><td>准备工作</td><td colspan="2">资源是否已查到;材料是否准备完整</td><td></td><td></td><td></td><td></td><td></td></tr>
<tr><td>2</td><td>分工情况</td><td colspan="2">安排是否合理、全面;分工是否明确</td><td></td><td></td><td></td><td></td><td></td></tr>
<tr><td>3</td><td>工作态度</td><td colspan="2">小组工作是否积极、主动且全员参与</td><td></td><td></td><td></td><td></td><td></td></tr>
<tr><td>4</td><td>遵纪情况</td><td colspan="2">是否按时完成所负责的工作内容,遵守工作纪律</td><td></td><td></td><td></td><td></td><td></td></tr>
<tr><td>5</td><td>团队合作</td><td colspan="2">成员是否团结协作、互相帮助,并听从指挥</td><td></td><td></td><td></td><td></td><td></td></tr>
<tr><td>6</td><td>创新意识</td><td colspan="2">任务完成过程是否不照搬照抄;看问题是否有独到见解和创新思维</td><td></td><td></td><td></td><td></td><td></td></tr>
<tr><td>7</td><td>完成效率</td><td colspan="2">工作单记录是否完整;是否按照计划完成任务</td><td></td><td></td><td></td><td></td><td></td></tr>
<tr><td>8</td><td>完成质量</td><td colspan="2">工作单填写是否准确;工艺表、程序、仿真结果是否达标</td><td></td><td></td><td></td><td></td><td></td></tr>
<tr><td>检查
评语</td><td colspan="5">评语:</td><td colspan="3">教师签字:</td></tr>
</table>

评价单

学习情境 2	储罐焊接生产的材料选择及成形加工	任务 1		金属材料的结构及性能测试		
评价学时		课内 0.5 学时				
班级：		第　　组				
考核情境	考核内容及要求	分值（100 分）	小组自评（10%）/分	小组互评（20%）/分	教师评价（70%）/分	实得分（∑）/分
汇报展示（20 分）	演讲资源利用	5				
	演讲表达和非语言技巧应用	5				
	团队成员补充配合程度	5				
	时间与完整性	5				
质量评价（40 分）	工作完整性	10				
	工作质量	5				
	报告完整性	25				
团队情感（25 分）	核心价值观	5				
	创新性	5				
	参与率	5				
	合作性	5				
	劳动态度	5				
安全文明（10 分）	工作过程中的安全保障情况	5				
	工具正确使用和保养、放置规范性情况	5				
工作效率（5 分）	能够在要求的时间内完成，每超时 5 min 扣 1 分	5				

小组成员素质评价单

学习情境 2	储罐焊接生产的材料选择及成形加工		任务 1	金属材料的结构及性能测试				
班级		第　　组		成员姓名				
评分说明	每个小组成员的评分包括自评分和小组其他成员评分两部分，取平均值作为该小组成员最终得分。评分项目共包括以下 5 项。评分时，每人依据评分标准进行合理量化评分。小组成员在进行自评分后，要找小组其他成员以不记名的方式进行评分							
评分项目	评分标准		自评分	成员 1 评分	成员 2 评分	成员 3 评分	成员 4 评分	成员 5 评分
核心价值观（20 分）	有无违背社会主义核心价值观的思想及行为							
工作态度（20 分）	是否按时完成所负责的工作且遵守纪律；是否积极主动参与小组工作；是否全过程参与；是否吃苦耐劳；是否具有工匠精神							
交流沟通（20 分）	能否良好地表达自己的观点；能否倾听他人的观点							
团队合作（20 分）	能否与小组成员合作完成任务，并做到团结协作、互相帮助且听从指挥							
创新意识（20 分）	对待问题能否独立思考，提出独到见解；能否利用创新思维解决遇到的问题							
小组成员最终得分								

【课后作业】

1. 钢牌号 38CrMoAlA 中各字母和数字所代表的意义是什么？
2. 常见的金属材料的力学性能试验有哪些？
3. 洛氏硬度试验的优点和缺点分别是什么？
4. 金属化合物有哪些分类？
5. 晶间腐蚀的发生需要什么条件？

任务 2　钢材备料及成形加工

【任务工单】

<table>
<tr><td>学习情境 2</td><td colspan="3">储罐焊接生产的材料选择及成形加工</td><td>任务 2</td><td colspan="2">钢材备料及成形加工</td></tr>
<tr><td colspan="4">任务学时</td><td colspan="3">课内 4 学时(课外 2 学时)</td></tr>
<tr><td colspan="7">布置任务</td></tr>
<tr><td>任务目标</td><td colspan="6">1. 掌握对钢材进行矫正及预处理的能力；
2. 掌握材料划线、放样与下料的能力；
3. 掌握焊接结构弯曲成形的方法；
4. 掌握计算板材、型材、角钢的展开长度的能力</td></tr>
<tr><td>任务描述</td><td colspan="6">通过对钢材备料及成形加工基本理论的学习，具有计算简单板材、型材、角钢的展开长度的能力和对钢材进行矫正及预处理与加工成形的工艺设计能力。各小组对任务进行分析、讨论，并根据收集的信息，了解焊接结构弯曲成形的基本方法，掌握对钢材的预处理及划线、放样与下料，板材、型材、角钢的展开长度的计算。需要查找的内容有：
1. 钢材的矫正方法；
2. 划线时应注意的问题；
3. 焊接结构弯曲成形特点；
4. 板材等展开长度的计算方法</td></tr>
<tr><td>学时安排</td><td>资讯
0.5 学时</td><td>计划
1 学时</td><td>决策
0.5 学时</td><td>实施
3 学时</td><td>检查
0.5 学时</td><td>评价
0.5 学时</td></tr>
<tr><td>对学生的学习过程及成果的要求</td><td colspan="6">1. 掌握焊接专业基础知识(焊接方法与设备)，对焊接企业的产品及行业领域有一定的了解；
2. 养成独立思考、善于提问的学习习惯，能对任务工单进行分析，正确理解和描述任务目标要求；
3. 具有查询资料和市场调研的能力，并具有严谨求实和开拓创新的学习态度；
4. 具有一定的观察理解和判断分析能力；
5. 具有团队协作、爱岗敬业的精神；
6. 具有一定的创新思维和勇于创新的精神</td></tr>
</table>

【课前自学】

知识点 1　钢材的矫正及预处理

钢材矫正

钢板和型钢在轧制过程中，可能因产生残余应力而变形，或者在下料的过程中，经过剪切、气割等工序加工后因受外力、加热等因素的影响而在表面产生不平、弯曲、扭曲、波浪等变形缺陷；另外，存放不当或其他因素的影响也会使钢材表面产生铁锈、氧化皮等。这些都将影响零件等产品的质量，因此必须对变形钢材进行矫正及预处理。钢材矫正是指使材料在加工之前保持一种良好的平直状态，以利于零件的加工。钢材预处理是指对钢板、型钢、管子等材料在下料装配、焊接之前进行抛丸清理、喷保护漆、烘干等工艺处理。

一、钢材变形的原因

在钢材生产到零件加工的各个环节中都可能因各种原因而导致钢材的变形。钢材的变形主要来自以下几个方面。

1. 钢材在轧制过程中产生的变形

钢材在轧制过程中可能因产生残余应力而变形。例如，在轧制钢板时，轧辊沿长度方向受热不均匀、轧辊弯曲、轧辊间隙不一致，会使板材在宽度方向上的压缩不均匀，导致板材在长度方向上延伸不相等而产生变形。

热轧厚钢板时，由于金属具有良好的塑性和较大的横向刚度，延伸较多的部分克服了相邻延伸较少部分的作用而导致板材产生不均匀伸长。

2. 钢材因运输和不正确堆放而产生的变形

焊接结构使用的钢材均是较长、较大的钢板和型材，如果吊装、运输和存放不当，则钢材会因自重而产生弯曲、扭曲和局部变形。

3. 钢材在下料过程中产生的变形

钢材在划线以后，一般要经过气割、剪切、冲裁、等离子弧切割等工序。而气割、等离子弧切割过程是对钢材的局部进行加热而使其分离的过程。对钢材的不均匀加热必然会产生残余应力，进而导致钢材产生变形，尤其是在气割窄而长的钢板时，边上的一条钢板弯曲得最明显。在进行剪切、冲裁等工序时，工件由于边缘受到剪切，必然会产生很大的塑性变形。

综上所述，造成钢材变形的原因是多方面的，当钢材的变形大于技术规定或大于允许偏差时，必须在划线前进行矫正。

二、钢材的矫正原理

在厚度方向上可以假设钢材是由多层纤维组成的。当钢材平直时，各层纤维长度都相等。当钢材弯曲时，各层纤维长度不一致。可见，钢材的变形就是其中一部分纤维与另一部分纤维的长度不一致造成的。矫正是通过加压或加热的方式进行的，其过程是把伸长的纤维缩短、把缩短的纤维拉长，最终使钢材厚度方向上的纤维长度趋于一致。

三、钢材的矫正方法

矫正是指使变形的钢材在外力作用下产生塑性变形（永久性变形），把钢材中局部缩短的纤维拉长、把伸长的纤维缩短，达到金属各部分的纤维长度均匀，以消除表面不平、弯曲、扭曲和波浪变形等变形缺陷，从而获得正确的形状。钢材的矫正可以在冷态或热态下进行。冷态矫正简称冷矫形，热态矫正简称热矫形。经常采用的方法有手工矫正、机械矫正、火焰矫正和高频热点矫正四种。矫正方法的选用与工件的形状、变形程度和材料的性能，以及制造厂拥有的设备有关。

1. 手工矫正

手工矫正是指采用手工工具对已变形的钢材施加外力，以达到矫正变形的目的。手工矫正由于矫正力小、劳动强度大、效率低，所以常用于矫正尺寸较小的薄板钢材。手工矫正根据刚度大小和变形情况不同可分为反向变形法和锤展伸长法。

(1)反向变形法

钢材弯曲变形时，对于刚性较好的钢材，可采用反向变形法进行矫正。由于钢板在产生塑性变形的同时，还存在弹性变形，当外力消除后会产生回弹，因此为获得较好的矫正效果，在进行反向弯曲矫正时应适当过量。当钢材产生扭曲变形时，可对扭曲部分施加反扭矩，使其产生反向扭曲，从而消除变形。反向扭曲矫正的应用见表2-6。

表2-6　反向扭曲矫正的应用

名称	变形示意图	矫正示意图	矫正要点
角钢	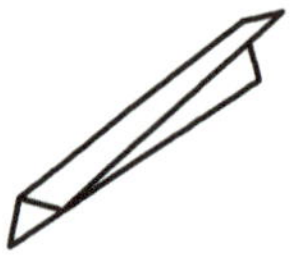		当外力消除后会产生回弹，因此为获得较好的矫正效果，在进行反向弯曲矫正时应适当过量。当钢材产生扭曲变形时，可对扭曲部分施加反扭矩，使其产生反向扭曲，从而消除变形
扁钢		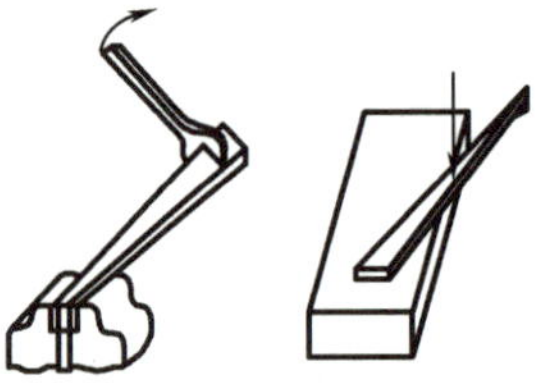	
槽钢	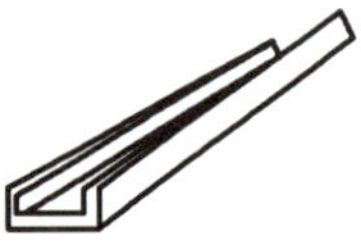	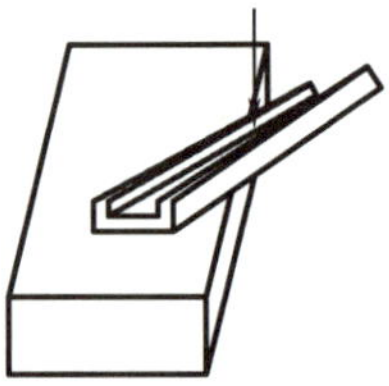	

(2)锤展伸长法

对于变形较小或刚性较小的钢材，可锤击纤维较短处，使其伸长与较长纤维趋于一致，从而达到矫正的目的。当工件出现较复杂的变形时，其矫正的步骤为：先矫正扭曲，后矫正弯曲，再矫正不平。如果被矫正钢材表面不允许有损伤，则在矫正时应用衬板或用型锤衬垫。

手工矫正一般在常温下进行，在矫正中应尽可能减少不必要的锤击和变形，防止钢材产生加工硬化。对于强度较高的钢材，可将钢材加热至750~1 000 ℃，以降低其强度、提高其塑性，减小变形抗力，提高矫正效率。

2. 机械矫正

因手工矫正的作用力有限、劳动强度大、效率低、表面损伤大，不能满足生产需要，此外,冷作用的轧制钢材和工件的变形情况都比较有规律,所以许多钢材和工件一般采用机械方法进行矫正。机械矫正利用三点弯曲使构件产生一个与变形方向相反的变形,从而使结构件恢复平直。机械矫正使用的设备有专用设备和通用设备。专用设备有钢板矫正机、圆钢与钢管矫正机、型钢矫正机、型钢撑直机等;通用设备指一般的压力机、卷板机等。

通过机械动力或液压力,对不平直的材料给予拉伸、压缩或弯曲作用,可使材料恢复平直状态。

3. 火焰矫正

火焰矫正是指利用火焰对钢材的伸长部位进行局部加热,使其在较高温度下发生塑性变形,冷却后收缩而变短,这样使构件变形得到矫正。火焰矫正操作方便灵活,所以应用比较广泛。

(1)火焰矫正的原理

火焰矫正是采用火焰对钢材的变形部位进行局部加热,利用钢材热胀冷缩的特性,使加热部分的纤维在四周温度较低部分的阻碍下膨胀,产生压缩塑性变形,冷却后纤维缩短,使纤维长度趋于一致,从而使变形得以矫正。

(2)决定火焰矫正效果的因素

决定火焰矫正效果的因素主要有以下几点:

①火焰加热的方式

火焰加热的方式主要有点状加热、线状加热和三角形加热,如图 2-23 所示。

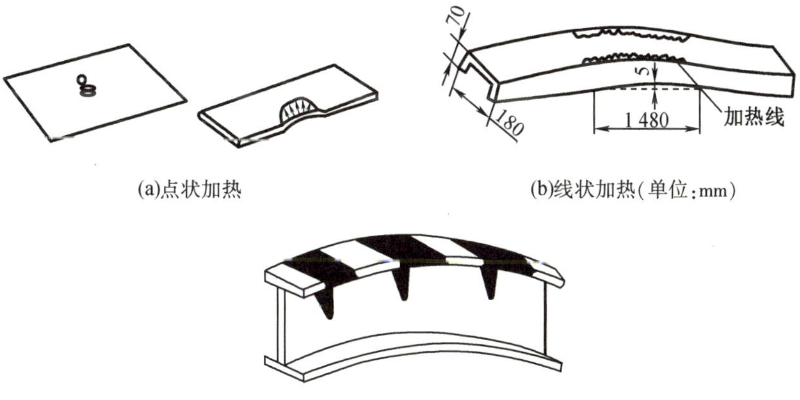

(a)点状加热　　(b)线状加热(单位:mm)

(c)三角形加热

图 2-23　火焰加热的方式

②火焰加热的位置

火焰加热的位置应选择在金属纤维较长的部位或者凸出部位。

③火焰加热的温度

生产中常采用氧-乙炔火焰加热,应采用中性焰。一般钢材的加热温度应在 600~800 ℃,低碳钢的加热温度不大于 850 ℃;对于厚钢板和变形较大的工件,加热温度取 700~850 ℃,加热速度要缓慢;对于薄钢板和变形较小的工件,加热温度取 600~700 ℃,加热速度要快;严禁在 300~500 ℃时进行矫正,以防钢材脆裂。为了提高矫正质量和矫正效果,还可施加外力作用或在加热区域用水急冷,以提高矫正效率。但对于厚钢板和具有淬硬倾向的钢材(如低合金高强度钢、合金钢等),不能用水急冷,以防产生裂纹和淬硬。

(3)火焰矫正的步骤

①分析变形的原因和钢结构的内在联系。

②正确找出变形的部位。

③确定加热方式、加热部位和冷却方式。

④矫正后检验。

4. 高频热点矫正

高频热点矫正是在火焰矫正的基础上发展起来的一种新工艺,它可以矫正任何钢材的变形,尤其对尺寸较大、形状复杂的工件,效果更显著。其原理是:通入高频交流电的感应圈产生交变磁场,当感应圈靠近钢材时,钢材内部产生感应电流(即涡流),使钢材局部的温度立即升高,从而可对其进行加热矫正。加热的位置与火焰矫正时相同,加热区域的大小取决于感应圈的形状和尺寸。感应圈一般不宜过大,否则加热慢;加热区域大,也会影响加热矫正的效果。一般加热时间为 4~5 s,温度约为 800 ℃。

感应圈采用纯铜管制成,为宽 5~20 mm、长 20~40 mm 的矩形,铜管内通水冷却。高频热点矫正与火焰矫正相比,不但效果显著、生产率高,而且操作简便。

四、钢材的预处理

对钢材表面进行去除铁锈、油污、清理氧化皮等处理称为预处理。预处理的目的是把钢材表面清理干净,为后序加工做准备。一些预处理工艺还要在表面清理后喷保护底漆,以防零件在加工过程中再次被污染。常用的预处理方法有机械除锈法和化学除锈法。

1. 机械除锈法

机械除锈法常用的工艺主要有喷砂(或喷丸),手动用砂轮或钢丝刷、砂布打磨、刮光或抛光等。喷砂(或喷丸)工艺是将干砂粒(或铁丸)从专门压缩空气装置中高速喷出,轰击到金属表面,将其表面的氧化物、污物打落,这种方法清理得较彻底,效率也较高。但喷砂(或喷丸)工艺粉尘大,需要在专用车间或封闭条件下进行,同时经喷砂(或喷丸)处理的材料会产生一定程度的表面硬化,这对零件的弯曲加工有不良影响。喷砂(或喷丸)常用在结构焊后涂装前的清理上。

在喷砂(或喷丸)除锈后,随即应对钢材进行防护处理,其步骤如下:

①用净化过的压缩空气将原材料表面吹净。

②涂刷防护底漆或将钢材浸入钝化处理槽中做钝化处理,可用质量分数为 10%的磷酸锰铁水溶液处理 10 min,或用质量分数为 2%的亚硝酸溶液处理 1 min。

③将涂刷防护底漆或钝化后的钢材送入烘干炉,用加热到 70 ℃的空气进行干燥处理。

2. 化学除锈法

化学除锈法即用腐蚀性的化学溶液对钢材表面进行清理。此方法效率高,质量均匀而稳定,但成本高,并会对环境造成一定的污染。

化学除锈法一般分为酸洗法和碱洗法。酸洗法可去除金属表面的氧化皮、锈蚀物等污物;碱洗法主要用于去除金属表面的油污。其工艺过程一般是将配制好的酸、碱溶液装入槽内,将钢材放入其中浸泡一段时间,一般先入碱槽去油,后入酸槽除锈,再用清水洗净余酸。处理后,有的产品需及时喷底漆(黑色金属)或阳极化(铝合金等),以防腐蚀。

知识点2 识图、划线、放样与下料

一、识图

1. 焊接结构的施工图

图样是工程的语言,读懂和理解图样是进行施工的必要条件。焊接结构是以钢板和各种型钢为主体组成的,表达钢结构的图样就有其特点,掌握了这些特点就容易读懂焊接结构图,从而能够正确地进行结构件的加工。

焊接结构图的特点如下:

(1)一般钢板与钢结构的总体尺寸相差悬殊,按正常的比例关系是表达不出来的,但往往需要通过板厚来表达板材的相互位置关系或焊缝结构,因此焊接结构图中绘制的板厚、型钢断面等小尺寸图形是按不同的比例夸大画出来的。

(2)为了表达焊缝位置和焊接结构,焊接结构图大量采用局部剖视图和局部放大视图,识图时要注意剖视的方向和放大视图的位置。

(3)为了表达板与板之间的相互关系,除采用剖视图外,焊接结构图还大量采用虚线的表达方式,因此,图面纵横交错的线条非常多。

(4)连接板与板之间的焊缝一般不用画出,只标注焊缝代号。但特殊的接头形式和焊缝尺寸应该用局部放大视图来表达清楚,焊缝的断面要涂黑以区别焊缝和母材。

(5)为了便于识图,同一零件的序号可以同时标注在不同的视图上。

2. 焊接结构图的识读方法

焊接结构施工图的识读一般按以下顺序进行:首先,阅读标题栏,了解产品名称、材料、质量、设计单位等;核对各个零部件的图号、名称、数量、材料等;确定哪些是外购件(或库领件),哪些是锻件、铸件或机加工件。其次,阅读技术要求和工艺文件。正式识图时,要先看总图,再看部件图,最后看零件图;有剖视图的要结合剖视图,弄清大致结构,然后按投影规律逐个阅读零件图,先看零件明细表,确定是钢板还是型钢,之后弄清每个零件的材料、尺寸及形状,还要看清各零件之间的连接方法、焊缝尺寸、坡口形状,以及是否有焊后加工的孔洞、平面等。

二、划线

划线是在毛坯或工件上,用划线工具划出待加工部位的轮廓线或作为基准的点线。划线时应根据设计图样上的图形和尺寸,准确地按1∶1的比例在待下料的钢材表面上划出加工界线。划线的作用是确定零件各加工表面的余量和孔的位置,使零件加工时有明确的标志;还可以检查毛坯是否正确;对于有些误差不大,但已属不合格的毛坯,可以通过借料得到挽救。划线的精度要求在0.25~0.50 mm范围内。划线的基本规则如下:

(1)垂线必须用作图法。

(2)用划针或石笔划线时,应紧抵直尺或样板的边沿。

(3)用圆规在钢板上划圆、圆弧或分量尺寸时,应先打上样冲眼,以防圆规尖滑动。

(4)平面划线时应遵循先画基准线,后按由外向内、从上到下、从左到右的顺序划线的原则。先画基准线,是为了保证加工余量合理分布。划线之前应该在工件上选择一个或几个面或线作为基准,以此来确定工件其他加工表面的相对位置。一般情况下,以底平面、侧面、轴线为基准。

划线的准确度取决于作图方法的正确性、工具质量、工作条件、作图技巧以及作图人员的经验、视觉的敏锐程度等因素。除以上因素之外还应考虑到工件因素,即工件加工成形时如气割、卷圆、热加工等的影响;装配时板料边缘修正和间隙大小的装配公差的影响;焊接和火焰矫正的收缩的影响等。

划线的方法有平面划线和立体划线两种。

平面划线与几何作图相似,即在工件的一个平面上划出图样的形状和尺寸。有时也可以采用样板一次划成。

立体划线是在工件的几个表面上划线,即在长、宽、高这 3 个方向上划线。

三、划线时应注意的问题

(1)熟悉焊接结构的图样和制造工艺,根据图样检验样板、样杆,核对选用的钢号、规格应符合规定的要求。

(2)检查钢板表面是否有麻点、裂纹、夹层及厚度不均匀等缺陷。

(3)划线前应将材料垫平、放稳。划线时要尽可能使线条细且清晰,笔尖在样板边缘时不要内倾和外倾。

(4)划线时应标注各道工序用线,并加以适当标记,以免混淆。

(5)弯曲零件时,应考虑材料的轧制纤维方向。

(6)钢板两边不垂直时,一定要去边。划尺寸较大的矩形时,一定要检查对角线。

(7)划线的毛坯,应注明产品的图号、件号和钢号,以免混淆。

(8)注意合理安排用料,提高材料的利用率。

常用的划线工具有划线平台、划针、划规、角尺、样冲、曲尺、石笔、粉线等。

四、基本线型的划法

1. 直线的划法

(1)直线长不超过 1 m 时可用直尺划线。当划针尖或石笔尖紧抵钢直尺,向钢直尺的外侧倾斜 15°~20°划线,同时向划线方向倾斜。

(2)直线长不超过 5 m 时用弹粉法划线。弹粉时把粉线两端对准所划直线的两端点,拉紧以使粉线处于平直状态,然后垂直拿起粉线,再轻放。若是粉线较长,则应弹两次,以两线重合为准;或是在粉线中间位置垂直按下,左右弹两次完成。

(3)直线超过 5 m 时用拉钢丝的方法划线,钢丝直径 ϕ 取 0.5~1.5 mm。操作时,将钢丝两端拉紧并用两个垫块垫托,垫块高度尽可能低些,然后可用 90°角尺靠紧钢丝的一侧,在 90°下端定出数点,再用粉线以三点弹成直线。

2. 大圆弧的划法

放样或装配时有时会碰上划一段直径为十几米甚至几十米的大圆弧的情况,因此,一般的地规和盘尺不适用,只能采用近似几何法或计算法作图。

(1)大圆弧的近似几何法作图

如图 2-24 所示,已知弦长 ab 和弦弧距 cd,先作一矩形 $abef$,连接 ac,并作 ag 垂直于 ac,以相同数(图上为 4 等分)等分线段 ad、af、cg,将对应各点连线的交点用光滑曲线连接,即为所划的圆弧。

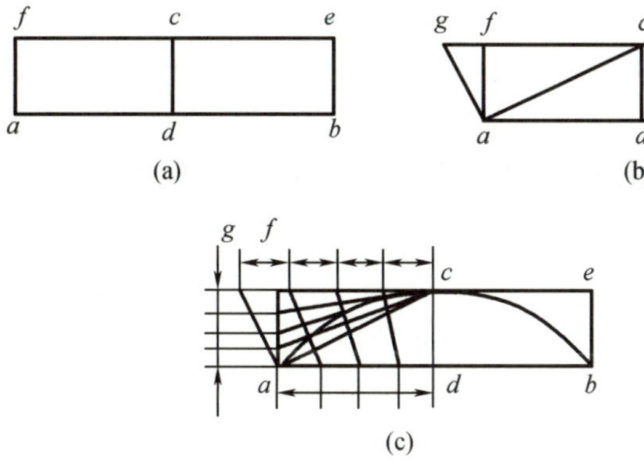

图 2-24　大圆弧的近似几何法作图

(2)大圆弧的计算法作图

计算法比近似几何法要准确得多，一般采用计算法求出准确尺寸后，再划大圆弧。如图 2-25 所示，已知大圆弧的圆心为 O、半径为 R，弧弦距离为 ab，弦长为 cg，求 ac 线上任意一点 d 的弧高 de(可用解析式求得任意 d 点的 de)。

解：作 $ef \perp Ob$，因为 $ef=ad$，$ed=af$，$Of=\sqrt{R^2-ad^2}$，$oa=R-ab$，所以 $ed=af=Of-Oa$，$de=\sqrt{R^2-ad^2}-R+ab$。式中，R、ab 为已知，d 为 ac 线上的任意一点，只要设一个 ad 长，即可代入式 $\sqrt{R^2-ad^2}-R+ab$ 中求出 de，进而可求出 e 点。e 点求出后，则大圆弧 gec 即可划出。

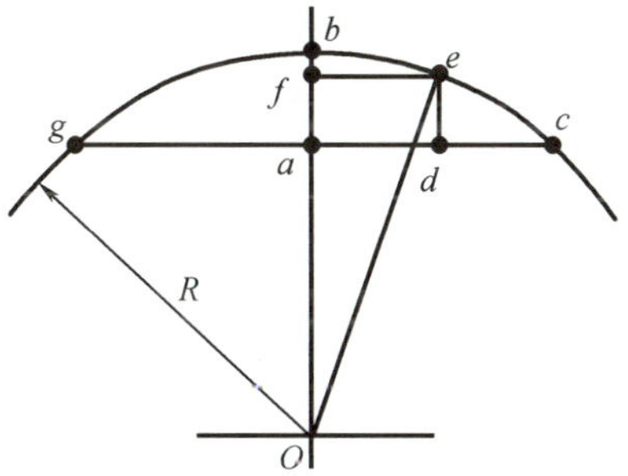

图 2-25　大圆弧的计算法作图

五、放样

根据构件图样，按 1∶1或其他一定比例在放样平台或平板上画出其所需图形的过程称为放样。对于不同行业，如机械、船舶、车辆、化工、冶金、飞机制造等，其放样工艺各具特色，但就其基本程序而言，却大体相同。

1. 放样方法

放样方法是指将零件的形状最终划到平面钢板上的方法，主要有实尺放样、展开放样和光学放样等。

(1)实尺放样

根据图样的形状和尺寸，用基本的作图方法，将产品的实际大小划到放样平台的工作称为实尺放样。

(2)展开放样

把各种立体零件的表面摊平的几何作图过程称为展开放样。

(3)光学放样

用光学手段(如摄影)将缩小的图样投影在钢板上,然后依据投影线进行划线的工作称为光学放样。

2. 放样程序

放样程序一般包括结构处理、划基本线型和展开3个部分。

结构处理又称为结构放样,它是根据图样进行工艺处理的过程。其一般包括确定各连接部位的接头形式、计算图样或量取坯料实际尺寸、制作样板与样杆等。

划基本线型是在结构处理的基础上,确定放样基准和划出工件的结构轮廓。

展开是指对不能直接划线的立体零件进行展开处理,即将零件摊开在平面上。

3. 实尺放样过程举例

下面通过一个实例来讲解实尺放样的具体过程。图2-26所示为一冶炼炉炉的壳主体部件的施工图。某厂在制作该部件时的放样过程如下:

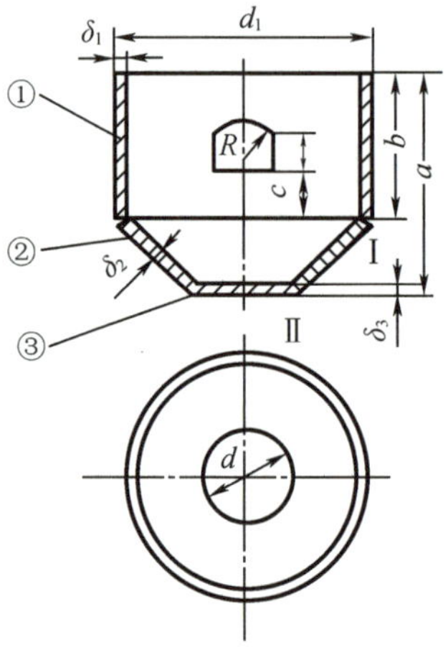

Ⅰ、Ⅱ—连接部位;①~③—构件。

图2-26 炉壳主体部件的施工图

(1)识读施工图

在识读施工图的过程中,主要解决以下问题:

①弄清产品的用途及一般技术要求。该产品为冶炼炉的炉壳主体,主要是保证足够的强度,尺寸精度要求并不高。因为炉壳内还要砌筑耐火层,所以连接部位允许按工艺要求做必要的变动。

②了解产品的外部尺寸、质量、材质和加工数量等概况,并与本厂的加工能力进行比较,确定或熟悉产品制造工艺。如果产品外部尺寸和质量都较大,则需要较大的工作场地和有较大起重能力的起重设备。在加工过程中,尤其在装配焊接时,大产品不宜多翻转。若产品加工数量少,则装配和焊接都不宜制作专用胎具。

③弄清各部分投影关系和尺寸要求,并确定可变动和不可变动的部位及尺寸。

(2)结构放样

结构放样的主要内容有以下两点：

①连接部位Ⅰ、Ⅱ的处理

首先看Ⅰ部位,它可以有3种连接形式,如图2-27所示。究竟选取哪种形式,在工艺上主要从装配和焊接两个方面考虑。

从装配构件角度看,因圆筒体大而重,形状也易于放稳,故装配时可将圆筒体置于装配台上,再将圆锥台(包括构件②和构件③)落于其上。这样,3种连接形式除定位外,一般装配环节基本相同。从定位角度看,图2-27(a)较好,图2-27(b)最不利。从焊接工艺角度看,图2-27(b)结构不佳,不利于操作;而其他两图中,图2-27(a)比(c)更好,更利于操作。综合以上因素,Ⅰ部位宜取图2-27(a)的形式连接。至于Ⅱ部位,因构件③体积小、质量轻,易于装配、焊接,采用施工图所给形式即可。

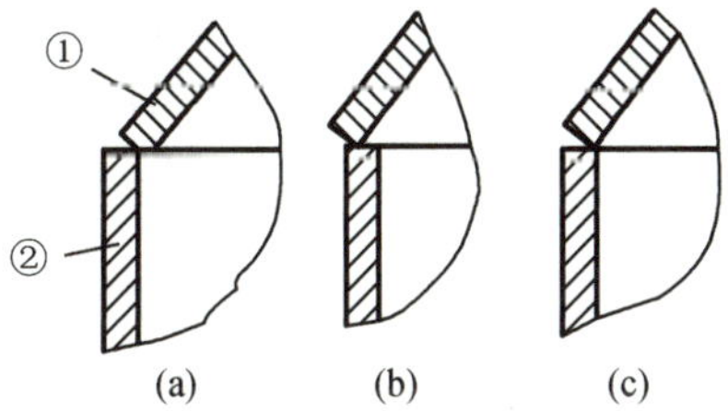

图2-27　Ⅰ部位连接形式分析

②大尺寸构件的处理

构件①结构尺寸较大,构件②锥度较大,均不能直接整弯成形,需分为几块压制,然后组对成形。构件①、构件②各由4块钢板拼接而成,要注意组对接缝的部位应按不削弱构件强度和尽量减少变形的原则确定,焊缝应交错排列,且不能选在孔眼位置。至此,结构放样完成。

(3)划基本线型

具体步骤如下：

①确定放样划线基准

从该构件施工图可以看出,主视图应以中心线和炉上口轮廓为放样划线基准,准确地划出各个视图的基准线。

②划出构件的基本线型

构件③在视图上反映的是实形,可直接在钢板上划出。这是一个直径为d的整圆。为了提高划线的效率,可以做一个构件③的号料样板,在样板上应注明零件编号、直径、材质、板厚、件数等参数。构件①和构件②因是立体形状,不能直接划出,所以需要进行展开放样。

(4)展开放样

具体步骤如下：

①计算弯曲展开长

构件①是圆柱体,展开后是一矩形,计算出矩形的长和宽后即可划出。当弯曲件的板厚较小时,可直接按标注的直径或半径计算展开长,但当板厚大于1.5 mm时,弯曲内外径相差较大，就必须考虑板厚对展开长度、高度以及相关构件的接口尺寸的影响。板厚越大，对这些尺寸的影响也越大。考虑钢板厚度而改变展开作图的图形处理称为板厚处理。

现将一厚板卷弯成圆筒，如图 2-28 所示，通过图可以看出纤维沿厚度方向的变形是不同的，弯曲后内缘的纤维因受压而缩短，而外缘的纤维因受拉而伸长。在内缘与外缘之间必然存在弯曲时既不伸长也不缩短的一层纤维，该层称为中性层，中性层的长度在弯曲过程中保持不变，因此可作为展开尺寸的依据。

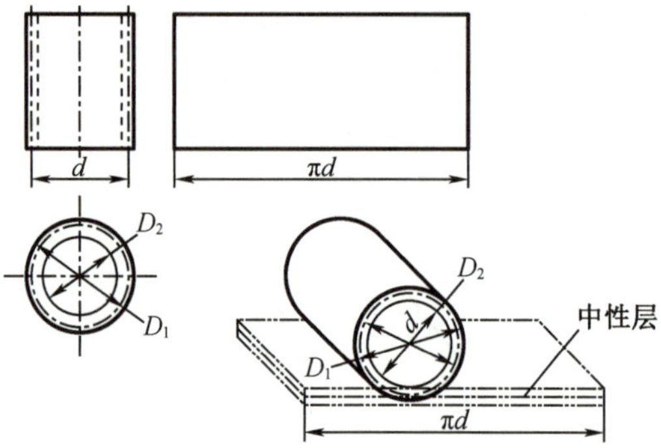

(a)圆筒弯曲的中性层　(b)圆筒中性层

图 2-28　圆筒弯曲的中性层

一般情况下，可以将板厚中间的中心层作为中性层来计算展开料，但如果弯曲的相对厚度较大，即板厚而弯曲半径小时，中心层会被拉长，计算出来的尺寸就会偏大。其原因是中性层已偏离了中心层所致，这时就必须按中性层半径来计算展开长了。中性层半径的计算公式如下：

$$R=r+k\delta$$

式中　R——中性层半径，mm；

r——弯板内弯半径，mm；

δ——钢板厚度，mm；

k——中性层偏移系数，其值见表 2-7。

表 2-7　中性层偏移系数

项目	r/δ										
	0.5	0.6	0.7	0.8	1.0	1.2	1.5	2.0	4.0	5.0	>5.0
k	0.37	0.38	0.39	0.40	0.42	0.44	0.45	0.46	0.47	0.48	0.50

②可展开表面的展开放样

工件是圆锥台体，其表面是一种可展开表面。立体的表面如能全部平整地摊平在一个平面上，而不发生撕裂或皱褶，这种表面称为可展开表面。相邻的素线位于同一平面上的立体表面都是可展开表面，如柱面、锥面等。如果立体的表面不能自然平整地展开摊平在一个平面上，即称为不可展表面，如圆球和螺旋面等。可展开表面的展开方法有平行线法、放射线法和三角形法 3 种。

a. 平行线法

展开原理是将立体的表面看作由无数条相互平行的素线组成。取两相邻素线及其两端点所围成的微小面积作为平面，只要将每一小平面的真实大小依次画在平面上，就得到了立体表面的展开图。所以，只要立体表面的素线或棱线是互相平行的，如各种棱柱体、圆柱体等，则其都可用平行线法展开。图 2-29 所示为等径 90°弯头展开图。

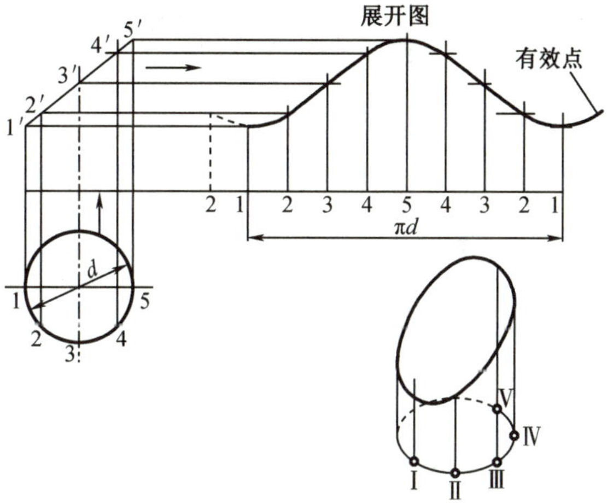

图 2-29　等径 90°弯头展开图

按已知尺寸画出主视图和俯视图，8 等分俯视图圆周，等分点为 1、2、3、4、5，由各等分点向主视图引素线，得到与上口线的交点 1′、2′、3′、4′、5′，则相邻两素线组成一个小梯形，每个小梯形称为一个平面。

延长主视图的下口线作为展开的基准线，将圆周展开，在延长线上得 1、2、3、4、5、4、3、2、1 各点。通过各等分点向上作垂线，与由主视图 1′、2′、3′、4′、5′上各点向右所引的水平线对应相交，将各交点连成光滑曲线，即得展开图。

b. 放射线法

放射线法适用于立体表面的素线相交于一点的锥体。其展开原理是将锥体表面用放射线分割成共顶的若干三角形小平面，求出其实际大小后，仍用放射线形式依次将它们画在同一平面上，即得所求锥体表面的展开图。

构件②是一个圆锥台，可采用放射线展开法展开，图 2-30 是其展开图。展开时，首先用已知尺寸画出圆锥台的主视图 0178 和锥台底面图（以中性层的尺寸画），并将底面半圆周等分为若干等份，如 6 等分，如图 2-30 所示。其次过各等分点 1~7 向圆锥 0178 的底面引垂线，再由各交点向圆锥顶点 S 引素线，即将圆锥面分成 12 个三角形小平面，以 S 为圆心，S—7 为半径画圆弧 $\overset{\frown}{11}$，得到底断面圆周长。最后，连接 1—S 即得所求展开图。

c. 三角形法

三角形展开是将立体表面分割成一定数量的三角形平面，然后求出各三角形每边的实长，并把它的实形依次画在平面上，从而得到整个立体表面的展开图。

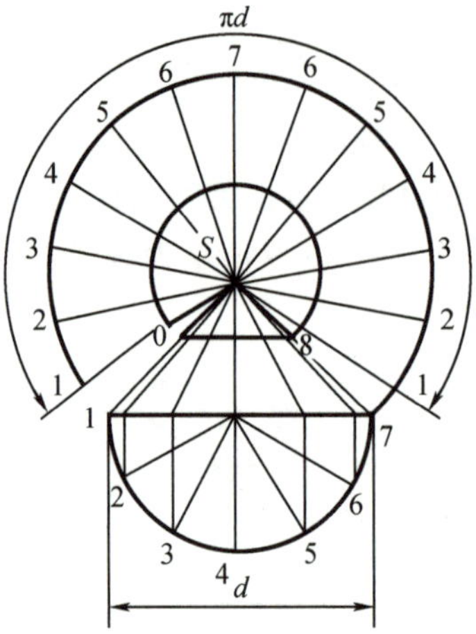

图 2-30　圆锥台表面的展开图

图 2-31 为一正四棱台及其实长图、展开图。

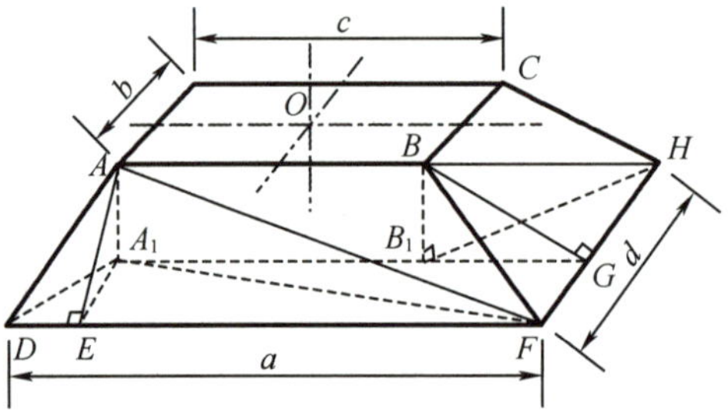

(a)正四棱台

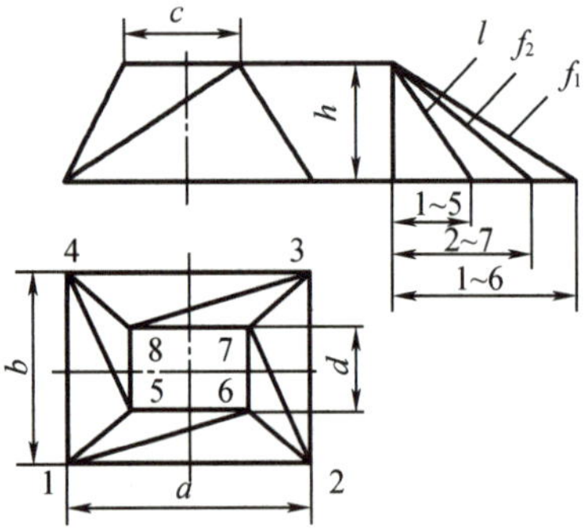

(b)实长图

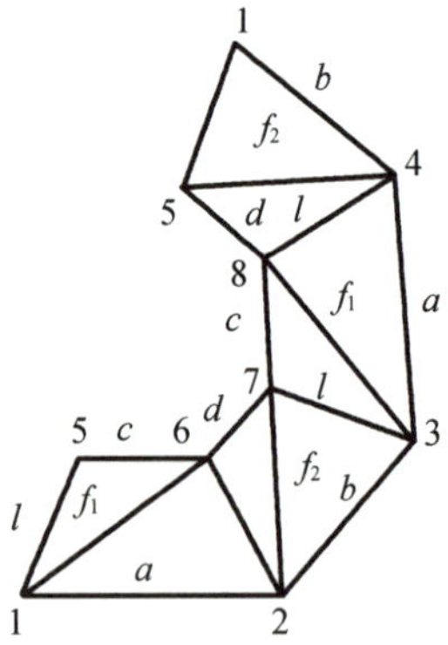

(c)展开图

图 2-31　正四棱台及其实长图、展开图

画出正四棱台的主视图和俯视图，连接各侧面的对角线，在俯视图上测量出 1—5、1—6、2—7（即 DA_1、A_1F、B_1H）的实长，即可以主视图中 h 为直角边，以俯视图 1—5、1—6、2—7 为底边，作直角三角形，则其斜边即为四棱和长短对角线的实长。随后画各个三角形，即可画出展开图。

(5)样板制作

展开图完成后,就可以为下料制作样板。下料样板又称号料样板,但不是必需的。如果焊接产品批量较大,对每一个零件都去作图展开则效率会太低,而利用样板不仅可以提高划线效率,还可避免每次作图的误差,提高划线精度。就前述炉壳主体部件看,可以制作两个号料样板,一个是圆形样板,另一个扇形样板。由于构件②在结构放样时决定由4件拼成,因此,该样板大小是实际展开料的1/4。

样板一般用厚度为0.5~2.0 mm的薄钢板制作,若下料数量少、精度要求不高,也可用硬纸板或油毡纸板制作。

制作样板时还应考虑工艺余量和放样误差,不同的划线方法和下料方法的工艺余量是不一样的。

除号料样板外,还可制作用于检验构件①、构件②的卡形样板,构件①需要一个,构件②需要两个。至此炉壳主体部件的放样工作全部完成。

六、下料

下料即用各种方法将毛坯或工件从原材料上分离下来。下料分为手工下料和机械下料。手工下料的方法主要有克切、锯削、砂轮切割、气割等。机械下料的方法有剪切、热切割、冲裁等。

1. 手工下料

(1)克切

克切所需克子(有柄)如图2-32所示。克切最大的特点是不受工作位置和零件形状的限制,并且操作简单、灵活。

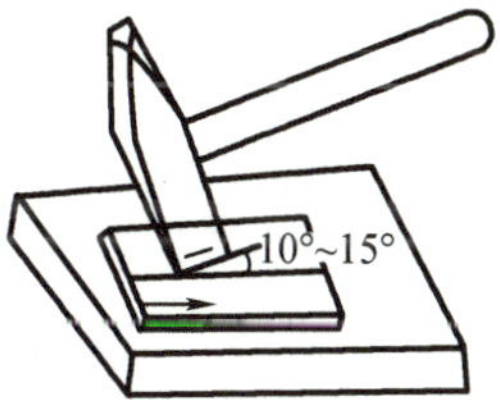

图2-32　克切

(2)锯削

用锯切割下料时,需要用台虎钳夹持。锯削可分为手工锯削和机械锯削,其中手工锯削常用来切断规格较小的型钢或锯成切口。经手工锯削的零件用锉刀简单修整后可以获得表面整齐、精度较高的切断面。

(3)砂轮切割

砂轮切割是利用高速旋转的薄片砂轮与钢材摩擦产生的热量,将切割处的钢材变成"钢花"喷出而形成切口的工艺。砂轮切割可以切割尺寸较小的型钢、不锈钢、轴承钢型材。砂轮切割的速度比锯削快,但切口经加热后性能稍有变化。

型钢经剪切后,切口处断面可能发生变形,用锯削速度又较慢,所以常用砂轮切割断面尺寸较小的圆钢、钢管、角钢等。但砂轮切割一般是手工操作,灰尘很大,劳动条件很差。

(4)气割

气割是利用气体火焰的热能将工件切割处预热到一定温度后，喷出高速切割氧流，使其燃烧并放出热量以实现切割的方法。它所需要的主要设备及工具有乙炔(C_2H_2)钢瓶和氧气(O_2)瓶、减压器、橡胶管、割炬等。

①气割的操作过程

a. 气割前，应先点燃割炬，随即调整火焰。预热火焰通常采用中性焰或轻微氧化焰。

b. 开始气割时，必须用预热火焰将切割处的金属加热至燃点温度(一般碳素钢在纯氧中的燃点为 1 100~1 150 ℃)，注意割嘴与工件表面的距离保持在 10~15 mm，并使切割角度控制在 20°~30°。

c. 当切割氧喷射至已达到燃点的金属时，金属便开始剧烈地燃烧(即氧化)，产生大量的氧化物(熔渣)。燃烧时放出大量的热会使氧化物呈液体状态。

d. 燃烧时所产生的大量液态熔渣会被高压氧气流吹走。

这样，上层金属燃烧时产生的热会传至下层金属，使下层金属又预热到燃点，切割过程就由金属表面深入到整个金属，直到将金属割穿。同时，金属燃烧时产生的热量和预热火焰一起又把邻近的金属预热到燃点，此时将割炬沿切割线以一定的速度移动即可形成切口，使金属分离。

②气割金属时应具备的条件

a. 金属的燃点必须低于其熔点，这是保证气割在燃烧过程中进行的基本条件。否则，气割时便成了金属先熔化后燃烧的熔割过程，导致切口过宽，而且极不整齐。

b. 金属氧化物的熔点应低于金属本身的熔点，同时流动性应好。否则，金属氧化物将在切口表面形成固态熔渣，阻碍氧气流与下层金属接触，使气割不能进行。

c. 金属燃烧时应放出较多的热，只有满足这一条件，上层金属燃烧产生的热量才能对下层金属起预热作用，使气割过程能连续进行。

d. 金属的导热性不应过好，否则散热太快会使切口处金属温度急剧下降，达不到燃点，导致气割中断。此时如果加大火焰能率，又会使切口过宽。

综上可知，纯铁、低碳钢、中碳钢和普通低合金钢能满足上述条件，所以能顺利地进行气割。

2. 机械下料

(1)剪切

剪切是用上、下两剪切刀刃的相对运动切断材料的加工方法，它是冷作产品制作过程中主要的下料方法之一。剪切一般在斜口剪床、龙门剪床、圆盘剪床等专用机床上进行。

①斜口剪床

斜口剪床的剪切部分是上、下两片剪刀，刀刃长度一般为 300~600 mm。下剪刀片固定在剪床的工作台部分，靠上剪刀片的上、下运动完成材料的剪切过程。

为了使剪刀片在剪切中具有足够的剪切能力，其上剪刀片沿长度方向还具有一定的斜度，斜度一般为 10°~15°。剪刀片沿截面也有一定的角度，为 75°~80°，此角度主要是为了避免在剪切时剪刀片和钢板材料之间产生摩擦。除此之外，上、下剪刀片的刃口部分也具有 5°~7°的刃口角(图 2-33)。

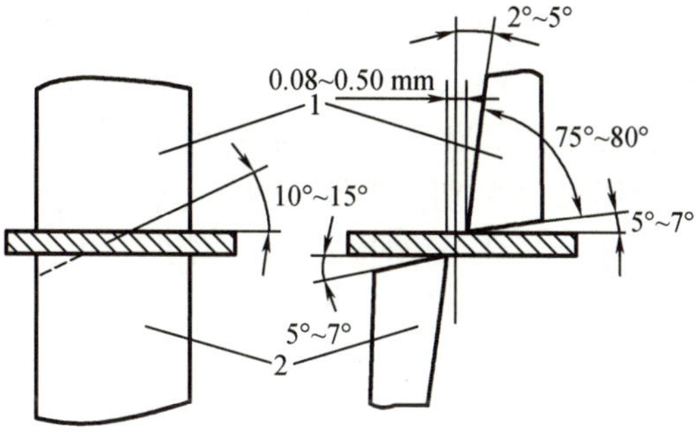

1—上剪刀片；2—下剪刀片。

图 2-33　剪刀片的角度

上剪刀片的下降将拨开已剪部分板料，使其向下弯、向外扭而产生弯扭变形，上剪刀片的刀刃倾斜角度越大，弯扭现象越严重。在大块钢板上剪切窄而长的条料时，变形更突出。

②平口剪床

平口剪床有上、下两个刀刃，下刀刃固定在剪床工作台的前沿，上刀刃固定在剪床的滑块上。由上刀刃的运动将板料分离。因上、下刀刃互相平行，故其称为平口剪床。上、下刀刃与被剪切的板料在整个宽度方向上同时接触，整个宽度的板料同时被剪断，因此所需的剪切力较大。

③龙门剪床

龙门剪床主要用于剪切直线，它的刀刃比其他剪切机的刀刃长，能剪切较宽的板料，因此龙门剪床是加工中应用最广的一种剪切设备。例如，Q11-13×2500，该剪板机型号的含义如下：

Q——剪板机；

11——剪板机形式；

13——可剪板厚 13 mm；

2500——可剪板宽 2 500 mm。

④圆盘剪床

圆盘剪床上的上、下剪刀皆为圆盘状。剪切时，上、下圆盘刀以相同的速度旋转，使被剪切的板料靠本身与刀刃之间的摩擦力而进入刀刃，进而完成剪切工作。

圆盘剪床的剪切是连续的，生产率较高，能剪切各种曲线轮廓，但所剪板料的弯曲现象严重，边缘有毛刺，因此其一般适用于剪切较薄钢板的直线或曲线轮廓。

(2)热切割

机械热切割包括数控切割、等离子弧切割、光电跟踪切割等。

①数控切割

数控切割是按照数学指令规定的程序进行的热切割。它能准确地切割直线与曲线组成的平面图形，也能用足够精确的模拟方法切割其他形状的平面图形。数控切割的精度很高，生产率也比较高。它不仅适用于成批生产，而且适用于自动化生产。数控切割是由数控切割机来实现的，该切割机主要由两大部分组成：数字程序控制系统(包括稳压电源、光电输入机、运算控制小型电子计算机等)和执行系统(即切割机部分)。

数控切割机的工作原理和程序是：首先，对切割零件的图样进行分析，看零件图线是由哪几种线型组成，并分段编出指令。其次，将这些指令连接起来并确定它的切割顺序，将切割顺序排成一个程序，并在纸带上穿孔，再通过光电输入机输给计算机。最后，在切割时，计算机翻译这些纸带孔的含义并显示出编码，同时发出加工信息，由执行系统按程序控制切割机进行切割，就可得到预定要求的切割零件。图 2-34 为数控切割机工作原理方框图。第Ⅰ部分是输入部分，根据所切割零件的图样和按计算机的要求，将图形划分成若干个线段(程序)，然后用计算机所能阅读的语言(数字)来表达这些图线，将这些程序及数字打成穿孔纸带，通过光电输入机输送给计算机；第Ⅱ部分是一台小型专用计算机，根据输入的程序和数字进行插补运算，从而控制第Ⅲ部分(切割机)，使割炬按所需要的轨迹移动。

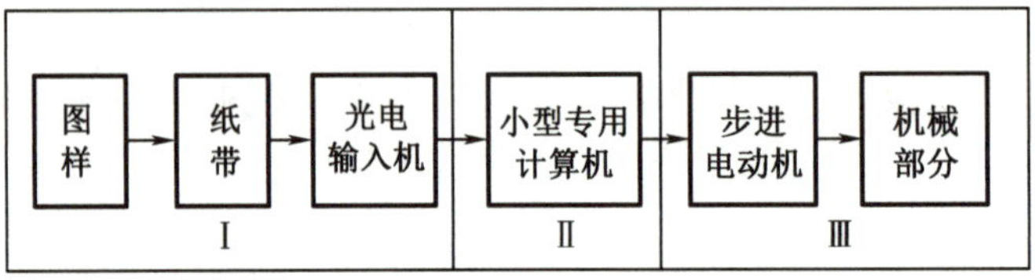

图 2-34　数控切割机工作原理方框图

②等离子弧切割

等离子弧切割是利用高温高速的等离子弧，将切口金属及氧化物熔化，并将其吹走而完成切割的过程。等离子弧切割属于熔化切割，这与气割在本质上是不同的，由于等离子弧的温度极高、速度极快，所以任何高熔点的氧化物都能被熔化并被吹走，因此其可用于切割各种金属。目前等离子弧切割主要用于切割不锈钢、铝、镍、铜及其合金等金属和非金属材料。

③光电跟踪切割

光电跟踪切割设备是一台利用光电原理对切割线进行自动跟踪移动的切割机。它适用于复杂形状零件的切割，是一种高效率、多比例的自动化切割设备。

光电跟踪原理有光量感应法和脉冲相位法两种。光量感应法是将灯光聚焦形成的光点投射到钢板上所划的线条上(要求线条粗一些，以便跟踪)，并使光点的中心位于所划线条的边缘。若光点的中心位于线条的中心，则白色线条会使反射光减少，光电感应电也相应减少。通过放大器后控制和调节伺服电动机，可使光点中心恢复到线条边缘的正常位置。

(3)冲裁

冲裁是利用模具使板料分离的冲压工艺方法。根据零件在模具中的位置不同，冲裁分为落料和冲孔。当零件从模具的凹模中得到时称为落料，而在凹模外面得到零件时称为冲孔。

冲裁的基本原理和剪切相同，但由于凹模通常是封闭曲线，因此零件对刃口有一个张紧力，使零件和刃口的受力状态都与剪切不同。

①冲压件的工艺性

这是指冲压件对冲压工艺的适应性，包括冲压件的结构形状、尺寸大小、尺寸公差与尺寸基准等方面。在考虑、设计冲压工艺时，应遵循下列原则：

a. 有利于简化工序和提高生产率，即用最少和尽量简单的冲压工序来完成全部零件的加工，尽量减少用其他方法加工。

b. 有利于减少废品，保证产品质量的稳定性。

c. 有利于提高金属材料的利用率，减少材料的品种和规格，尽可能降低材料的消耗。

d. 有利于简化模具结构和延长冲模的使用寿命。

e. 有利于冲压操作，便于组织实现自动化生产。

f. 有利于产品的通用性和互换性。

②合理排样

在实际生产中，排样方法可分为有废料排样、少废料排样和无废料排样 3 种。

排样时，工件与工件之间或孔与孔之间的距离称为搭边。工件或孔与坯料侧边之间的余量称为边距。搭边和边距是用来补偿工件在冲压过程中的定位误差的。同时，搭边还可以保持坯料的刚度，便于向前送料。生产中，搭边及边距的大小，对冲压件质量和模具寿命均有影响。若搭边及边距过大，则材料的利用率会降低；若搭边和边距过小，则在冲压时条料很容易被拉断，并使工件产生毛刺，有时还会使搭边被拉入模具间隙中。

③影响冲压件质量的因素

a. 冲压件的形状尺寸。如果冲压件的尺寸较小，形状也简单，则这样的零件质量容易保证。反之，就易出现质量问题。

b. 材料的力学性能。如果材料的塑性较好，其弹性变形量较小，则其冲压后的回弹量也较小，因而容易保证零件的尺寸精度。

c. 冲压模具的刃口尺寸。冲压件的尺寸精度取决于上、下模具刃口部分的尺寸公差，因此冲压模具制造的精度越高，冲压件的质量也就越好。

d. 冲压模具的间隙。上、下模具之间的间隙大小合理，能保证良好的断面质量和较高的尺寸精度。间隙过大或过小，都会使冲压件断面出现毛刺或撕裂现象。

④冲裁中材料的分离过程

其大致可分为弹性变形、塑性变形和剪裂分离 3 个阶段。简单冲裁模如图 2-35 所示。

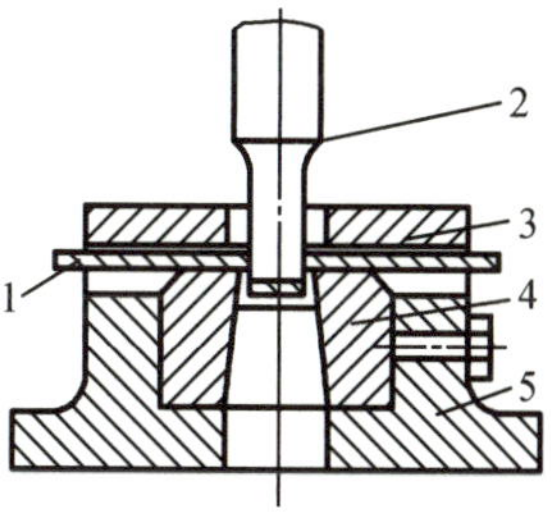

1—料板；2—凸模；3—凹模；5—下模板。

图 2-35　简单冲裁模

弹性变形阶段是当凸模在压力机滑块的带动下接触板料后，板料开始受压。随着凸模的下降，板料产生弹性压缩并弯曲。凸模继续下降，压入板料，则材料的另一面也略挤入凹模刃口内。这时，材料的应力达到了弹性极限。

塑性变形阶段是指凸模继续下降，对板料的压力增加，使板料内应力加大。当内应力加大到屈服点时，材料的压缩弯曲变形加剧，凸模、凹模的刃口分别继续挤进板料，板料内部开始产生塑性变形。此时,上、下模具刃边的应力急剧集中,板料贴近刃边的部分产生微小裂纹,板料开始被破坏,塑性变形结束。

随着凸模继续下降、板料上已形成的微小裂纹逐渐扩大,并向材料内部发展,当上、下裂纹重合时,材料便被剪裂分离,板料的分离结束。

⑤冲压模具

按其进行冲压工艺中工序的不同,冲压模具可分为冲裁模具、压弯模具、拉延模具等。这里只对常用的冲裁模具予以介绍。

简单冲裁模是在压力机的一次行程下,只能完成一个冲裁工序的冲裁模具。简单冲裁模的特点是:结构简单、制造成本低,但加工精度较差、生产效率低。其一般用于生产批量小、精度要求不高、外形较简单的工件。

带导柱冲裁模与简单冲裁模不同的是:上、下模的对应位置依靠模具上的导柱、导套来保证。冲裁时,导套在导柱上做上下滑动,保证了凹凸模间隙均匀,提高了冲裁质量。带导柱冲模的特点是:模具安装方便、使用寿命长,但模具制作较复杂。其一般用于大批量的冲裁。

复合冲裁模是指板料在一个位置上,压力机的一次行程便可同时实现多道工序的冲裁的冲裁模具,如内孔和外形同时冲裁。复合冲裁模的特点为:结构紧凑、一模多用、生产效率高、冲裁件质量好,但该模具结构比较复杂,模具制作成本高、周期长。其一般适用于大批量冲裁件的生产。

七、坯料的边缘加工

钢板的边缘加工,主要是指焊接结构件的坡口加工,常用的方法有机械切割和气割两类。采用机械加工方法可加工各种形式的坡口,如 I 形、V 形、U 形、X 形及双 U 形的坡口等。也可用其他热切割方法切割坡口,如用自动或半自动切割设备,同时使用 1~3 把割炬,一次可切割出 I 形、V 形和 X 形坡口。关于气割前面已有论述,这里只介绍机械切割。

机械加工坡口常用的设备有刨边机、坡口加工机和铣床、车床等各种通用机床。刨边机可加工各种形式的直线坡口,尺寸准确,不会出现加工硬化和热切割中出现的那种淬硬组织与熔渣等,适合低合金高强度钢、高合金钢以及复合钢板、不锈钢的加工,缺点是机器外廓尺寸大、价格较贵。

坡口加工机体积小、结构简单、操作方便,工效是铣床或刨床的 20 倍。其所加工的板材,除厚度外,在理论上不受直径、长度、宽度的限制。坡口加工机的缺点是受铣刀结构的限制,不能加工 U 形坡口及坡口的钝边。

知识点 3　弯曲与成形

在焊接结构制造中,弯曲与成形加工占有相当大的比重。在制造某些焊接结构时,80%~90%的金属材料都需进行弯曲与成形加工,在压力容器,各种石油塔、罐、球形封头及锅炉的锅筒等时。大多数金属材料的弯曲和成形加工是在冷态(常温)下进行的,在一定条件下也可以进行加热弯曲与成形。

一、弯曲成形

将坯料弯成所需形状的加工方法为弯曲成形,简称弯形。弯形根据坯料温度可分为冷弯和热弯；根据弯形的方法可分为手工弯形和机械弯形。

1. 钢材弯曲变形的过程

弯形加工所用坯料通常为钢材等塑性材料，这些材料的变形过程如下：

(1)初始阶段

当坯料上作用有外弯曲力矩时，将发生弯曲变形。坯料变形区内，靠近曲率中心一侧(简称内层)的金属在外弯矩引起的压应力作用下被压缩，远离曲率中心一侧(简称外层)的金属在外弯矩引起的拉应力作用下被拉伸。在坯料弯曲过程中的初始阶段，外弯矩的数值不大，坯料内应力的数值小于材料的屈服点，仅使坯料发生弹性变形。

(2)塑性变形阶段

当外弯矩的数值继续增大时，坯料的曲率半径随之缩小，材料内应力的数值开始超过其屈服点，坯料变形区的内表面和外表面首先由弹性变形状态过渡到塑性变形状态，以后塑性变形由内、外表面逐步向中心扩展。

(3)断裂阶段

坯料发生塑性变形后，若继续增大外弯矩，待坯料的弯曲半径小到一定程度，将因变形超过材料自身变形能力的限度而在坯料受拉伸的外层表面首先出现裂纹，并向内伸展，进而发生断裂破坏。

在弯曲过程中，材料的横截面形状也要发生变化，无论宽板、窄板的材料，在变形区内的厚度均有变薄现象。

2. 钢材的弯曲变形特点对弯曲加工的影响

钢材的弯曲变形特点对弯曲加工的影响主要有以下几个方面：

(1)弯力

弯曲成形是使被弯曲材料发生塑性变形。无论采用何种弯曲成形方法，弯力都必须能使被弯曲材料的内应力超过材料的屈服点。实际弯力的大小要根据被弯曲材料的力学性能、弯曲方式和性质、弯曲件形状等多方面因素来确定。

(2)回弹现象

通常在材料发生塑性变形时，仍有部分弹性变形存在。弹性变形部分在卸载(除去外弯矩)时要恢复原态，使弯曲件的曲率和角度发生变化的现象叫作回弹。回弹现象的存在直接影响弯曲件的几何精度，因此必须加以控制。

①影响回弹的主要因素

a. 材料的屈服点越高，弹性模量越小，加工硬化越激烈，弯曲变形的回弹越大。

b. 材料的相对弯曲半径 r/δ 越大，材料变形程度就越小，则回弹越大。

c. 在弯曲半径一定时，弯曲角 α 越大，表示变形区长度越大，回弹也越大。

d. 其他因素，如零件的形状、模具的构造、弯曲方式及弯曲力的大小等，对弯曲件的回弹也有一定的影响。

②减小回弹的主要措施

a. 将凸模角度减去一个回弹角，使板料弯曲程度加大，板料回弹后恰好等于所需要的角度。

b. 采取校正弯曲，在弯曲终了时进行校正，即减小凸模的接触面积或加大弯曲部件的压力。

c. 减小凸模与凹模的间隙。

d. 采用拉弯工艺。

e. 在必要时，如果条件允许，可采用加热弯曲。

(3) 最小弯曲半径

材料在不发生破坏的情况下所能弯曲的最小曲率半径称为最小弯曲半径。材料的最小弯曲半径是材料性能对弯曲加工的限制条件。采用适当的工艺措施，可以在一定程度上改变材料的最小弯曲半径。

影响材料最小弯曲半径的因素如下：

a. 材料的塑性越好，其允许变形程度越大，则最小弯曲半径越小。

b. 在相对弯曲半径 r/δ 相同的条件下，弯曲角 α 越小，材料外层受拉伸的程度越小，越不易弯裂，最小弯曲半径可以取较小值。反之，弯曲角 α 越大，最小弯曲半径也应越大。

c. 材料的方向性。轧制的钢材形成了各向异性的纤维组织，钢材平行于纤维方向的塑性指标大于垂直于纤维方向的塑性指标。因此，当弯曲方向与纤维方向垂直时，材料不易断裂，弯曲半径可以小些。

d. 材料的表面质量和剪断面质量。当材料的表面质量和剪断面质量较差时，弯曲时易造成应力集中而使材料过早破坏，这种情况下应采用较大的弯曲半径。

e. 其他因素。材料的厚度和宽度等因素也对最小弯曲半径有影响。如薄板可以取较小的弯曲半径，窄板料也可取较小的弯曲半径。

在一般情况下，弯曲半径应大于最小弯曲半径。若由于结构要求等原因，弯曲半径必须小于或等于最小弯曲半径时，则应该分两次或多次弯曲，也可采用热弯或预先退火的方法，以提高材料的塑性。

二、机械压弯成形

在压力机上使用弯曲模进行弯曲成形的加工方法称为机械压弯。

压弯成形时，材料的弯曲变形有自由弯曲、接触弯曲和校正弯曲 3 种方式，如图 2-36 所示。材料弯曲时，板料仅与凸、凹模 3 条线接触，弯曲圆角半径 r_1 是自然形成的，这种弯曲方式称为自由弯曲，如图 2-36(a) 所示；若板料弯曲到直边与凹模表面平行，而且在长度 *ab* 上互相靠紧时停止弯曲，弯曲件的角度等于模具的角度，而弯曲圆角半径 r_2 仍靠自然形成，这种弯曲方式称为接触弯曲，如图 2-36(b) 所示；若将板料弯曲到与凸凹模完全紧靠，弯曲圆角半径 r_3 等于模具圆角半径 $r_凸$ 时才结束弯曲，这种弯曲方式称为校正弯曲，如图 2-36(c) 所所示。

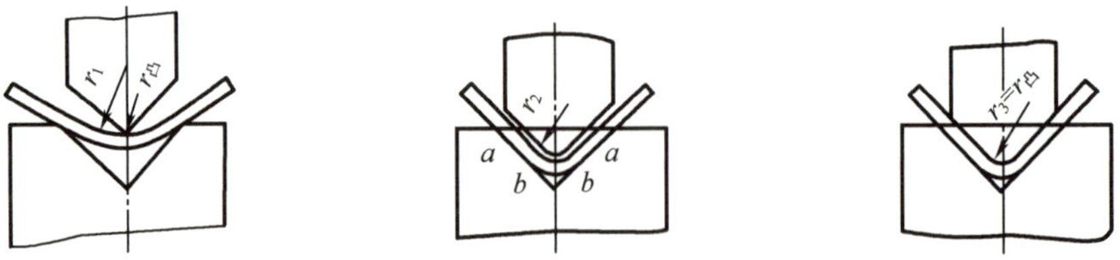

图 2-36　板料弯曲时的 3 种变形方式

自由弯曲所需弯力小，在工作时靠调整凹模槽口的宽度和凸模的下压点位置来保证零件的形状，批量生产时弯曲件质量不稳定，所以它多用于小批生产中大型零件的压弯。

采用接触弯曲或校正弯曲时，由模具保证弯曲件精度，弯曲件的质量较高且稳定，但所需弯曲力较大，并且模具制造周期长、费用高，所以它多用于大批量生产中的中、小型零件的压弯。

三、板材、型材的展开长度计算

1. 板材的展开长度计算

如图 2-37 所示，钢板弯曲时，中性层的位置随弯曲变形的程度而定，当弯曲的内半径 r 与板厚 δ 之比大于 5 时，中性层的位置在板厚中间，中性层与中心层重合（多数弯板属于这种情况）；当弯曲的内半径 r 与板厚 δ 之比小于或等于 5 时，中性层的位置向弯板的内侧移动，中性层半径可由经验公式求得，即

$$R=r+k\delta$$

式中　R——中性层的曲率半径；

r——弯板内弧的曲率半径，简称内半径；

δ——板厚；

k——中性层偏移系数，其值查表 2-8 可得。

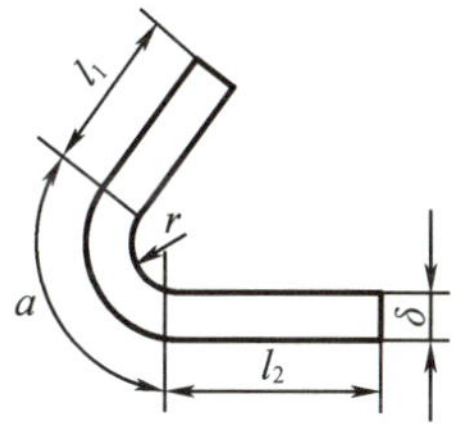

图 2-37　U 形板的展开计算

表 2-8　中性层偏移系数 k

项目	r/δ											
	≤0.1	0.2	0.25	0.3	0.4	0.5	1.0	1.5	2.0	3.0	4.0	5.0	>5.0
k	0.3	0.33	0.35			0.36	0.38	0.40	0.42	0.44	0.47	0.48	0.5

2. 角钢展开长度的计算

角钢的断面是不对称的，所以中性层的位置不在断面的中心，而是位于角钢根部的重心处，即中性层与重心线重合。设中性层离开角钢根部的距离为 z_0，z_0 值与角钢断面尺寸有关，可从有关表格中查得。等边角钢弯曲料长的计算见表 2-9。

四、卷板

通过旋转辊轴使坯料（钢板）弯曲成形的方法称为滚弯，又称卷板。滚弯时，钢板置于卷板机的上、下辊轴之间，当上辊轴下降时，钢板便受到弯矩的作用而发生弯曲变形，如图 2-38 所示。由于上、下辊轴的转动，通过辊轴与钢板间的摩擦力带动钢板移动，使钢板受压位置连续不断地发生变化，从而形成平滑的曲面，完成滚弯成形工作。

表 2-9　等边角钢弯曲料长的计算

内弯	外弯
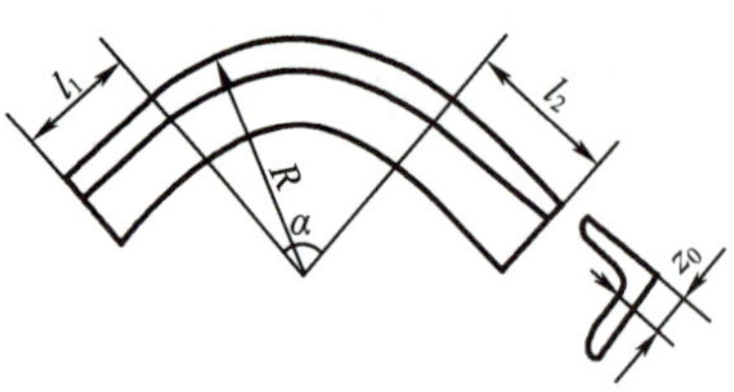	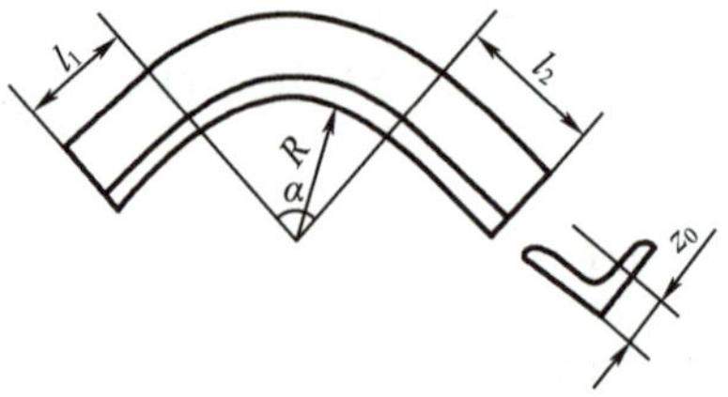
$L=l_1+l_2+\dfrac{\pi\alpha(R-z_0)}{180°}$	$L=l_1+l_2+\dfrac{\pi\alpha(R-z_0)}{180°}$

注：l_1、l_2—角钢直边长度，mm；R—角钢外（内）弧半径，mm；α—弯曲角，(°)；z_0—角钢重心距，mm。

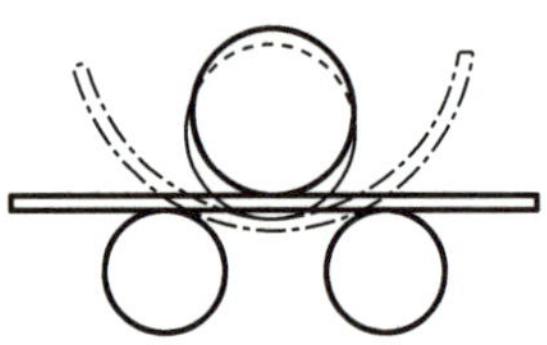

图 2-38　板材滚弯

1. 滚弯工艺

钢板滚弯由预弯（压头）、对中、滚弯 3 个步骤组成。

（1）预弯

预弯时只有钢板与上辊轴接触的部分才能得到弯曲，所以钢板的两端各有一段长度不能发生弯曲，这段长度称为剩余直边。剩余直边的大小与设备的弯曲形式有关。常用预弯方法如图 2-39 所示。

①通用模压弯指在压力机上用通用模具进行多次压弯成形，如图 2-39(a)所示。这种方法适用于各种厚度的板的预弯。

②模板滚湾指在三辊卷板机上用模板预弯，如图 2-39(b)所示。这种方法适用于 $\delta\leqslant\delta_0/2$，$\delta\leqslant24$ mm，并不超过设备能力的 60%。

③垫板、垫块滚弯指在三辊卷板机上用垫板、垫块预弯，如图 2-39(c)所示。这种方法适用于 $\delta\leqslant\delta_0/2$，$\delta\leqslant24$ mm，并不超过设备能力的 60%。

④垫块滚弯指在三辊卷板机上用垫块预弯，如图 2-39(d)所示。这种方法适用于较薄的钢板，但操作比较复杂，一般较少采用。

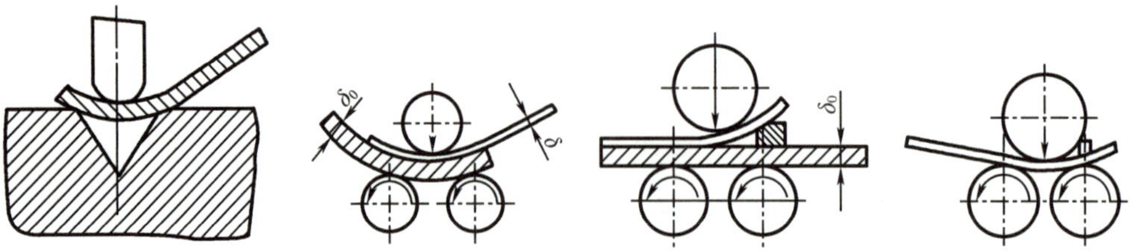

(a)通用模压弯　(b)模板滚弯　(c)垫板、垫块滚弯　(d)垫块滚弯

图 2-39　常用预弯方法

(2)对中

对中的目的是使工件的素线与轴辊轴线平行,防止产生扭斜,保证滚弯后工件几何形状准确。对中的方法有用侧辊对中、用专用挡板对中、倾斜进料对中、用下辊对中槽对中等,如图 2-40 所示。

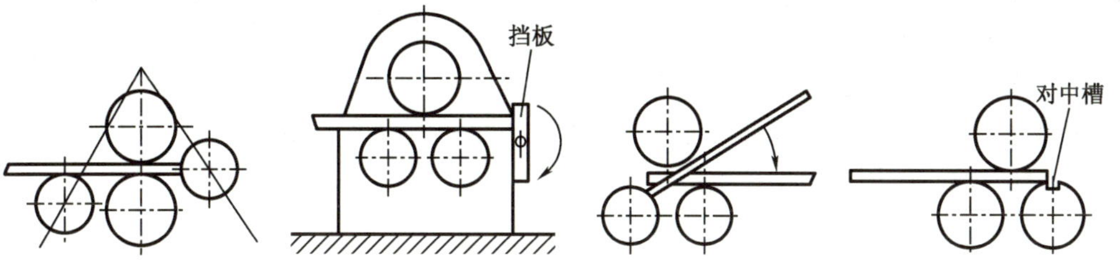

(a)用侧辊对中　(b)用专用挡板对中　(c)倾斜进料对中　(d)用下辊对中槽对中

图 2-40　几种对中方法

2. 滚弯

滚弯是将板材或型材通过旋转的滚轴使之弯曲的一种工艺方法。凡属圆筒形的结构或圆弧形的构件,一般都采用滚弯的加工方法来成形加工。滚弯分为二维滚弯和三维滚弯。

知识点 4　冲压成形

焊接结构制造过程中,还有许多零件因为形状复杂要用弯曲成形以外的方法加工。如锅炉用压力容器封头,带有翻边的孔的筒体、封头、锥体,以及带有翻边的管接头等,这些复杂曲面开始的成形加工通常在压力机上进行。常用的方法有压延、旋压和爆炸成形等。

一、压延

压延也称拉深或拉延。它是利用凸模把板料压入凹模,使板料变成中空形状零件的工序。

为了防止坯料被拉裂,凸模和凹模边缘均做成圆角,其半径 $r_{凸} \leqslant r_{凹} = (5 \sim 15)\delta$;凸模和凹模之间的间隙 $z = (1.1 \sim 1.2)\delta$;拉延件直径 d 与坯料直径 D 的比例 $d/D = m$(拉延系数),一般 $m = 0.5 \sim 0.8$。拉延系数 m 越小,则坯料被拉入凹模越困难,从底部到边缘过渡部分的应力也越大。如果拉应力超过金属的抗拉强度极限,拉延件底部就会被拉穿。对于塑性好的金属材料,可取较小值。如果拉延系数过小,不能一次拉制成高度和直径合乎成品要求时,则可进行多次拉延。这种多次拉延操作往往需要进行中间退火处理,以消除前几次拉延变形中所产生的硬化现象,使以后的拉延能顺利进行。在进行多次拉延时,其拉延系数应一次比一次略大。

在拉延过程中,由于坯料边缘在切线方向上受到压缩,因此可能产生褶浪形,最后形成褶皱。拉延所用坯料的厚度越小,拉延的深度越大,越容易产生褶皱。为了预防褶皱的产生,可用压板把坯料压紧。为了减小由于摩擦而使拉延件壁部的拉应力增大并减少模具的磨损,拉延时通常加润滑剂。

对拉延件的基本要求如下:

(1)拉延件外形应简单、对称且不要太高,以便使拉延次数尽量少。

(2)拉延件的圆角半径在不增加工艺程序的情况下,最小许可半径应合理选择,否则将增加拉延次数及整形工作。

二、旋压

拉延也可以用旋压法来完成。旋压是在专用的旋压机上进行的。将毛坯用尾顶针上的压块紧紧地压在模胎上,当主轴旋转时,毛坯和模胎一起旋转。操作旋棒对毛坯施加压力,同时旋棒又作纵向运动。开始旋棒与毛坯是一点接触,由于主轴旋转和旋棒向前运动,毛坯在旋棒的压力作用下产生由点到线及由线到面的变形,逐渐地被赶向模胎,直到最后与模胎贴合为止,完成旋压成形。这种方法的优点是不需要复杂的冲模,变形力较小,但其生产率较低,故一般用于中小批生产。

【自学自测】

一、选择题

1. 机械矫正是利用(　　)点弯曲使构件产生一个与变形方向相反的变形,使结构件恢复平直。

A. 2　　B. 3　　C. 4　　D. 5

2. 划线是在毛坯或工件上,用划线工具划出待加工部位的轮廓线或作为基准的点线。划线时应根据设计图样上的图形和尺寸,准确地按(　　)的比例在待下料的钢材表面上划出加工界线。

A. 1:1　　B. 1:2　　C. 1:3　　D. 1:4

3. 角钢的断面是不对称的,所以中性层在角钢根部的(　　)处。

A. 中心　　B. 拐角　　C. 重心　　D. 中点

4. 当弯曲的内半径 r 与板厚 δ 之比大于(　　)时,中性层的位置在板厚中间,中性层与中心层重合。

A. 4　　B. 5　　C. 6　　D. 7

5. 龙门剪床是加工中应用最广的一种剪切设备。剪板机型号 Q11-13×2500,表示可剪板厚的是(　　)mm。

A. Q　　B. 11　　C. 13　　D. 2 500

二、填空题

1. 火焰加热的方式主要有(　　　　)、(　　　　)、(　　　　)。

2. 化学处理法一般分为(　　　　)和(　　　　)。

3. 划线可分为(　　　　)和(　　　　)两种。

4. 压弯成形时,材料的弯曲变形有(　　　　)、(　　　　)和(　　　　)3 种方式。

5. 预弯时只有钢板与上辊轴接触的部分才能得到弯曲,所以钢板的两端各有一段长度不能发生弯曲,这段长度称为(　　　　)。

【任务实施】

1. 材料准备

准备板料(尺寸规格为 3 165 mm×1 500 mm×8 mm)。卷板机操作人员应了解机器的结构,并具备电器基本常识,接通主电源,空载运转(冬季液压泵电动机空转 10~20 min 后方可正常工作)。如果所卷板材为气割下料,应先去掉气割金属渣、焊点及附属物,以保证卷辊的使用寿命。

2. 启动前任务

(1)清理干净板料板面,不得有油污,防止出现打滑现象。

(2)检查各润滑口是否畅通、齿轮齿槽内有无异物。

(3)检查各部位有无异常,电动机、减速机螺栓联接是否牢固。制动器应正常可靠。

(4)严格按板材厚度调整辊轴间距离,不得超负荷作业。不能卷压超出力学性能规定范围的工件。

(5)必须在工件放平稳且位置正确后才能开始运转操作,由专人指挥并应明确信号。

3. 操作中任务

(1)选择适当的加工方法进行板料的预弯。

(2)将板料送入上、下辊之间。

(3)对中板材,使板边与下辊平行,误差以 1~2 mm 为宜,防止出现筒节歪扭和错边的现象。

(4)板料应放在轴辊中间卷弯。

(5)工件进入轴辊后,手不得放在被卷压的板材上,不准用样板进行检查,停机后方可用样板检查圆度。

(6)启动主电动机。操作控制器上有六个控制键,绿色表示启动、红色表示停止、“上”字表示上辊齿轮向上移动、“下”字表示上辊齿轮向下移动、“左转”表示平行的两个辊齿轮向左移动、“右转”表示平行的两个辊齿轮向右移动。按操作按钮开始卷制,工作时卷板机两侧不得有人,以防卷制工件窜出发生意外。使电动机反、正转,经过多次加压反、正转,完成卷制工作。

4. 完成卷制任务

(1)如发现机床运转有异常声响时,应立即停机检查并进行调整、修理。

(2)停止主电机,使上辊升至取出位置,取出销子,将活支架拉倒,将卷制工件取出,然后将各部件恢复到原位置。

(3)停机后将工件放置到指定地点。

【钢材备料及成形加工工作单】

计划单

<table>
<tr><td>学习情境 2</td><td>储罐焊接生产的材料选择及成形加工</td><td>任务 2</td><td colspan="2">钢材备料及成形加工</td></tr>
<tr><td>工作方式</td><td colspan="2">组内讨论,团结协作共同制订计划。小组成员进行工作讨论,确定工作步骤</td><td>计划学时</td><td>1 学时</td></tr>
<tr><td>完成人</td><td colspan="4">1.　　2.　　3.　　4.　　5.　　6.</td></tr>
<tr><td colspan="5">计划依据:</td></tr>
<tr><td>序号</td><td colspan="2">计划步骤</td><td colspan="2">具体工作内容描述</td></tr>
<tr><td>1</td><td colspan="2"></td><td colspan="2"></td></tr>
<tr><td>2</td><td colspan="2"></td><td colspan="2"></td></tr>
<tr><td>3</td><td colspan="2"></td><td colspan="2"></td></tr>
<tr><td>4</td><td colspan="2"></td><td colspan="2"></td></tr>
<tr><td>5</td><td colspan="2"></td><td colspan="2"></td></tr>
<tr><td>制订计划说明</td><td colspan="4">(为各成员完成任务提供可借鉴的建议或对计划中的某些方面做出解释。)</td></tr>
</table>

决策单

<table>
<tr><td>学习情境 2</td><td colspan="2">储罐焊接生产的材料选择及成形加工</td><td>任务 2</td><td colspan="2">钢材备料及成形加工</td></tr>
<tr><td colspan="3">决策学时</td><td colspan="3">0.5 学时</td></tr>
<tr><td colspan="6">决策目的：</td></tr>
<tr><td rowspan="13">方案对比</td><td>成员</td><td>工艺的可行性
(加工质量)</td><td>加工的合理性
(加工时间)</td><td>加工的经济性
(加工成本)</td><td>综合评价</td></tr>
<tr><td>1</td><td></td><td></td><td></td><td></td></tr>
<tr><td>2</td><td></td><td></td><td></td><td></td></tr>
<tr><td>3</td><td></td><td></td><td></td><td></td></tr>
<tr><td>4</td><td></td><td></td><td></td><td></td></tr>
<tr><td>5</td><td></td><td></td><td></td><td></td></tr>
<tr><td>6</td><td></td><td></td><td></td><td></td></tr>
<tr><td></td><td></td><td></td><td></td><td></td></tr>
<tr><td></td><td></td><td></td><td></td><td></td></tr>
<tr><td></td><td></td><td></td><td></td><td></td></tr>
<tr><td></td><td></td><td></td><td></td><td></td></tr>
<tr><td></td><td></td><td></td><td></td><td></td></tr>
<tr><td></td><td></td><td></td><td></td><td></td></tr>
<tr><td>决策评价</td><td colspan="5">结果:(将自己的工艺方案与组内成员的工艺方案进行对比分析,对自己的工艺方案进行修改并说明修改原因,最后确定一个最佳方案。)</td></tr>
</table>

实施单

学习领域	焊接基础技术		
学习情境 2	储罐焊接生产的材料选择及成形加工	学时	12 学时
任务 2	钢材备料及成形加工	学时	6 学时
作业方式	小组分析、个人解答,现场批阅、集体评判		
1	下料图纸的绘制		

作业解答:

2	储罐加工成形工艺设计

作业解答:

3	储罐成形矫正工艺设计

作业解答:

作业评价:

班级		组别		组长签字	
学号		姓名		教师签字	
教师评分		日期			

检查单

学习情境 2	储罐焊接生产的材料选择及成形加工		任务 2		钢材备料及成形加工		
检查学时			课内 0.5 学时		第　　组		
检查目的及方式		教师对小组的工作过程和工作情况进行检查。如检查等级为不合格,则小组需要整改,并做出整改说明					
序号	检查项目	检查标准	检查结果分级 (在检查相应的分级框内画"√")				
			优秀	良好	中等	合格	不合格
1	准备工作	资源是否已查到;材料是否准备完整					
2	分工情况	安排是否合理、全面;分工是否明确					
3	工作态度	小组工作是否积极、主动且全员参与					
4	遵纪情况	是否按时完成所负责的工作内容,遵守工作纪律					
5	团队合作	成员是否团结协作、互相帮助,并听从指挥					
6	创新意识	任务完成过程是否不照搬照抄;看问题是否有独到见解和创新思维					
7	完成效率	工作单记录是否完整;是否按照计划完成任务					
8	完成质量	工作单填写是否准确;工艺表、程序、仿真结果是否达标					
检查评语	评语:				教师签字:		

评价单

<table>
<tr><td>学习情境 2</td><td>储罐焊接生产的材料选择及成形加工</td><td colspan="2">任务 2</td><td colspan="3">钢材备料及成形加工</td></tr>
<tr><td colspan="2">评价学时</td><td colspan="5">课内 0.5 学时</td></tr>
<tr><td colspan="2">班级：</td><td colspan="5">第　　组</td></tr>
<tr><td>考核情境</td><td>考核内容
及要求</td><td>分值
(100 分)</td><td>小组自评
(10%)/分</td><td>小组互评
(20%)/分</td><td>教师评价
(70%)/分</td><td>实得分
(∑)/分</td></tr>
<tr><td rowspan="4">汇报展示
(20 分)</td><td>演讲资源利用</td><td>5</td><td></td><td></td><td></td><td></td></tr>
<tr><td>演讲表达和非语言技巧应用</td><td>5</td><td></td><td></td><td></td><td></td></tr>
<tr><td>团队成员补充配合程度</td><td>5</td><td></td><td></td><td></td><td></td></tr>
<tr><td>时间与完整性</td><td>5</td><td></td><td></td><td></td><td></td></tr>
<tr><td rowspan="3">质量评价
(40 分)</td><td>工作完整性</td><td>10</td><td></td><td></td><td></td><td></td></tr>
<tr><td>工作质量</td><td>5</td><td></td><td></td><td></td><td></td></tr>
<tr><td>报告完整性</td><td>25</td><td></td><td></td><td></td><td></td></tr>
<tr><td rowspan="5">团队情感
(25 分)</td><td>核心价值观</td><td>5</td><td></td><td></td><td></td><td></td></tr>
<tr><td>创新性</td><td>5</td><td></td><td></td><td></td><td></td></tr>
<tr><td>参与率</td><td>5</td><td></td><td></td><td></td><td></td></tr>
<tr><td>合作性</td><td>5</td><td></td><td></td><td></td><td></td></tr>
<tr><td>劳动态度</td><td>5</td><td></td><td></td><td></td><td></td></tr>
<tr><td rowspan="2">安全文明
(10 分)</td><td>工作过程中的安全保障情况</td><td>5</td><td></td><td></td><td></td><td></td></tr>
<tr><td>工具正确使用和保养、放置规范性情况</td><td>5</td><td></td><td></td><td></td><td></td></tr>
<tr><td>工作效率
(5 分)</td><td>能够在要求的时间内完成，每超时 5 min 扣 1 分</td><td>5</td><td></td><td></td><td></td><td></td></tr>
</table>

小组成员素质评价单

学习情境 2	储罐焊接生产的材料选择及成形加工		任务 2	钢材备料及成形加工	
班级		第　组		成员姓名	
评分说明	每个小组成员的评分包括自评分和小组其他成员评分两部分，取平均值作为该小组成员最终得分。评分项目共包括以下 5 项。评分时，每人依据评分标准进行合理量化评分。小组成员在进行自评分后，要找小组其他成员以不记名的方式进行评分				

评分项目	评分标准	自评分	成员 1 评分	成员 2 评分	成员 3 评分	成员 4 评分	成员 5 评分
核心价值观（20 分）	有无违背社会主义核心价值观的思想及行为						
工作态度（20 分）	是否按时完成所负责的工作且遵守纪律；是否积极主动参与小组工作；是否全过程参与；是否吃苦耐劳；是否具有工匠精神						
交流沟通（20 分）	能否良好地表达自己的观点；能否倾听他人的观点						
团队合作（20 分）	能否与小组成员合作完成任务，并做到团结协作、互相帮助且听从指挥						
创新意识（20 分）	对待问题能否独立思考，提出独到见解；能否利用创新思维解决遇到的问题						
小组成员最终得分							

【课后作业】

1. 火焰矫正的步骤是什么？
2. 对拉延件的基本要求是什么？
3. 影响回弹的主要因素有哪些？
4. 简述影响冲压件质量的因素。
5. 简述影响材料最小弯曲半径的因素。

焊接故事园——“蛟龙号”的焊接

“蛟龙号”载人深潜器是我国首台自主设计、自主集成研制的作业型深海载人潜水器，设计最大下潜深度为 7 000 m，也是目前世界上下潜能力最强的作业型载人潜水器。“蛟龙号”的超韧性船体使用的是钛合金。由于我国缺乏钛合金构件加工成形的技术和经验，“蛟龙号”的乘员舱是根据我国的设计方案，委托俄罗斯制造的。具体的制造工艺被称为瓜瓣焊接。这种焊接工艺对于大规格钛合金厚板轧制能力、冲压能力的要求较低。

Ti80 是我国于 1985 年在美国 Ti6211 基础上研制的深潜器用近 α 型钛合金，具有中等强度、高韧、耐蚀、可焊性好等性能，已广泛用于海洋领域。载人舱球壳是 4 500 m 载人潜水器上最重要的核心部件，是 4 500 m 载人潜水器关键设备国产化中最重要的部分。

“蛟龙号”载人深潜器的耐压壳体为钛合金焊接结构。钛合金是高强度、高韧性且十分耐腐蚀的国际通用潜水器制造材料。“蛟龙号”载人深潜器的钛合金耐压球壳形状超差对其结构承载能力影响极大。

学习情境 3　储罐焊接生产的安全技术应用

【学习指南】

【情境导入】

一名在某厂储罐生产车间实习的学生被任命为车间下料工段火焰切割工位生产班组长。放置在火焰切割工位的主要设备有半自动切割小车、氧-乙炔切割装置、氧-丙烷切割装置和手工切割工具。其就职后发现火焰下料工位的设备布置与工人操作过程不符合安全规范,经请示上级领导批准,负责重新设计火焰下料工位的设备布置图,并编写相关安全规定;针对焊接工程中存在的安全隐患进行分析,重新设计焊接工位的布置,并编制焊接生产安全管理制度,以提升焊接生产安全管理水平,确保焊接生产的安全高效运行。

【学习目标】

知识目标

1. 能够阐述火焰加工常用气体种类;
2. 能够阐述火焰加工气体的安全管理内容和使用方法;
3. 能够阐述焊工施工安全规程;
4. 能够阐述焊接安全生产知识。

能力目标

1. 能够识别安全生产隐患并设计安全预案;
2. 能够利用现代化手段对与焊接生产有关的安全信息进行收集并整理;
3. 能够进行火焰切割场地设计,并编制火焰切割安全制度;
4. 能够进行焊接生产场地安全设计,并编制焊接生产安全制度。

素质目标:

1. 培养正确的价值观、职业道德和行为准则;
2. 树立安全意识和养成主人翁责任感。

【工作任务】

任务 1　火焰切割工位的安全技术应用　参考学时:课内 4 学时(课外 2 学时)

任务 2　焊接生产工位的安全技术应用　参考学时:课内 4 学时(课外 2 学时)

任务 1　火焰切割工位的安全技术应用

【任务工单】

学习情境 3	储罐焊接生产的安全技术应用			任务 1	火焰切割工位的安全技术应用	
任务学时				课内 4 学时(课外 2 学时)		
布置任务						
任务目标	通过本任务的学习,培养和锻炼以下几方面的能力: 1. 按照国际标准,对火焰加工气体进行安全管理和使用的能力; 2. 按照安全标准,设计火焰切割加工工位的能力; 3. 按照安全标准,发现火焰切割加工现场安全隐患,并提出整改措施的能力; 4. 利用现代化手段对信息进行收集并整理的能力。					
任务描述	根据火焰加工气体特性设计工位气体使用安全看板。根据现场设备设计各个切割设备的安全操作规程。根据压缩气体钢瓶种类,正确安置钢瓶。根据乙炔气体及送气附件等安全使用规定编制火焰加工工位安全管理办法、设计火焰加工工位布置图					
学时安排	资讯 0.5 学时	计划 1 学时	决策 0.5 学时	实施 3 学时	检查 0.5 学时	评价 0.5 学时
对学生的学习过程及成果的要求	1. 掌握火焰加工气体特性; 2. 掌握乙炔发生器及压缩气体钢瓶的正确安置方式; 3. 掌握 EN1089-3 及我国钢瓶颜色标记标准; 4. 熟知送气附件的安全使用规定; 5. 每名同学均需独立或在小组同学的帮助下完成任务工作单等,并提请教师检查、签认,对教师提出的建议或指出的错误务必及时思考或修改; 6. 每组必须完成任务工单,并提请教师进行小组评价,之后小组成员分享小组评价分数或等级; 7. 每名同学均需进行任务反思并做书面报告,以小组为单位提交					

【课前自学】

知识点 1　火焰加工常用气体选择

一、火焰加工技术

有多种技术采用火焰加工方法,如气焊、火焰加热、火焰消除应力、火焰喷涂、气体压力焊、火焰切割、氧熔剂切割等。

对于所有这些技术所采用的有关设备、设施带来的危险和采取相应的安全措施,有关规范、规程、条例和法规均做出了相应的规定。

二、火焰加工常用气体

在火焰加工技术中主要应用的可燃气体为乙炔,此外还有液化气(丙烷-丁烷混合体)和天然气,并采用氧气和压缩空气作为添加气体。

1. 乙炔

乙炔是一种碳氢化合物,是无色的易燃气体,密度略小于空气。纯度为100%的乙炔是无味的,但通常商业中应用的乙炔气体有一种明显的蒜味。纯乙炔在一定的压力等条件下会剧烈地分解,为此,在储气瓶中要装入多孔性充填物料(丙酮)使其溶解。

2. 氢气

氢气无色、无味、易燃且无毒,在大气温度和压力下以气态形式存在。它是已知的最轻的气体,其密度只有空气的1/15。它在燃烧时呈淡蓝色,火焰几乎看不见。

3. 丙烷(液化石油气)

丙烷是一种无色、无味的气体,室温下在0.7 MPa的压力下即呈液体状态。在呈液态装瓶时应避免高温。因温度升高时,其压力亦增高。

4. 天然气(甲烷)

天然气的主要成分是甲烷,此外还有氮气及部分丙烷。甲烷是一种无色、无味的可燃气体。

5. 民用气体

民用气体是由不同可燃气体与非可燃气体组合而成的,由于含有人工添加的臭剂而有一种强烈的味道。

6. 甲烷-丙烷混合气

甲烷-丙烷混合气由甲烷和丙烷混合而成。这种混合气体密度比空气大,在低洼处作业时应考虑到其危险性。

7. 氧气

虽然氧气本身不是可燃气体,但它是燃烧所必需的气体。氧气含量增加,意味着可燃性增加、燃烧速度提高、燃烧温度提高。

火焰切割用燃气的主要性质见表3-1。

表3-1　火焰切割用燃气的主要性质

燃气种类	密度 /($kg \cdot m^{-3}$) (标态[①]下)	高热值 /($kg \cdot m^{-3}$) (标态下)	低热值 /($kg \cdot m^{-3}$) (标态下)	氧气/燃气 (体积比)	最低着火温度/℃	燃烧热量计温度/℃
乙炔	1.160 7	58.502	56.488	2.5	335	2 620
丙烷	2.010 2	101.266	93.240	5	450	2 155
丙烯	1.913 6	93.667	87.667	4.5	460	2 224
天然气(甲烷)	0.717 4	39.842	35.906	2	540	2 043
乙烯	1.206 5	63.438	59.477	3	425	2 343

表 3-1(续)

燃气种类	密度 /(kg·m^{-3})(标态[①]下)	高热值 /(kg·m^{-3})(标态下)	低热值 /(kg·m^{-3})(标态下)	氧气 /燃气 (体积比)	最低着火温度/℃	燃烧热量计温度/℃
液化石油气(丙烷、丁烷各占 50%)	2.041 6	117.6	108.4	5.75	408	2 143

注:①标态指压力为 101.325 kPa,温度为 0 ℃。

知识点 2　火焰切割的危险性及操作实施

一、乙炔的危险性

乙炔是一种无色、无毒、可燃烧的气体。纯乙炔稍微带有醚的气味。工业乙炔的臭味主要由其含有的少量磷化氢和硫化物杂质引起。乙炔比空气轻。乙炔能与铜及含铜量超过 70%的合金反应,也和银及银合金反应。乙炔作为可燃气体和氧气共同使用,其火焰温度、火焰效率与燃烧速度都比使用其他可燃气体时高。

有关乙炔与空气或氧气的混合比确定的点火界限和点火温度可参照火焰加工气体的安全技术数据表。在火焰加工中,焊接或切割火焰有可能熄灭,这是由熔渣或喷嘴污染造成的,而这种熄灭又可能造成焊枪或切割枪的回火,这种回火将产生以下严重后果:

(1)使混合气管路热负荷激烈增加;

(2)使所用设备压力激烈升高;

(3)使所用枪体烧损;

(4)使所用焊枪或切割枪喷嘴烧损。

回火将导致设备着火,如果回火不停止,将通过设备使气体储存系统发生重大事故。

通常乙炔与铜会生成容易爆炸的化合物,因此其传输只能使用钢或纯铁管道,或用含铜量低于 65%的黄钢合金管道。乙炔允许的工作压力上限为 0.15 MPa。

乙炔瓶是储存和运输乙炔用的压力容器,采用优质碳素钢或低合金钢板焊接而成。利用乙炔能溶解于丙酮的特性,可采用装有多孔填料的特殊钢瓶储存乙炔气体。乙炔瓶内剩余压力与环境温度的关系见表 3-2。

表 3-2　乙炔瓶内剩余压力与环境温度的关系

项目	环境温度/℃			
	<0	0~15	15~25	25~40
剩余压力/MPa	0.05	0.1	0.2	0.3

丙酮对乙炔的溶解能力与压力和温度有关。当压力升高时,乙炔的溶解度增大。随着温度的升高,乙炔的溶解度下降。

乙炔瓶不允许平放倒空(装有高度多孔物质的乙炔瓶例外)。一个乙炔瓶的最大供气量为 1 000 L/h；在长时间持续工作情况下，供气量限制为 500 L/h。乙炔瓶在使用过程中不能放倒，避免丙酮流出。瓶体温度不能超过 30 ℃，温度升高会降低乙炔溶解度，而使瓶内乙炔压力急剧升高。乙炔瓶在使用时需全部打开，以免漏气。瓶内气体严禁用完，必须留有剩余压力。

二、氧气的危险性

空气中有约 21%（体积分数）的氧气。把空气分解可获得氧气，通过这种精馏方式所获得的氧气的纯度至少为 99. 7%（体积分数）。氧气是一种无色、无味的气体，其密度为 1. 43 kg/m^3，比空气重。在稍微提高氧气含量的情况下，燃烧反应的速度就比在空气中要进行得快。当空气中氧气的体积分数大于 30%时，燃烧过程中会出现爆炸危险。在压力作用下，使油脂或油与氧气相接触，其便会发生自燃现象。

氧气是以气体状态和液体状态进行储存的。通常，氧气以气态储存在压力气瓶中。氧气瓶不许与其他气瓶混放，不许与反应后产生有毒物质的气体气瓶一起运输，不许用沾染油脂的运输工具运输。氧气瓶必须按 GB/T 7144—2016 明确标识，不准靠近热源，距明火至少 10 m，夏季禁止曝晒、冬季禁止火烤，与氧气瓶连接的部件应使用铜基合金且严禁接触油脂。焊接、切割时，火源离氧气瓶至少 10 m。

国内常用氧气瓶规格见表 3-3。

表 3-3　国内常用氧气瓶规格

工作压力/MPa	气瓶容积/L	质量/kg	氧气量/L
15	30	45±2	4 500
	40	55±2	6 000

三、操作要点

气割操作因个人的习惯不同可以有所不同。一般是用右手把住割炬把手，用右手的拇指和食指把住预热氧阀门，以便于调整预热火焰和在回火时及时切断预热氧。用左手的拇指和食指把住开关切割氧的阀门，同时还要起掌握方向的作用。用左手其余 3 个手指平稳地托住混合室。上身不要弯得太低，呼吸要有节奏；眼睛应注视割嘴，并着重注视割口前面的割线。这种气割方法为抱切法，一般是按照从右向左的方向切割。开始切割时，先预热钢板的边缘，待切口位置出现微红的时候，将火焰局部移出边缘线外，同时慢慢打开切割氧阀门。当有氧化铁渣随氧气流一起飞出时，证明已经割透，这时应移动割炬逐渐向前切割。

氧乙炔切割

在切割很厚的金属时，割嘴与被切割金属表面成 10°～20°倾角，以便能更好地加热割件边缘，使切割过程容易开始。在切割厚度在 50 mm 以下的金属时，割嘴开始应与被切割金属表面垂直。如果是从零件内廓开始切割，必须预先在被切割件上面做孔（孔的直径等于切割宽度）。开始切割时，先用预热火焰加热金属边缘，直至加热到使其能在氧气中燃烧的温度，即在割件表面出现将要熔化的状态时，再放出切割氧进行切割。切割时，割嘴与被切割金属表面的距离应根据火焰焰心长度来决定，最好使焰心尖端距割件 1. 5～3 mm，绝不可使火焰焰心触及割件表面。为了保证割缝质量，在整个气割过程中，割嘴到割件表面的距离应保持一致。

在沿直线切割钢板时,割枪应向运动反方向倾斜 20°~30°,这时切割最为有效。但在沿曲线外轮廓切割时,割嘴必须严格垂直于被切割金属的表面。

在切割过程中,有时因割嘴过热和氧化铁渣的飞溅而使切割割嘴堵住或乙炔供应不及时,进而导致割嘴产生鸣爆并发生回火。这时应迅速关闭预热氧阀门,阻止氧气倒流入乙炔管,使回火熄灭。如果此时割炬内还在发出“嘶嘶”的响声,说明割炬内回火尚未熄灭,这时应迅速将乙炔阀门关闭或迅速拔下割炬上的乙炔软管,使回火的火焰气体排出。处理完毕后,应先检查割炬的射吸能力,然后才可以重新点燃割炬。

在气割过程中,若操作者需移动身体位置,则应先关闭切割氧阀门,然后移动身体位置。如果切割较薄的钢板,在关闭切割氧的同时,应使火焰迅速离开钢板表面,以防止钢板因板薄受热快而引起变形和使割缝重新黏合。当继续切割时,割嘴一定要对准割缝的接割处并适当预热,然后慢慢打开切割氧阀门,继续进行切割。

在切割临近终点时,割嘴应向切割前进的反方向倾斜一些,以利于钢板的下部提前割透,使收尾的割缝较整齐。当到达终点时,应迅速关闭切割氧阀门并将割炬抬起,然后关闭乙炔阀门,最后关闭预热氧阀门。如果停止工作时间较长,应将氧气阀门关闭,松开减压器调节螺丝,并将氧气胶管中的氧气放出。结束切割工作时,应将减压器卸下并将乙炔供气阀门关闭。

根据燃气与氧气的混合比不同,切割火焰分为碳化焰、中性焰和氧化焰,如图 3-1 所示。在使用乙炔的场合,氧气与乙炔的体积比为 1.1~1.15 时,形成的火焰为中性焰,由焰心、内焰和外焰组成。焰心为乙炔与氧气的混合气体。内焰为乙炔与氧气发生一次燃烧的反应区,在内焰中距离焰心 2~3 mm 处温度最高,约 3 100 ℃。外焰是一次燃烧生成的一氧化碳(CO)和氢气与空气中的氧气发生反应的燃烧区域,火焰温度约 2 500 ℃。外焰越长,保护切割氧流的效果越好。氧气与乙炔的体积比小于 1.1 时形成碳化焰,也有焰心、内焰和外焰。其内焰中存在未燃烧的碳,火焰长而软,温度也较低。氧气与乙炔的体积比小于 1.15 时形成氧化焰,只有焰心和外焰两部分。其火焰短而挺直并伴随有“嘶嘶”声,最高温度可达约 3 300 ℃。其因火焰中存在过剩氧气而具有氧化性。

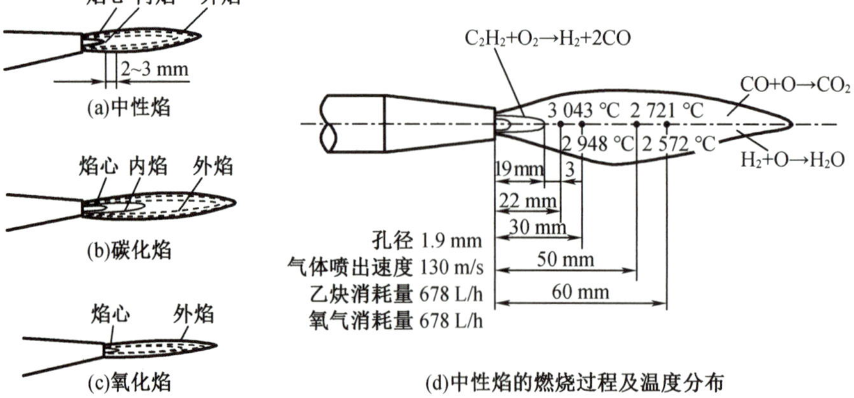

图 3-1 切割火焰的类型

气割时一般应调整火焰到中性焰,同时火焰的强度要适中。一般不采用碳化焰,因为碳化焰会使切割边缘增碳。调整好火焰后,应当放出切割氧,检查火焰性质是否有变化。

切割火焰过强时会出现以下问题:

(1)切口上边缘熔塌,并粘有颗粒状熔滴;

(2)切割面不平整,粗糙度变差;

(3)切口下缘粘渣。

切割火焰过弱时会发生以下问题:

(1)切割速度减慢且易发生切割中断现象;

(2)易发生回火;

(3)后拖量增大。

四、气割工艺参数

气割的工艺参数包括预热火焰功率、切割氧压力、切割速度、割嘴到工件表面的距离以及切割倾角等。

1. 预热火焰

预热火焰是影响气割质量的重要工艺参数。气割时一般选用中性焰或轻微的氧化焰。同时火焰强度要适中。应根据工件厚度、割嘴种类和质量要求选用预热火焰和切割火焰。

(1)预热火焰的功率要随着板厚的增大而加大,即割件越厚,预热火焰的功率越大。氧-乙炔预热火焰的功率与板厚的关系见表3-4。

表3-4　氧-乙炔预热火焰的功率与板厚的关系

板厚/mm	火焰功率/($L \cdot min^{-1}$)
3~25	4.0~8.3
25~50	9.2~12.5
50~100	12.5~16.7
100~200	16.7~20.0
200~300	20.0~21.7

(2)在切割较厚钢板时,火焰应采用轻度碳化焰,以免切口上缘熔塌,同时也可使外焰长一些。

(3)在使用扩散行割嘴和氧帘割嘴切割厚度在200 mm以下的钢板时,预热火焰功率应选大一些,以加速将切口的前缘加热到燃点,从而获得较高的切割速度。

(4)在切割碳含量或合金元素含量较高的钢材时,因为它们的燃点较高,预热火焰的功率要大一些。

(5)用单割嘴切割坡口时,因熔渣被吹向切口外侧,为补充能量,要加大火焰功率。

(6)使用石油气或天然气作为燃气,因其火焰温度低,预热时间较长。

(7)在切割小尺寸零件等需频繁预热起割的场合,为提高切割效率,可把火焰调节成氧化焰,开始切割后再恢复到中性焰。

气割的预热时间应根据割件厚度而定,表3-5列出了气割选定预热时间的经验数据。

表 3-5 气割选定预热时间的经验数据

板厚/mm	预热时间/s	板厚/mm	预热时间/s
20	6~7	150	25~28
50	9~10	200	30~35
100	15~17		

2. 切割氧压力

切割氧压力取决于割嘴类型和型号,可根据工件厚度选择。切割氧气压力过大,易使切口变宽、粗糙;压力过小,则切割过程缓慢,易造成沾渣。表 3-6 给出了切割氧压力的推荐值。

表 3-6 切割氧压力的推荐值

板厚/mm	切割氧压力/MPa
3~12	0.4~0.5
12~30	0.5~0.6
30~50	0.5~0.7
50~100	0.6~0.8
100~150	1.0~1.4

在实际切割工作中,最佳切割氧压力可用试放风线的办法来确定。对所采用的割嘴,当风线最清晰且长度最长时,切割压力即为合适值,可获得最佳的切割效果。

3. 切割速度

切割速度与工件厚度、割嘴形式有关,一般随工件厚度的增大而减慢。切割速度必须与切口内金属的氧化速度相适应。切割速度太慢会使切口上缘熔化;太快则后拖量过大,甚至割不透,造成切割中断。在进行切割操作时,切割速度可根据熔渣火花在切口中落下的方向来掌握,当火花呈垂直或稍偏向前方排出时即为正常速度。在直线切割时,可采用火花稍偏向后方排出的较快的速度。

氧化速度快,排渣能力强,则可以提高切割速度。切割速度过慢会降低生产率,而且会造成切口局部熔化,影响割口表面质量。机器切割速度比手工切割速度平均可提高 20%,表 3-7 列出了机械切割时切割速度的推荐数据。

表 3-7 机械切割时切割速度的推荐数据 单位:mm/min

钢板厚度/mm	切割形式				
	半制品直线切割	有机加工余量的切割	表面切割质量要求低的切割	精确的直线切割	精确的成形切割
5	—	330~350	710~760	590~640	400~500
10	710~730	330~470	570~620	480~520	320~400

表 3-7(续)

钢板厚度/mm	切割形式				
	半制品直线切割	有机加工余量的切割	表面切割质量要求低的切割	精确的直线切割	精确的成形切割
20	580~630	400	470~500	390~420	260~330
30	520~560	350	410~450	350~380	230~290
50	440~480	330	350~380	300~320	200~250
100	380~420	290	310~330	260~280	170~220
150	360~390	260	290~310	240~260	160~200

4. 割嘴到工件表面的距离

割嘴到工件表面的距离根据工件厚度及预热火焰长度来确定。割嘴过低会使切口上线发生熔塌,飞溅时易堵塞割嘴,甚至引起回火。割嘴过高会使热损失增加且会使预热火焰对切口前缘的加热作用减弱,预热不充分,切割氧流动性下降,使排渣困难,影响切割质量。同时进入切口的氧气纯度也降低,导致后拖量和切口宽度增大。在切割薄板场合还会使切割速度降低。

5. 切割倾角

割嘴与割件间的切割倾角直接影响气割速度和后拖量。切割倾角的大小主要根据工件厚度而定。工件厚度在 30 mm 以下时,后倾角为 20°~30°;工件厚度大于 30 mm 时,起割时前倾角为 5°~10°,割透后割嘴垂直于工件,结束时后倾角为 5°~10°。手工曲线切割时,割嘴垂直于工件。

知识点 3　气瓶颜色识别及摆放

某些工业上使用的气瓶按气体特性进行标记,见表 3-8。

表 3-8　气瓶颜色列表

项目	气体种类			
	有毒和/或腐蚀	可燃性	氧化性	不燃性(一般性)
颜色	淡黄色	大红色	蓝色[淡(酞)蓝色]	绿色(深绿色)

氧气瓶体色为淡(酞)蓝色,乙炔瓶体色为白色。

惰性气体(无毒,无腐蚀,非燃性,非氧化性)气瓶颜色列表见表 3-9。

表 3-9　惰性气体气瓶颜色列表

项目	气体种类			
	氩气	氮气	二氧化碳	氦气
颜色	银灰色	黑色	铝白色	银灰色

当某一气体或某一混合气体其有两种危险特性,必须在气瓶肩部涂以颜色,用其中一种危险特性所代表的颜色涂以色环,同时将第二种危险特性所标志的颜色亦涂上去。

在新的颜色标志上用“N”表示燃烧物。

设备和装置中若储有气体,则可能出现密封问题或者因操作不慎而发生着火或爆炸,故对有关设备和装置应严格按照相关规程要求和标准进行操作。钢瓶标记按“压缩气体技术规程”(TRG)和EN 1089 T1“标记”、T2“危险货物”、T3“颜色代码”要求进行。钢瓶上应刻印检验日期、净重、载荷空间、工作压力以及内部介质识别等标记,除此之外还应有相应气体的颜色标记,用色带标记或将整个气瓶涂色。

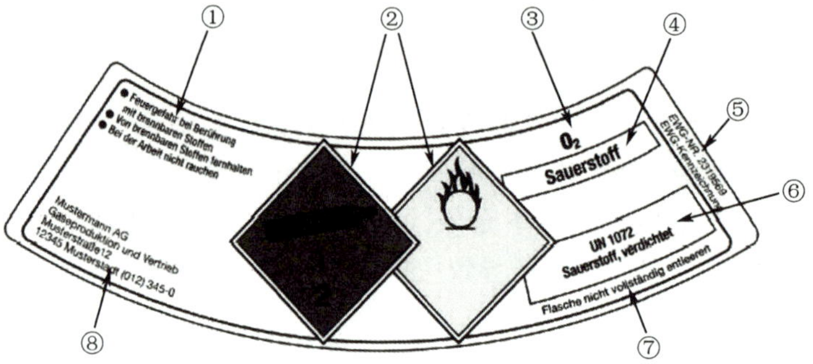

1—风险和安全程序;2—危险货物;3—气体或混合气体组成成分;4—制造厂商产品标记;5—分类气体或混合气体EWG① 编号;6—按GGVS② 对气体命名;7—制造厂商说明;8—制造厂商名称、通信地址和电话号码。

图3-2 气瓶所贴“危险货物”标签的说明

压缩气体钢瓶的安置注意事项如下:

(1)防止压缩气体钢瓶过热。

(2)防止压缩气体钢瓶乱扔和倒地滚动。

(3)压缩气体钢瓶应拧上防护帽进行保存。

(4)压缩气体钢瓶应设有专用场地储存并用链条捆住。

(5)不能用磁铁式吊车起吊钢瓶。

知识点4 送气附件的安全使用

一、减压器(压力表)

1. 减压器概念

减压器按国际标准《气焊设备——焊接、分割及相关工艺用减压器》(ISO 5171:2019)执行。减压器的功能是将气瓶压力降低到工作压力,并在供气期间使工作压力保持不变。

2. 减压器工作原理

减压器是一种薄膜控制式阀门,如图3-3所示。当拧紧调节螺钉时,通过调节弹簧、薄膜和压力顶针将扁螺栓缓慢顶起,使阀门打开。

---

① EWG为美国环境工作组。

② GGVS为公路危险货物运输法规。

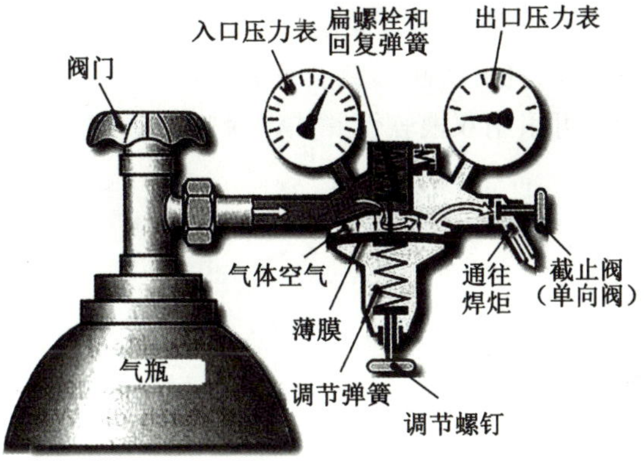

图 3-3　减压器的原理结构图

3. 减压器的操作规则

在连接减压器前,应检查气瓶接头的清洁程度(吹风检查)并检查接头处的密封状况。当减压器不工作时,应卸去调节手柄的负载。

减压器作为安全装置应执行安全标记“S”的规定,并在其背面留有压力泄流孔。其他规定见 EN ISO 2503、TRAC 207 和 BGV D1。

二、软管

1. 软管的分类

气体软管(颜色标记)必须与气体类型相匹配。燃气软管为红色,助燃气软管为蓝色[按《气体焊接设备　焊接、切割和类似作业用橡胶软管》(GB/T 2550—2016)]。氧气和非燃气软管工作压力为 2 MPa,乙炔软管工作压力为 0. 15 MPa。

2. 有关软管的不同标准

我国相关标准有《气焊设备　焊接、切割和相关工艺设备用软管接头》(GB/T 5107—2008)、GB/T 2550—2016 等。此外,国际上还有其他标准,如《气焊设备——450 bar (45 MPa)以下工业气体传输用橡胶和塑料软管及其组件》(ISO 14113:2013)。《气焊机焊接及相关工艺用热塑软管》(EN 1327:1996)、《气焊设备　焊接及相关工艺用热塑性软管》(OS GSO ISO 12170:2013)对热塑性软管做了规定。《气焊设备　焊接、切割和相关工艺设备用软管组件规范》(ISO 8207:1996)、《气焊设备　焊接、切割和相关工艺设备的软管组件用规范》(EN 1256:2006)对软管接头做了规定。

软管颜色标识必须与相应气体种类相符,见表 3-10。

表 3-10　气体种类及软管颜色标识

气体种类	颜色标识
乙炔和其他可燃气体(除液化石油气、甲基乙炔-丙二烯混合物、天然气、甲烷外)	红色
液化石油气、甲基乙炔-丙二烯混合物、天然气、甲烷	橙色
氧气	蓝色
空气、氮气、氩气、二氧化碳	黑色

在实际中,应采用表面带有纹路的软管,以防止打滑,环箍如图 3-4(a)所示。不得用线包扎钢丝,软管不得有裂纹,并应防止过热。在铺设软管时应注意避开各种潜在危险。

在长距离输送氧气时,可采用双根软管并加以保护,如图 3-4(b)和(c)所示。

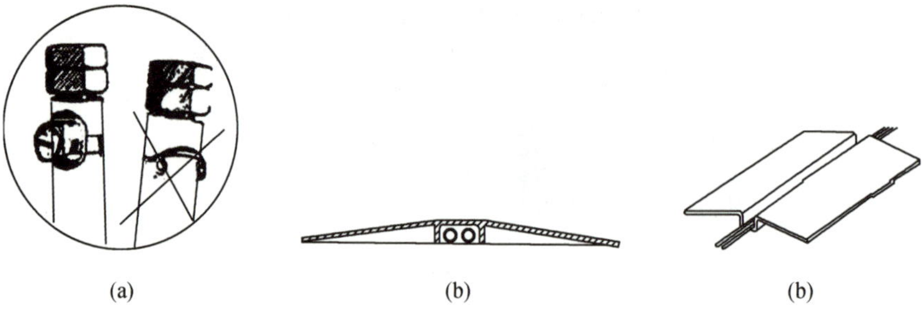

图 3-4　软管安全使用方法

三、回火防止器

1. 回火的概念

回火是由于混合气体在焊(割)嘴口的燃烧速度大于混合气体从焊(割)炬的喷射速度而引起的,是指气体火焰进入喷嘴内逆向燃烧。回火可以烧毁焊(割)炬、管路,甚至引起可燃气体储罐爆炸。

2. 造成回火的原因

(1)氧气压力过大;

(2)乙炔气供给量过小;

(3)输送管不畅通;

(4)焊(割)炬嘴孔有夹杂物堵塞;

(5)焊(割)嘴温度过高;

(6)焊(割)炬性能不良。

3. 干式回火防止器

干式回火防止器分为温度控制和压力控制两种。温度控制的回火防止器中,轻微回火后,并不中断可燃气体的继续流入;当温度为 90~100 ℃时才断开保险。保险断开以后,气体回流阀不会自动打开。回火防止器原理示意图如图 3-5 所示。

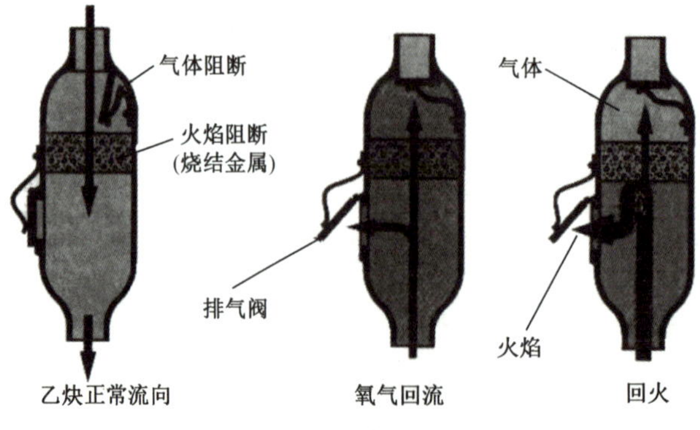

图 3-5　回火防止器原理示意图

在压力控制的回火防止器中,附加装入了一个气体回流闭锁装置。当轻微回火或压力稍微增加时,不仅关闭气体回流阀门,也断开了受压力控制的回流闭锁装置。当保险断开以后,可以用一个手柄打开气体回流阀。回火防止器可以安装在减压器或供气管路旁。

【自学自测】

一、选择题

1. 在切割很厚的金属时,割嘴与被切割金属表面成(　　)倾角。

A. 10°~20°　　B. 20°~30°　　C. 30°~40°　　D. 40°~50°

2. 减压器作为安全装置应执行安全标记“(　　)”的规定。

A. N　　B. W　　C. S　　D. Q

3. 气体软管(颜色标识)必须与气体类型匹配。燃气软管为(　　)。

A. 红色　　B. 蓝色　　C. 绿色　　D. 灰色

4. 乙炔软管最短为(　　)。

A. 2 m　　B. 3 m　　C. 4 m　　D. 5 m

5. 切割厚度在(　　)以下的金属时,割嘴开始应与被切割金属表面垂直。

A. 30 mm　　B. 40 mm　　C. 50 mm　　D. 60 mm

二、填空题

1. 使用乙炔气瓶时不能放倒,避免(　　　　)流出。

2. 根据燃气与氧气的混合比不同,切割火焰分为碳化焰、(　　　　)和氧化焰

3. 割嘴到工件表面的距离是根据(　　　　)及预热火焰长度来确定的。

4. 在连接减压器前,应检查(　　　　)的清洁程度(吹风检查)并检查接头处的密封状况。当减压器不工作时,应卸去调节手柄的负载。

5. 在切割较厚钢板时,火焰宜用轻度(　　　　),以免切口上缘熔塌,同时也可使外焰长一些。

【任务实施】

在金属材料下料的众多方法中,气割是应用最为广泛的一种下料方式。本任务选择气割的方法对法兰件进行下料。

1. 气割前的准备

(1)检查工作场地是否符合安全要求。

(2)检查切割氧气流线。将预热火焰调整为中性焰,然后打开切割氧阀门。切割氧流线应为笔直而清晰的圆柱体,并有适当的长度,这样才能使工件切口表面光滑干净、宽窄一致。

(3)将割件表面用钢丝刷仔细清除氧化皮等杂质。将割件放置在切割平台上。

2. 气割操作

气割法兰时,一般先割外圆,后割内圆。为了提高切口质量,均采用简易划规式割圆器

进行切割。

(1)切割外圆

①气割前,先用样冲在圆的中心打个定位眼。

②将简易划规式割圆器的割炬箍套在割嘴上,然后调节定心锥尖与割炬切割氧喷射孔中心之间的距离,使其等于待割圆半径,并拧紧顶丝。

③切割。先开乙炔阀门,再开低压氧阀门。将火焰调整为中性焰或轻微的氧化焰。预热,待边缘预热到呈亮红色时,慢慢打开切割氧开关,当看到割件的背面飞出氧化铁渣时,证明割件已经被割透,然后慢慢将割炬移向法兰的中心,当定心锥尖落入定位眼后,便可进入正常切割。在切割过程中,割嘴到割件表面的距离应始终保持在 3~5 mm,割炬移动的速度要均匀。将割炬沿圆周旋转一圈,法兰即从钢板上落下。

(2)切割内孔

①选用 G01-30 型割炬,1 号割嘴,切割氧压力为 0.5 MPa。

②调节定心锥尖与割炬切割氧喷射孔中心之间的距离,使其等于内圆半径,并拧紧顶丝。

③起割时应先在内圆上开起割孔(在内圆切割线上钻 ϕ10 mm 的通孔,供起割用)。开起割孔时应注意如下几点:

a. 起割孔一般距切割线 5~15 mm。

b. 为加快预热温度,预热火焰的能率应选择得大一些,或调成弱氧化焰。

c. 为防止熔渣堵塞割嘴,起割时割炬应后倾 20°左右。

d. 当起割点被加热到呈亮红色时,便可慢慢开启切割氧调节阀,将割件割穿。

e. 若一次未能割穿时,应另换一处重新起割,或从对面继续起割。

④割穿起割孔后,即可将割炬慢慢移向切割线,同时将定心锥尖放入定位眼,然后移动割炬,将内圆割下。

3. 割件的质量检查

(1)外观检查

主要检查气割切口表面是否平整干净、割纹是否均匀一致。还应检查切口边缘是否有熔化现象、切割直线段的平直程度等。

(2)尺寸检测

测量割件的各部分尺寸是否符合图样的要求。

【火焰切割工位的安全技术应用工作单】

计划单

<table>
<tr><td>学习情境 3</td><td colspan="2">储罐焊接生产的安全技术应用</td><td>任务 1</td><td colspan="2">火焰切割工位的安全技术应用</td></tr>
<tr><td>工作方式</td><td colspan="3">组内讨论,团结协作共同制订计划。小组成员进行工作讨论,确定工作步骤</td><td>计划学时</td><td>1 学时</td></tr>
<tr><td>完成人</td><td colspan="5">1.　2.　3.　4.　5.　6.</td></tr>
<tr><td colspan="6">计划依据:</td></tr>
<tr><td>序号</td><td colspan="3">计划步骤</td><td colspan="2">具体工作内容描述</td></tr>
<tr><td>1</td><td colspan="3"></td><td colspan="2"></td></tr>
<tr><td>2</td><td colspan="3"></td><td colspan="2"></td></tr>
<tr><td>3</td><td colspan="3"></td><td colspan="2"></td></tr>
<tr><td>4</td><td colspan="3"></td><td colspan="2"></td></tr>
<tr><td>5</td><td colspan="3"></td><td colspan="2"></td></tr>
<tr><td>制订计划说明</td><td colspan="5">(为各成员完成任务提供可借鉴的建议或对计划中的某些方面做出解释。)</td></tr>
</table>

决策单

<table>
<tr><td>学习情境 3</td><td colspan="2">储罐焊接生产的安全技术应用</td><td>任务 1</td><td colspan="2">火焰切割工位的安全技术应用</td></tr>
<tr><td colspan="3">决策学时</td><td colspan="3">0.5 学时</td></tr>
<tr><td colspan="6">决策目的：</td></tr>
<tr><td rowspan="13">方案对比</td><td>成员</td><td>工艺的可行性
（加工质量）</td><td>加工的合理性
（加工时间）</td><td>加工的经济性
（加工成本）</td><td>综合评价</td></tr>
<tr><td>1</td><td></td><td></td><td></td><td></td></tr>
<tr><td>2</td><td></td><td></td><td></td><td></td></tr>
<tr><td>3</td><td></td><td></td><td></td><td></td></tr>
<tr><td>4</td><td></td><td></td><td></td><td></td></tr>
<tr><td>5</td><td></td><td></td><td></td><td></td></tr>
<tr><td>6</td><td></td><td></td><td></td><td></td></tr>
<tr><td></td><td></td><td></td><td></td><td></td></tr>
<tr><td></td><td></td><td></td><td></td><td></td></tr>
<tr><td></td><td></td><td></td><td></td><td></td></tr>
<tr><td></td><td></td><td></td><td></td><td></td></tr>
<tr><td></td><td></td><td></td><td></td><td></td></tr>
<tr><td></td><td></td><td></td><td></td><td></td></tr>
<tr><td>决策评价</td><td colspan="5">结果：（将自己的工艺方案与组内成员的工艺方案进行对比分析，对自己的工艺方案进行修改并说明修改原因，最后确定一个最佳方案。）</td></tr>
</table>

实施单

学习领域	焊接基础技术		
学习情境 3	储罐焊接生产的安全技术应用	学时	12 学时
任务 1	火焰切割工位的安全技术应用	学时	6 学时
作业方式	小组分析、个人解答，现场批阅、集体评判		
1	火焰切割工位平面图的绘制		

作业解答：

2	火焰切割工位安全操作规程编制

作业解答：

3	火焰加工气体使用安全看板设计及火焰加工工位安全管理办法编制

作业解答：

作业评价：

班级		组别		组长签字	
学号		姓名		教师签字	
教师评分		日期			

检查单

学习情境 3	储罐焊接生产的安全技术应用		任务 1	火焰切割工位的安全技术应用				
检查学时			课内 0.5 学时	第　　组				
检查目的及方式		教师对小组的工作过程和工作情况进行检查。如检查等级为不合格，则小组需要整改，并做出整改说明						
序号	检查项目	检查标准	检查结果分级 （在检查相应的分级框内画“√”）					
			优秀	良好	中等	合格	不合格	
1	准备工作	资源是否已查到；材料是否准备完整						
2	分工情况	安排是否合理、全面；分工是否明确						
3	工作态度	小组工作是否积极、主动且全员参与						
4	遵纪情况	是否按时完成所负责的工作内容，遵守工作纪律						
5	团队合作	成员是否团结协作、互相帮助，并听从指挥						
6	创新意识	任务完成过程是否不照搬照抄；看问题是否有独到见解和创新思维						
7	完成效率	工作单记录是否完整；是否按照计划完成任务						
8	完成质量	工作单填写是否准确；工艺表、程序、仿真结果是否达标						
检查评语	评语：					教师签字：		

评价单

学习情境 3	储罐焊接生产的安全技术应用	任务 1	火焰切割工位的安全技术应用			
评价学时		课内 0.5 学时				
班级：		第　组				
考核情境	考核内容及要求	分值(100 分)	小组自评(10%)/分	小组互评(20%)/分	教师评价(70%)/分	实得分(∑)/分
汇报展示(20 分)	演讲资源利用	5				
	演讲表达和非语言技巧应用	5				
	团队成员补充配合程度	5				
	时间与完整性	5				
质量评价(40 分)	工作完整性	10				
	工作质量	5				
	报告完整性	25				
团队情感(25 分)	核心价值观	5				
	创新性	5				
	参与率	5				
	合作性	5				
	劳动态度	5				
安全文明(10 分)	工作过程中的安全保障情况	5				
	工具正确使用和保养、放置规范性情况	5				
工作效率(5 分)	能够在要求的时间内完成，每超时 5 min 扣 1 分	5				

小组成员素质评价单

<table>
<tr><td>学习情境 3</td><td colspan="2">储罐焊接生产的安全技术应用</td><td colspan="2">任务 1</td><td colspan="3">火焰切割工位的安全技术应用</td></tr>
<tr><td>班级</td><td></td><td>第　　组</td><td colspan="2"></td><td colspan="2">成员姓名</td><td></td></tr>
<tr><td>评分说明</td><td colspan="7">每个小组成员的评分包括自评分和小组其他成员评分两部分，取平均值作为该小组成员最终得分。评分项目共包括以下 5 项。评分时，每人依据评分标准进行合理量化评分。小组成员在进行自评分后，要找小组其他成员以不记名的方式进行评分</td></tr>
<tr><td>评分项目</td><td>评分标准</td><td>自评分</td><td>成员 1 评分</td><td>成员 2 评分</td><td>成员 3 评分</td><td>成员 4 评分</td><td>成员 5 评分</td></tr>
<tr><td>核心价值观（20 分）</td><td>有无违背社会主义核心价值观的思想及行为</td><td></td><td></td><td></td><td></td><td></td><td></td></tr>
<tr><td>工作态度（20 分）</td><td>是否按时完成所负责的工作且遵守纪律；是否积极主动参与小组工作；是否全过程参与；是否吃苦耐劳；是否具有工匠精神</td><td></td><td></td><td></td><td></td><td></td><td></td></tr>
<tr><td>交流沟通（20 分）</td><td>能否良好地表达自己的观点；能否倾听他人的观点</td><td></td><td></td><td></td><td></td><td></td><td></td></tr>
<tr><td>团队合作（20 分）</td><td>能否与小组成员合作完成任务，并做到团结协作、互相帮助且听从指挥</td><td></td><td></td><td></td><td></td><td></td><td></td></tr>
<tr><td>创新意识（20 分）</td><td>对待问题能否独立思考，提出独到见解；能否利用创新思维解决遇到的问题</td><td></td><td></td><td></td><td></td><td></td><td></td></tr>
<tr><td>小组成员最终得分</td><td colspan="7"></td></tr>
</table>

【课后作业】

1. 焊枪或切割枪的回火将造成什么严重后果？
2. 切割火焰过强时会出现哪些问题？
3. 气割工艺参数有哪些？
4. 割嘴到工件表面的距离对切割质量有什么影响？
5. 压缩气体钢瓶的安置注意事项有哪些？

任务2 焊接生产工位的安全技术应用

【任务工单】

<table>
<tr><td>学习情境3</td><td colspan="3">储罐焊接生产的安全技术应用</td><td>任务2</td><td colspan="2">焊接生产工位的安全技术应用</td></tr>
<tr><td colspan="4">任务学时</td><td colspan="3">课内4学时(课外2学时)</td></tr>
<tr><td colspan="7">布置任务</td></tr>
<tr><td>任务目标</td><td colspan="6">通过本任务的学习,培养和锻炼以下几方面的能力:
1. 按照国际标准,对焊接车间使用设备进行安全管理和使用的能力;
2. 按照安全标准,设计电焊机工位的能力;
3. 按照安全标准,发现焊接生产工位的安全隐患,并提出整改措施的能力;
4. 利用现代化手段对信息进行收集和整理的能力;
5. 较强的办公软件应用能力;
6. 良好的表达能力;
7. 较强的沟通与团队合作能力</td></tr>
<tr><td>任务描述</td><td colspan="6">根据焊接工位特性设计焊接工位使用安全看板。根据现场设备设计各个焊接设备的安全操作规程。根据焊接设备的种类,正确安置电焊机。根据焊接设备的用电安全使用规定编制焊接工位安全管理办法、绘制电焊机工位布置图、编制焊接生产防火安全预案</td></tr>
<tr><td>学时安排</td><td>资讯
0.5学时</td><td>计划
1学时</td><td>决策
0.5学时</td><td>实施
3学时</td><td>检查
0.5学时</td><td>评价
0.5学时</td></tr>
<tr><td>对学生学习过程及成果的要求</td><td colspan="6">1. 掌握焊接专业基础知识(焊接方法与设备)。通过专业实习,对焊接企业的产品及行业领域有一定的了解;
2. 养成独立思考、善于提问的学习习惯。能对任务工单进行分析,正确理解和描述任务目标要求;
3. 掌握电焊机的正确接线方式和焊接设备的正确安置方法;
4. 掌握电焊机使用电缆和接线用空气开关的选择方法;
5. 每名同学均需独立或在小组同学的帮助下完成任务工作单等,并提请教师检查、签认,对教师提出的建议或指出的错误务必及时思考或修改;
6. 每组必须完成任务工单,并提请教师进行小组评价,之后小组成员分享小组评价分数或等级;
7. 每名同学均需进行任务反思并做书面报告,以小组为单位提交</td></tr>
</table>

【课前自学】

知识点 1　焊工施工安全认知

焊接作业是国家标准规定的十种特种作业之一。人们常用的是电弧焊、气焊和气割，属明火作业，具有高温高压、易燃易爆的危险。其作业现场熔融的金属火花会到处飞溅，极易引燃可燃物，造成火灾事故。焊接过程会产生高温电弧和有毒有害烟尘，易造成火灾爆炸事故，还会引发焊工电光性眼炎、白内障、皮肤烫伤、中毒和尘肺。电焊作业焊工要接触电源，属带电作业，故又易发生触电事故。焊接施工作业事故的类型如图 3-6 所示。根据相关统计，焊接作业场地发生火灾、爆炸、触电等事故的原因绝大部分是不恰当的焊接。因此，必须强调焊接作业安全技术的重要性，并采取相应的劳动保护措施。长输管道、储罐及站场施工专业队伍，其主要工作内容是焊接作业，因此针对于焊接施工作业的安全做以讨论。

电(气)焊
安全操作规程

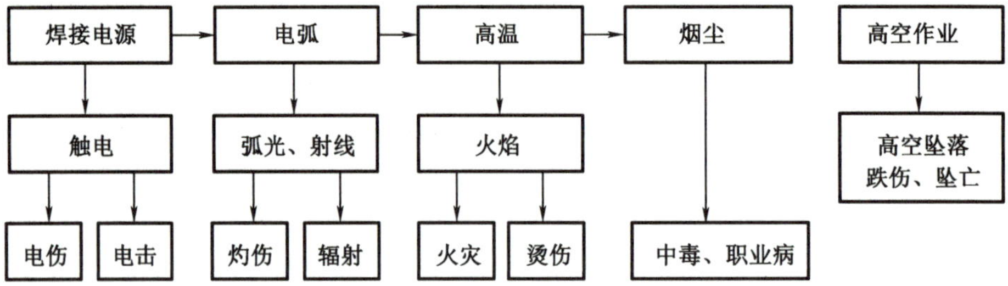

图 3-6　焊接施工作业事故的类型

在整个焊接操作过程中，焊工需要经常接触电气装置，如在更换焊条时焊工的手会直接触及焊条，同时其大量的时间会站在焊件上进行操作，而电焊机的空载电压一般都超过了安全电压，故触电的概率也就增大了。更危险的是，焊接电源与 380 V/220 V 的电网连接，一旦设备发生故障，或高压部分的绝缘损坏，电网中的高压电就会直接输入到焊钳、焊件及焊机外壳上，造成焊工触电事故。所以，触电事故是焊接操作中最主要的危险事故。特别是在容器、管道、船舱、锅炉内和钢结构架上的操作，由于周围都是金属，故触电危险更大。焊接设备带电部分的电压主要包括焊接设备的输入电压和输出电压。输入电压为 220 V 或 380 V；输出空载电压为 40~90 V，工作电压为 20~30 V。

一、焊接作业触电的主要原因

1. 输入电压意外转移到输出线路或焊机外壳上

焊机里面绝缘体的老化或过载会造成高压电的转移。此外，有些电焊机没有做好防雨措施，在被雨水或潮气侵蚀后未经处理也会造成高压电的转移。因此，焊接设备在使用前要检查其绝缘电阻，绝缘电阻一般要大于 0.5 MΩ。

2. 空载电压的电击

为了方便引弧和保证电弧的稳定燃烧，焊接电源的空载电压一般要求尽量高些，但空载电压越高,触电的危险性就越高。一般情况下,焊工的鞋袜及人体本身的电阻能够满足防护要求,通过人体的电流很小,但如果焊工的衣物、鞋袜潮湿,尤其在作业空间较小的场所,则会降低衣物、鞋袜的电阻,致使通过人体的电流增大,这样就增大了触电的危险性。

二、触电危险性

有研究表明,工频(50 Hz)1 mA 的交流电或 5 mA 的直流电通过人体时将引起身体麻痛等不适症状,但此时触电者还可以自主摆脱带电体。随着通过人体的电流加大,危害性加强,致死时间缩短。表 3-11 是电流对人体的影响。

表 3-11　电流对人体的影响

通过人体电流/mA	对人体的影响
1	有麻痛的感觉
10	有麻痹的感觉,但还可以自主摆脱带电体
20	麻痹难受,几乎不能自主地摆脱带电体,有发生灼伤的可能
50	呼吸器官发生麻痹,有发生触电的危险症状
100	呼吸器官和心脏发生麻痹,有造成死亡的危险

人体是电的导体之一,当人体与带电导体、漏电设备的外壳或其他带电的物体接触时,均可能受到伤害。根据电对人体的伤害部位和伤害程度不同,其表现形式可分为 3 种:电击、电伤和电磁场生理伤害。电击是指电流通过人体内部,使体内器官产生麻痹、痉挛甚至刺激中枢神经系统而影响心脏正常功能的现象。电伤是指电流的热效应、化学效应或机械效应对人体的伤害,主要是指电弧烧伤、熔化金属溅出烫伤以及电烙印等。电磁场生理伤害是指在高频电磁场的作用下,人出现头晕、乏力、记忆力减退、失眠、多梦等神经系统的症状。通常所说的触电事故基本上是指电击,绝大部分触电死亡也是由电击导致的。

电流对人体的危害程度与下列因素有关:流经人体的电流强度;电流通过人体的持续时间;电流通过人体的途径;电流的频率;人体的健康状况。

一般认为,电流通过人体的心脏、肺部和中枢神经系统的危险性大,特别是电流通过心脏时,危险性最大。所以从手到脚的电流途径最为危险,因为沿这条途径有较多的电流通过心脏、肺部和脊髓等重要器官。其次是从一只手到另一只手的电流途径。最后是从一只脚到另一只脚的电流途径。其中,最后一种还容易因导致剧烈痉挛而使触电者摔倒,导致电流通过其全身或引发摔伤、坠落等严重的二次事故。

通常电器设备都采用工频(50 Hz)交流电,这对人来说是比较危险的频率。另外,人的身体健康状况不同,对电流的敏感程度也不完全相同,有心脏病、神经系统疾病和结核病的人,受电击伤害的程度都比较重。

按照人体触及带电体的方式和电流通过人体的途径,电击可以分为下列几种情况。

(1)低压单相触电

人体在地面或其他接地导体上,人体的某一部位触及一相带电体的触电事故。

(2)低压两相触电

人体两处同时触及两相带电体的触电事故。这时由于人体受到的电压可高达 220 V 或

380 V，所以危险性很大。

(3)跨步电压触电

当带电体接地且有电流流入地下时，电流在接地点周围土壤中产生电压降，人在接地点周围，两脚之间出现的电压称为跨步电压。由此引起的触电事故称为跨步电压触电。高压故障接地处或有大电流流过的接地装置附近都可能出现较高的跨步电压。

(4)高压电击

对于1 000 V以上的高压电气设备，当人体过分接近它时，高压电能将空气击穿而使电流通过人体，此时还伴有高温电弧，能把人烧伤。

三、焊接触电机理

1. 安全电压

一般情况下，男性最小允许电流为9 mA，女性为6 mA，在装有防止触电的速断保护情况下，人体的短暂允许电流可按30 mA考虑。人体电阻可按1 000~2 000 Ω考虑。因此，国家对安全电压规定的上限为：在正常工作或故障情况下，两导体之间或任一导体与地之间的电压不得超过交流(50~500 Hz)有效值50 V。这个规定的依据之一是人体允许电流为30 mA，人体电阻为1 700 Ω。

2. 一次电源触电

交流电焊机一次电压一般为单相220 V或三相380 V，工频50 Hz。电压大大超过安全电压(交流50 V)，频率处于危险性最大的频段，触电危险性很大。

3. 输出焊接电压触电

根据国家标准，交流电焊机空载电压≤80 V，实际一般为70~90 V。显然，70~90 V的交流电焊机空载电压也大于安全电压的上限(50 V)，人体同样有触电的危险。此外，由于环境潮湿、人体皮肤潮湿、触电时间长等情况，70~90 V的电压造成人体触电的危险性将增大。

知识点2　焊接触电事故的成因分析及预防措施

一、焊接触电事故的成因

1. 焊接时发生直接触电的原因

(1)手或身体某部位在更换焊条、电焊机、焊接工件时接触焊钳、焊条、焊枪等的带电部分，而脚或身体的其他部位与地面或金属结构之间的绝缘性不好。尤其是在容器管道内、阴雨潮湿的地方或人体有大量汗水的情况下进行焊接，容易发生触电事故。

(2)手或身体某部位因碰到裸露且带电的接头线、接线柱、导线、极板及破皮或绝缘失效的电线电缆而触电。

(3)在靠近高压电网的地方进行焊接时引起触电事故。

2. 焊接时发生间接触电事故的原因

(1)电焊设备漏电，人体在触及因漏电而带电的壳体时发生触电。

电焊设备漏电的原因如下：

①线圈因雨淋或受潮导致的绝缘损坏而漏电。

②设备由于超负荷使用或内部短路而发热或有腐蚀性物质作用，致使绝缘性能降低而

漏电。

③电焊设备因受震动、撞击而使线圈或引线的绝缘发生机械性的损坏，同时破损的导线与铁芯或箱壳相连，进而导致漏电。

④工作场地管理混乱，致使小金属物(如铁丝、铁屑、螺栓、螺母、焊条头之类)的一端碰到电线头，另一端碰到箱壳或铁芯，进而导致漏电。

(2)弧焊变压器的一次绕组与二次绕组之间的绝缘损坏。相关人员错将变压器的输出端当输入端接到电网上，或者将输入电压为 220 V 的弧焊变压器错接到 380 V 的电网上，人体在触及焊接回路裸导体时发生触电。相关人员误将相线接设备机壳，导致设备机壳带电而发生触电。

(3)触及绝缘损坏的电缆、开关等而发生触电。

(4)由于利用厂房的金属结构、管道、轨道、天车吊钩或其他金属物搭接作为焊接回路而发生触电。

二、电焊设备的安全用电要求和检查

(1)焊接设备的空载电压既要满足焊接工艺的要求，也要保证焊工操作的安全。

(2)焊接设备的功率或容量能够满足在给定的焊接条件下进行正常焊接，并设单独的控制装置。控制装置应能可靠地切断设备的危险电流，以保证安全。焊接设备及附属装置的安装空间应保证操作方便和安全。

(3)焊接设备的各个带电部分对地、对外壳，以及相与相、线与线之间的绝缘电阻，都不得小于 1 MΩ。

(4)焊接设备有外露带电部分时，必须有完好的隔离防护装置，如防护罩、绝缘隔离板等。

(5)焊接设备的结构合理、便于维修，各接头处和连接件应牢固可靠。

(6)正常状态下，焊接设备不带电的金属外壳必须采用保护接零或接地的防护措施。

实际中，安全用电的警示标识和检修时禁止合闸标识分别如图 3-7、图 3-8 所示。

图 3-7　安全用电的警示标识

图 3-8　检修禁止合闸标识

三、电焊工具的安全要求和检查

1. 焊接电缆

(1)在多丝纯铜软芯线外包胶皮绝缘层，其绝缘电阻不得小于 1 MΩ。

(2)电缆应轻便柔软，能任意弯曲和扭转，便于焊接操作。

(3)电缆应具有良好的抗机械损伤能力，有耐油、耐腐蚀等性能，以满足焊接工作环境的需要。

(4)对电缆的长度和截面根据焊接工作条件按规定选择，避免超负荷使用。

(5)电缆最好使用整根的。如用短根接长使用，则其接头数目应不超过 2 个。接头处应用铜导体接牢且电阻要小，并将接头处用绝缘布包扎好。

(6)电缆与设备、焊钳、焊枪、工件的接触要良好。

(7)电缆应定期检查其绝缘性能，一般半年一次为宜。

2. 焊钳

焊钳(图 3-9)的作用是夹持焊条和传导电流，是手工焊接的主要工具，而且直接关系到焊工的操作安全，因此必须符合以下安全要求。

(1)焊钳应在所设置的任一角度都能夹紧焊条，并保证更换焊条时安全、方便。

(2)焊钳的手柄等应有良好的绝缘和隔热性能。

(3)焊钳与焊接电缆的连接应简便可靠且接触良好。

(4)焊钳应轻便(质量不超过 0.6 kg)且易于操作。

(5)在焊接过程中，禁止将过热的电焊钳放入水中冷却和继续使用。

(6)焊钳手柄处的绝缘必须良好，否则应立即修理。如确实不能使用，应换新的，禁止使用绝缘损坏或没有绝缘的焊钳。

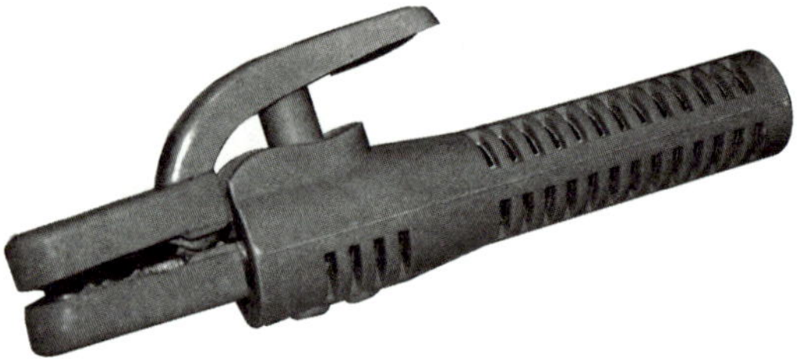

图 3-9　焊条电弧焊用焊钳

焊钳的基本参数及其温升限值见表 3-12 和表 3-13。

表 3-12　焊钳的基本参数

规格	额定焊接电流/A	额定负载持续率	可夹持的焊条直径/mm	能够连接的电缆截面积/mm^2
160(150)	160(150)	60%	2.0~4.0	≥25
250	250	60%	2.5~5.0	≥35
315(300)	315(300)	60%	3.2~5.0	≥35
400	400	60%	3.2~6.0	≥50
500	500	60%	4.0~8.0	≥70

表 3-13　焊钳的温升限值

项目	数值				
规格	160(150)	250	315(300)	400	500
温升/K	35	40	40	45	45

四、个人防护用品

电焊工的个人防护用品包括工作服、防护手套、绝缘胶鞋、绝缘垫板等。

(1)防护手套的长度不得短于 300 mm,应用较柔软的皮革或帆布制作。防护手套应保持完好和干燥。

(2)绝缘胶鞋应保持完好和干燥。

(3)面罩应尽量不用或少用金属材料,非用不可的金属件应保证在正常使用时不能接触到人体。

(4)工作服应保持完好和干燥,布料应结实耐磨、耐火性能好且不产生静电。

(5)在锅炉、容器、管道类工件内施焊时,应使用绝缘垫板,以防止触电。照明灯必须采用安全电压电源,一般不宜超过 12 V。

五、触电的预防措施

(1)加强对焊工的电气安全技术教育,焊工必须持证上岗。

(2)电焊设备与电力线路的连接、拆除以及电焊设备的电气维修必须由电工完成,焊工不得擅自处理。

(3)做好隔离防护。电焊设备应有良好的隔离防护装置,避免人体与带电体接触。伸出箱外的接线端应用防护罩盖好;有插销孔接头的设备,其插销孔的导体应隐蔽在绝缘板平面内;设备的电源线越短越好,一般不超过 2~3 m,若临时紧迫需要较长电源线时,应在离地面 2.5 m 以上的墙壁上用瓷瓶隔离架设,不得将电源线拖在地面上;各设备之间及设备与墙壁之间至少要留 1 m 宽的通道;焊接设备和电源变压器之间的通道的宽度不能小于 1.5 m。

(4)保持良好绝缘。对焊接设备、电源线、焊接电缆及电焊工具等,要定期检查其绝缘性能(包括绝缘电阻、耐压强度、泄漏电流、介质损耗等)。

(5)装设自动断电装置。

(6)加强个人防护,必须使用防护服、防护手套、绝缘胶鞋等且必须符合安全使用要求。

(7)采取保护接地或接零措施。

知识点 3　电焊机二次线触电事故的成因分析及预防措施

一、电焊机二次线触电事故的成因

电焊机二次线触电事故频发,原因在于二次线电压较低(空载电压一般为 50~90 V),而人们对触电的成因认识不足,往往错误地认为电焊机二次线是“安全”的。例如,某造船厂有一位年轻的焊工在船舱进行电焊时,因船舱内温度高且通风不好,身上大量出汗,帆布工作服和皮手套已湿透。其在更换焊条时触及焊钳口,因痉挛而后仰跌倒,焊钳落在颈部

而未能摆脱，造成电击。事故发生后，其经抢救无效而死亡。这起事故告诉我们，电焊机二次线电压虽低却足以致命

电焊机空载电压一般为50~90 V。而安全电压最高等级为42 V，空载电压高于安全电压，这是二次线最主要的不安全因素。另外，一般电焊机引燃电弧后要维持电弧所需的工作电压为16~35 V，该电压虽然在安全电压范围内，但在不良的焊接环境下，如在金属结构上，金属容器、管道内，或水下、潮湿地点进行焊接时，若焊工身体状况较差，人体电阻很低，也可能造成触电。安全电压并不是绝对安全的。

事实上，如果从更广的范围来探讨电焊机二次线触电问题，其对人体造成的伤害形式是多种多样的。在电焊过程中，人体与二次线接触，电流作用于人体，在接触部位会产生电流灼伤、电烙印或由于中枢神经反射和肌肉强烈收缩而导致机体组织断裂、骨折等机械性伤害。电焊过程中会产生电弧，在作业者防护不当时，可引发其电光眼疾患或使金属微粒渗入皮肤而导致皮肤金属化。另外，还有更为严重的电击。分析引发这些触电事故的原因，主要是因为存在下列不安全因素。

1. 电焊机和焊接回路客观存在触电危险

电焊机二次绕组绝缘损坏、二次接线柱绝缘不良致使电焊机外壳带电，而电焊机未接地接零，或接地接零、漏电保护器出现问题，电源无法断开，也会使电焊机外壳长时间带电。

二次输出端接线柱无防护罩、二次电缆线裸露、焊钳绝缘不合格会导致出现漏电现象。

利用厂房的金属结构、管道、轨道、天车吊钩或其他金属物搭接作为焊接回路等存在漏电危险。

2. 焊接环境不良

在金属容器、管道内及金属结构上、潮湿的地点、水下进行焊接作业存在触电危险。夏季气温较高、湿度较大，若焊工长时间进行焊接作业，环境通风不良，而人体大量出汗和疲劳，或身体状况较差或情绪不佳，则会导致人体电阻大大降低。

3. 焊工防护措施不到位

焊工未按规定穿戴劳保用品，尤其是绝缘手套、绝缘鞋和防护面罩。绝缘用品因潮湿、破损等原因失效。在危险环境下，焊工脚下无绝缘垫。

由于上述危险因素的存在，在焊工发生失误或在正常操作的情况下其他人员触及不正常的带电体时会出现下列现象：人的手或身体其他部位接触漏电的电焊机外壳、二次线和焊钳等的漏电部分、焊条和焊钳的正常带电部分，而另一只手、脚或身体的某部位又和工件、金属导电体或潮湿的地点接触，就会形成电流回路，造成触电。

二、预防措施

为了防止二次线触电事故，避免因抢救不及时而造成严重伤害，必须在管理、技术和急救方面采取切实有效的预防措施。

1. 严格进行焊工资质的管理

焊工是国家明确规定的特殊工种之一，其培训、考核、取证、复审和人员的使用管理必须严格执行国家的规定，杜绝无证施焊现象。

2. 焊工穿戴齐全劳保用品

焊接作业人员应保证工作服、绝缘鞋、绝缘手套、防护面罩、遮光镜片质量合格，性能达

到国家标准要求。这是防止电击、电烧伤、皮肤金属化、电光眼、电烙印和机械性伤害等的最基本且最有效的措施。

3. 选用合格的电焊机

电焊机要有防止过载的热保护装置,在调节电流的铭牌上有明显的过载指示;电焊机各导电部分之间要有良好的绝缘,其绝缘电阻在初级回路与次级回路之间应不低于 5 MΩ,带电部分与机壳、机架之间应不低于 2.5 MΩ;介电强度的实验电压符合国家规范要求;电焊机的一次电源线一般不宜超出 2~3 m;电焊机工作温度一般在-10~40 ℃之间,空气相对湿度在 20 ℃时小于或等于 90%;特殊环境中,如在气温过低或过高、湿度过大、气压过低以及在腐蚀性或爆炸性等环境中,应使用适合特殊条件性能的电焊机,或采取必要的防护措施;每半年应进行一次电焊机维修保养,当发生故障时应立即切断焊机电源并及时进行检修。

4. 电焊机一次线和二次线的接线柱端口都有良好的防护罩,防止人体意外触及带电体

如果防护罩是金属材料制成的,则必须防止防护罩和接线端口的接线柱、金属导线碰触或连接,以免防护罩带电。电焊机二次电缆线必须绝缘良好,不能有裸露现象。二次电缆线应按《额定电压 450/750 V 及以下橡皮绝缘电缆　第 6 部分:电焊机电缆》(GB/T 5013.6—2008)选用:其绝缘电阻不得小于 1 MΩ,并应具有良好的导电能力,线芯应用多股细铜线(直径为 0.2~0.4 mm),并且轻便、柔软、便于操作;其截面积应根据使用的焊接电流与电缆线的长度的不同来确定,以防在使用中因为过热而烧毁绝缘层;一般长度不超出 20~30 m;二次电缆线和电焊机可以用设备耦合器相连;二次电缆线接头处可以用焊接电缆耦合器(俗称"快换接头")进行连接,接头不能多于 2 个,接头处应绝缘良好。

5. 焊钳的质量符合安全要求

要求:其绝缘电阻不得小于 1 MΩ;介电强度通过实验应达到绝缘部分能承受有效值为 1 000 V 的交流试验电压而无闪络或击穿现象;焊钳的热额定值通过检测升温、耐热和耐焊接飞溅物达到规定要求;机械性能通过拉伸试验和耐冲击试验符合规定要求;在使用过程中,禁止将热焊钳浸入水中冷却。

6. 电焊机的使用坚持"一机一闸一漏一箱"的原则

每台电焊机必须配备一个独立的电源控制箱,控制箱内有容量符合要求的铁壳开关(或自动空气开关)和漏电保护器,当焊机超负荷时,应能自动切断电源。禁止多台焊机共用一个电源开关。电焊机和电源控制箱的金属外壳都必须接地(或接零)(安全接地标识如图 3-10 所示),接地电阻小于 4 Ω,其外壳上的接线螺钉规格不得小于 M8;接地线应是中间无接头的整根导线,截面积应为相线截面积的 1/3~1/2 且不应小于 2.5 mm^2。漏电保护器必须选用符合《剩余电流动作保护器的一般要求》(GB/T 6829—2024)的产品。这样可以防止因电焊机内部绝缘不良、一次线或二次线接线端口绝缘不良而使电焊机金属外壳带电,避免人体触电的情况发生。

7. 安装电焊机空载自动断电装置

一般电焊电弧电压为 16~35 V(低于安全电压),也就是引弧后电源输出电压即二次线电压自动下降到工作电压才能稳定地继续施焊,此时,二次线电压安全程度是较高的,但是停焊时二次线电压即变为空载电压(50~90 V),比较危险。如果此刻能够切断电焊机电源,就可以从根本上消除二次线乃至一次线的隐患。电焊机空载自动断电保护装置就具有在

设定时间内自动切断电焊机电源的功能。其由执行单元(控制主电路的接通与切断)、计时单元(实现二次输出断路的计时控制)、稳定单元(在焊接中采用电流来控制计时单元的稳定)、检测单元(实现二次回路电压的检测)构成。

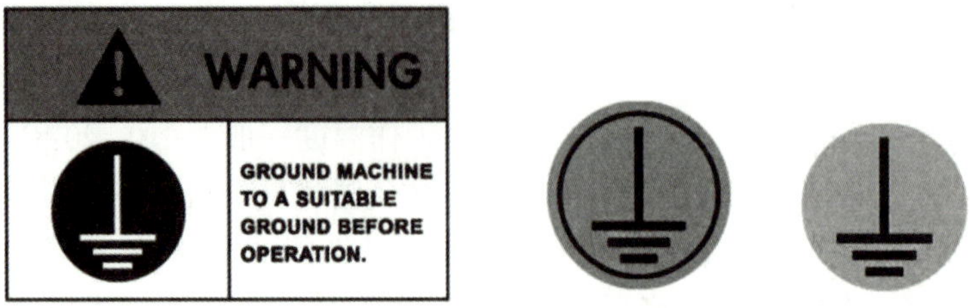

图 3-10　安全接地标识

当焊工停止焊接(焊把离开工件)时,该装置在设定的时间(1 s 至数秒)内自动切断电源。当重新开始焊接,焊条触到工件时,装置自动送电起弧。这样可以防止电焊机在停用时因焊工忘记关闭电源而一直处于开启状态的情况发生。另外在因人员误操作或设备本身绝缘不良而使人体触电的情况下,由于焊接中断,延时开关将在设定的时间内自动切断电源,缩短了人体触电的时间,可以使触电者不受伤害或受伤轻微,避免了触电事故的严重后果。国家规定,在特别危险如在金属容器、管道内及在金属结构上、潮湿地点和水下、高空等处进行焊接作业的电焊机必须配装空载自动断电保护装置。可以说,电焊机配备空载自动断电保护装置是在技术上防止二次线触电事故的极为有效的办法。

8. 在不良的环境中施焊,使用“一垫一套”防止触电

在金属容器、管道内及金属结构上、潮湿地点进行焊接时,触电的危险性很大,除采取安装电焊机自动断电保护装置的措施外,还可以采用加“一垫一套”的办法来预防触电,即在焊工脚下加绝缘垫,以及在停止焊接时,取下焊条,在焊钳上套上绝缘套。

此外,严禁使用厂房构件、金属结构、轨道、管道或其他金属物代替焊接电缆使用。使用这些金属物作为焊接电缆,很容易引起触电,同时会因接触不良而产生火花,引起火灾。由电工进行电焊设备的安装、维修和检查。工作中如设备出现故障,应立即切断电源,找专职有证的电工检修,焊工不得擅自处理。

9. 电焊机在使用过程中不允许超载

电焊机若超载运行则会因过热而烧毁,造成危险。如果绝缘烧坏,可能引起漏电而发生触电事故。电焊机发热多少与电流大小和通电时间有关,所以“过载”指两个方面:一方面是指焊接电流超过了额定电流,另一方面是指使用时间超过了额定暂载率。暂载率是指焊条通电工作时间与规定时间之比,即暂载率=(通电工作时间/规定时间)×100%。焊工在进行焊条电弧焊时,按国家规定工作周期即规定时间为 5 min,并且规定额定暂载率为 60%,即在 5 min 之内只允许通电工作 3 min。工作结束后,要立即切断电源,盘好电缆线,清扫场地,经确认无隐患后方可离开。

10. 触电急救

对触电者进行急救,要点是救治及时和采取正确的救护方法,而最为关键的是“快”。据统计,触电后不超过 1 min 开始救治者,90%有良好效果;触电后 6 min 开始救治者,10%

有良好效果;触电后 12 min 才开始救治者,救活率很小。所以及时救治至为重要。急救的第一步是尽快使触电者脱离电源。第二步是现场救护。使触电者脱离电源后,应立即争分夺秒就地对其进行抢救,抢救时应按科学的方法和步骤对症救治。如果触电者心跳或呼吸停止,应正确使用口对口(鼻)人工呼吸法和胸外心脏按压法,千万不能消极地等待医生的到来,在现场施行正确的急救的同时,应派人通知救护车和医务人员到现场,还可以联系其他车辆将触电者送往医院。抢救应坚持不断,切不可轻率停止,运送途中也不能中止抢救,更不能轻率地断定触电者已经死亡,实际抢救中有抢救 5 h 才救活的实例,因此只有医生才可以确诊触电者是否已经死亡。将触电者送到医院后应由医生进行科学的救治。

知识点 4　焊接安全生产中的其他危害、预防措施及焊接作业安全管理

一、焊接安全生产中的其他危害及预防措施

1. 弧光辐射

在焊接作业时会产生对人体有害的电焊弧光。电焊弧光主要包括紫外线、红外线及可见光线。这些都属于热线谱。焊接电弧温度在 3 000 ℃时,其辐射波长小于 290 nm;温度在 3 200 ℃时,其辐射波长小于 230 nm。当光辐射作用在人体上,机体内的组织便会吸收,引起组织热作用、光化学作用或电离作用,致使人体组织发生急性或慢性的损伤。

紫外线可引起皮炎,使皮肤上出现红斑,像被太阳晒过一样,甚至出现小水泡、渗出液和浮肿,有灼烧、触痛、发痒的感觉,以后会变黑、脱皮。眼睛对紫外线最敏感,短时间照射就会引起电光性眼炎,其症状是疼痛、有沙粒感、多泪、畏光、怕风吹、视力不清等,一般不会有后遗症。

红外线对人体的危害主要是引起组织的热作用,使人产生热的感觉。短波红外线可被组织吸收,使血液和深部组织加热,产生灼伤。在焊接过程中,眼睛受到强烈的红外线辐射,会立即感到强烈的灼痛,发生闪光幻觉,长期接触还可能造成红外线白内障,使视力减退,严重时还会造成视网膜灼伤,能导致失明。

焊接电弧可见光线的光变比肉眼正常承受的光变要大 1 万倍以上。受到照射时眼睛有疼痛感,会一时看不清东西。这种现象通常叫电弧“晃眼“,即眼睛在短时间内失去劳动能力,但不久即可恢复。

为了预防电焊弧光对人体的危害,焊工在焊接时必须穿好表面平整、反射系数大的工作服,戴好手套、鞋盖,不允许焊工卷起袖口或穿短袖衣、敞开衣领从事焊接工作。工作裤穿上后要保证在蹲下时有足够长度,避免脚腕处裸露而被弧光灼伤。此外,焊工在焊接时必须使用镶有特制滤光镜片的面罩(图 3-11)。滤光镜片必须是国家定点厂生产的合格产品,不可随意使用一般的墨光镜。面罩用暗色的钢纸板制成,有成形合适、轻便、耐热、不导电、不漏光等特点。面罩上所镶的滤光镜片俗称“黑玻璃”,常用的是吸收式过滤镜片,它的黑度应按照焊接电流的强度来选择,见表 3-14,同时也应考虑焊工的视力情况和焊接环境的亮度。年轻焊工视力较好,宜用色号大和颜色深的滤光镜片,在夜间或光线较暗的环境焊接时也应选择较暗的镜片。为了保护焊接区域其他工作人员的眼睛不受伤害,应在焊接现场设屏障围住。在其屏障的区域,应经常提醒其他工作人员注意避开。有条件的单位可给焊接区域的其他工作人员配备防护眼镜,以免弧光伤眼。

表 3-14 滤光镜片的选择

滤光镜片色号	颜色	适用电流/A
9	较浅	<100
10	中等	100~350
11	较深	>350

为了避免焊工皮肤受到电弧伤害,焊工的防护服装应采用浅色或白色的帆布制成,以增大对弧光的反射能力。工作时袖口应扎紧,手套要套在袖口外面,领口要扣好,裤管不能打折、皮肤不得外露。为了防止辅助工和焊接地点附近的其他工作人员受弧光伤害,要注意互相配合,在开始焊接前要及时提醒,或放警示标识(图 3-12)。此外,辅助工要戴有色眼镜。在固定位置焊接时,应使用遮光屏。

图 3-11 焊接防护面罩

图 3-12 当心弧光警示标识

2. 射线

氩弧焊和等离子弧焊使用的钍钨极含有质量分数为 1%~1.2%的氧化钍。钍是一种放射性物质,在焊接过程中与钍钨棒接触的过程中会受放射线影响。放射线以两种形式作用于人体:一是体外照射;二是通过呼吸和消化系统进入体内发生体内照射。对氩弧焊和等离子弧焊的大量调查和测定结果证明,它们的放射性危害性是较小的,因为每天消耗钍钨极棒仅 100~200 mg,放射剂量极微,对人体影响不大。但有两种情况必须注意:一是在容器内焊接时,通风不畅,烟尘中放射性粒子有可能超过卫生标准;二是在磨削钍钨棒时和存放钍钨棒的地点,放射性气溶胶和放射性粉尘的浓度可达到甚至超过卫生标准。放射性物质侵入体内可引起慢性放射性病,主要表现为一般机能状态减弱、明显的衰弱无力、对传染病的抵抗力明显降低、体重减轻等症状。

预防放射线伤害的措施如下:

(1)钍钨棒应有专用的储存设备,大量存放时应藏于铁箱里,并安装排气管。

(2)采用密闭罩施焊时,在操作中不应打开罩体。在手工操作时,必须戴送风防护头盔或采用其他有效措施。

(3)应备有专用砂轮来磨削钍钨棒。砂轮机要安装除尘设备。对砂轮机地面上的磨屑要经常进行湿式扫除,并集中深埋处理。

(4)磨削钍钨棒时应戴防尘口罩。接触钍钨棒后应以流动水和肥皂洗手,并应经常清洗工作服和手套等。

(5)焊割时选择合理的规范,避免钍钨棒过量烧损。

(6)尽可能不用钍钨棒而用铈钨棒或钇钨棒,后两者无放射性。

3. 噪声

在焊接生产现场会出现不同的噪声源,如对坡口的打磨、装配时锤击、焊缝修整、等离子切割等。在生产现场,操作人员在噪声为 90 dB 的环境中工作 8 h,其听觉和神经系统就会受损。例如,手工打磨的噪声达 108 dB。一般情况下,当噪声超过允许值 5~20 dB 时,就对焊工产生有害影响。

4. 金属粉尘及有毒气体

(1)金属粉尘的危害

焊接过程中会产生大量的金属粉尘,称为焊接粉尘。金属粉尘首先来源于焊接过程中金属元素的蒸发,主要元素有铁、锰等,其中锰的毒性最大。焊接电弧的高温往往高于金属的沸点,许多金属元素被蒸发,呈金属蒸气状态飘浮起来,并随即发生冷凝和氧化,形成不同粒度的金属粉尘。焊接金属粉尘的直径通常在 1 μm 以下,容易被吸入肺部而引起病变。在焊接金属粉尘浓度较高的情况下,若没有相应的排尘措施,长期接触焊接金属粉尘会引起焊工尘肺、锰中毒和金属热等职业性疾病。

(2)有毒气体的危害

在焊接电弧的高温和强烈的紫外线作用下,弧区周围形成多种有害气体,主要有臭氧、氮氧化物、一氧化碳和氟化氢等。臭氧浓度超过一定限度时,往往会引起咳嗽、咽干、舌燥、胸闷、食欲不振、疲乏无力、头晕、恶心、全身疼痛等。严重时特别是在密闭容器内焊接而又通风不畅时,还可引起支气管炎。氮氧化物比臭氧的毒性小。在焊接过程中,通常是臭氧和氮氧化物同时存在,因此毒性更大。一般情况下,两种有毒气体同时存在比单一有毒气体的危害作用高 15~20 倍。一氧化碳是一种窒息性气体,引起急性中毒时表现为头疼、眩晕、恶心、呕吐、全身无力、两腿发软,以至有昏厥感。如立即离开现场,吸入新鲜空气,症状可迅速消失。

为了减轻粉尘及有害气体的危害,主要应从以下几个方面着手:

(1)设法降低焊接材料的发尘量和烟尘毒性,如低氢型焊条内的萤石和水玻璃都是强烈的发尘致毒物质,因此应尽可能采用低尘、低毒的低氢型焊条。

(2)加强通风,采用换气装置把新鲜气体输送至厂房或工作场地,并及时把有害物质和被污染的空气排出。通风可用自然风也可用机械风,可全部通风也可局部通风。此外,还可使用焊接除尘器(图 3-13)。

(3)提高焊接自动化水平,积极开展焊接工艺的技术革新,不断扩大自动焊、半自动焊的使用范围,提高焊接机械化和自动化程度。从工艺上合理组织施焊,尽量避免过于集中施焊。图 3-14 所示为注意防尘警示标识。

5. 烟尘

焊接及相关工艺过程中产生的有害于健康的气态和颗粒状态的物质,包括气体、烟雾、灰尘等。焊接烟尘的颗粒中可被吸入部分(尤其是粒径小于 3 μm 的颗粒)会侵入到肺的深处,因而具有更大的危害性。对健康的短期影响表现为刺激呼吸道、咳嗽、胸闷、金属蒸气所致的低热以及急性流感症状等;长期影响表现为引起肺部的铁质沉着病症及良性瘤,但还未发现导致肺癌的直接证据。

图 3-13　焊接除尘器

图 3-14　注意防尘警示标识

为了确保焊接工作环境的安全，世界各国对焊工在焊接烟尘中的暴露限度都已设置相应的标准，虽然可能会有些不同，但对烟尘量的典型控制值均为不大于 5 mg/m^3。同时，要考虑焊工在该环境中的工作时间：一是采用 8 h 的时间权重平均值，主要用于分析烟尘成分对健康的影响；二是采用 15 min 短期暴露，分析对健康影响的最大值。其中还应注意到烟尘的成分和浓度、焊工的工作周期、工件的尺寸以及烟尘相对于焊工的方向。

烟尘的成分原则上 90%是取决于焊接耗材，仅少部分来源于母材。但不同的焊接方法对焊接烟尘成分的影响很大。焊条电弧焊和药芯焊丝电弧焊产生的气体中含有高比例的药皮或药芯的成分，而熔化极气体保护焊过程中产生的烟雾内含有高浓度的熔覆金属成分。

特别要提醒的是，在狭窄空间内进行气体保护焊操作时，由于空气被保护气体替换，操作者可能在几秒钟内就会失去知觉甚至死亡。其原因不仅是缺乏新鲜空气，而且是血液中的氧会被其他气体代替。

焊接烟尘单位时间内的产生量与焊接工艺、参数及保护气体成分等都有密切的关系。

保护气体中的氧气或二氧化碳浓度越高，则焊接过程中产生的烟雾越多。当用氦气代替氩气进行保护时亦会产生较多的烟雾，但其影响并不直接来源于电弧电压的增加。

对于焊条电弧焊和药芯焊丝电弧焊，若药皮或药芯的成分中易挥发的组分越多，则烟尘的产生率也越高。碱性类配方比金红石（酸性）类配方产生的烟尘多。此外，切割和炭弧气刨亦是大量烟尘的产生源。

焊接烟尘的控制与清除方法如下：

在焊接现场采用局部排气装置是最有效的方法，并应使净化后的空气返回工作区。一般的排气效率为 100~1 000 m^3/h。内置抽吸式焊枪（规格有 200 A、315 A、500 A 等）已与标准的半自动焊机配套，可较方便地清除焊接区的烟尘。其对实芯和药芯焊丝都有效。

6. 焊接作业时的火灾爆炸事故

对于正在运行或使用过程中的易燃易爆设备或容器不得进行焊接。焊接完成后的工件尚未冷却不能投入运行，否则容易引起燃烧爆炸事故。

要在易燃易爆场所焊接，焊接前必须按规定办理动火作业许可证，经有关部门审批、同意后方可作业，严格做到"三不动火"。正式焊接前应检查作业下方及周围是否有易燃易爆物，作业面是否有诸如油漆类防腐物质，如果存在应事先做好妥善处理。在临近运行的生产装置区、油罐区内焊接作业时，必须砌筑防火墙。如有高空焊接作业，还应使用石棉板或铁板予以隔离，防止火星飞溅。如在生产、储运过易燃易爆介质的容器、设备或管道上施焊，焊接前必须检查与其连通的设备、管道是否关闭或用盲板封堵隔断，并按规定对其进行吹扫、清洗、置换、取样化验，经分析合格后方可施焊。

在易燃易爆危险场所进行现场施焊常采取的措施有：拆迁，即把焊件拆下来迁到安全地带焊接；隔离，即把焊件和其他易燃易爆的物质隔离开；置换，即将可燃气体吹扫出来，将不可燃气体或水注入设备或管道后再进行焊接；清洗，即用热水、蒸汽、酸液或碱液等不可燃溶剂清洗后进行焊接；迁移，即将现场的易燃易爆物品移至其他安全地方后再焊接。

二、焊接作业安全管理

第一，加强焊工安全教育，加强源头管理，确保焊接作业人员持证上岗。加强对焊工的教育和管理，增强其工作责任感。对电焊设备和作业进行严格管理。焊接操作必须由经过培训并持证上岗的焊工进行，并严格遵守操作规程。在经常进行电焊作业的场所应张贴焊接的规章制度。在施工前要让焊工出具相关证件，对检查中发现无证上岗的人员要坚决取消其从事电、气焊作业资格，不能有侥幸心理，确保焊接作业人员持证上岗。

第二，明确安全责任，增强施工人员的安全意识。建立重点工种岗位责任制，使从事焊接工种岗位的人员都有明确的职责，并建立合理、有效、文明的安全生产和工作秩序，与奖惩制度挂钩，有奖有惩，消除无人负责的现象。各级领导、职能部门和工程技术人员必须保证与焊接有关的现行劳动保护法令、法规所规定的安全技术标准和要求得到贯彻执行。

第三，强化宣传教育，提高员工的安全操作意识。首先，加强对员工的岗前培训。明确规定：在有火灾、爆炸危险的场所内不得进行电焊作业；在积存可燃气体、可燃蒸气的管沟、深坑和下水道内及其附近，在没有消除危险因素之前不能进行电焊作业；对焊件的内部结构、性质、存积物等未了解清楚之前，及对金属容器内残存的易燃液体未处理前，不得进行电焊作业；对于制作、加工和储存易燃易爆危险品的房间，储存易燃易爆物品的储罐和容器，带电设备，刚涂过油漆的建筑构件或设备，在没有采取相应的安全措施时，不得进行电焊作业。其次，通过对事故案例的宣传报道，增强员工的安全意识，变被动为主动。要定期加强对焊接工种人员的技术培训和消防知识培训，并制订切实可行的学习、训练和考核计划，研究和掌握焊接工种人员的心理状态和不良行为，不断改善工作环境和条件，减少事故发生的概率。

第四，加强现场监管，消除事故隐患。在现场施工中，严格执行动火管理制度，严格落实电、气焊作业中的安全防范措施。要在电焊机外壳设置可靠的保护接零；为电焊机设置单独的电源开关；将电焊机安放在通风良好、干燥、无腐蚀介质、远离高温高湿和多粉尘的地方，露天使用时应设防雨棚；施工地点潮湿时，焊工应站在干燥的绝缘板或胶垫上作业，配合人员应穿绝缘鞋或站在绝缘板上；在进行高空焊接或切割时，相关人员必须系好安全带，焊接周围和下方应采取防火措施，并应设专人监护；作业时要保证电焊作业现场周围 10 m 内没有堆放易爆物品，飞溅的熔珠火花不会掉入下层可燃物中而引燃可燃物。现场监护人员对检查中发现的火灾隐患应及时消除、严加防范，以确保施工作业现场的消防安全。

【自学自测】

一、选择题

1. 通常电器设备都采用工频(　　)交流电，这对人来说是最危险的频率。

A. 50 Hz　　B. 60 Hz　　C. 80 Hz　　D. 100 Hz

2. 这个规定的依据之一是，人体允许电流为（　　）mA，人体电阻为 1 700 Ω。

A. 30　　B. 40　　C. 50　　D. 60

3. 焊接电缆应定期检查其绝缘性能，一般（　　）一次为宜。

A. 1 个月　　B. 3 个月　　C. 半年　　D. 一年

4. 防护手套的长度不得短于（　　）mm，应用较柔软的皮革或帆布制作。防护手套应保持完好和干燥。

A. 200　　B. 300　　C. 400　　D. 500

5. 电焊机空载电压一般为 50~90 V，而安全电压的最高等级为（　　）。

A. 23 V　　B. 36 V　　C. 42 V　　D. 56 V

二、填空题

1. 电焊工的个人防护用品包括（　　）、（　　）绝缘胶鞋、绝缘垫板等。

2. 焊接设备的（　　）电压既要满足焊接工艺的要求，同时要保证焊工操作的安全。

3. 电焊钳应轻便，质量不超过（　　），易于操作。

4. 电焊机二次线触电事故频发，原因在于二次线（　　）较低，人们对触电的成因认识不足，往往错误地认为电焊机二次线是“安全”的。

5. 电焊机的使用坚持“一机一闸一漏一箱”的原则，即每台电焊机必须配备一个独立的电源控制箱，控制箱内有容量符合要求的铁壳开关（或自动空气开关）和（　　）。

【任务实施】

1. 焊接电压测量

在测量焊接电压时，测量导线的接线方式很重要，如果将导线直接接在焊接电源的输出端，则测出的电压比接在工件之间测出的电压高出 2~5 V。在进行焊条电弧焊时，电压的损耗大小取决于导线长度、截面积和焊接电流的大小。

感应电压的干扰可能影响测量结果，此时电压表的指示将产生较大的误差。为了使该影响降至最低，测量线应该呈螺旋状。

2. 送丝速度测量

通常送丝采用直流电机，此时电枢电压可作为其速度的测量值。这种送丝方式的缺点是由于导丝嘴的污染而使焊丝与压滚轮之间发生打滑，特别是在较高的送丝速度下。一般可采用钳式脉冲计数器来测量送丝速度，在记录脉冲数后再将其转换成速度，单位以 m/min 表示。

3. 保护气体流量测量

保护气体流量一般采用浮子式流量计测量。有的电源附有保护气体泄漏显示装置。如果要求记录，可采用叶轮流量计，测量范围为 1~20 L/min。

【焊接生产工位的安全技术应用工作单】

计划单

学习情境 3	储罐焊接生产的安全技术应用	任务 2	焊接生产工位的安全技术应用	
工作方式	组内讨论,团结协作共同制订计划。小组成员进行工作讨论,确定工作步骤		计划学时	1 学时
完成人	1.　2.　3.　4.　5.　6.			
计划依据:				

序号	计划步骤	具体工作内容描述
1		
2		
3		
4		
5		
制订计划说明	(为各成员完成任务提供可借鉴的建议或对计划中的某些方面做出解释。)	

决策单

<table>
<tr><td>学习情境 3</td><td colspan="2">储罐焊接生产的安全技术应用</td><td>任务 2</td><td colspan="2">焊接生产工位的安全技术应用</td></tr>
<tr><td colspan="3">决策学时</td><td colspan="3">0.5 学时</td></tr>
<tr><td colspan="6">决策目的：</td></tr>
<tr><td rowspan="13">方案对比</td><td>成员</td><td>工艺的可行性
（加工质量）</td><td>加工的合理性
（加工时间）</td><td>加工的经济性
（加工成本）</td><td>综合评价</td></tr>
<tr><td>1</td><td></td><td></td><td></td><td></td></tr>
<tr><td>2</td><td></td><td></td><td></td><td></td></tr>
<tr><td>3</td><td></td><td></td><td></td><td></td></tr>
<tr><td>4</td><td></td><td></td><td></td><td></td></tr>
<tr><td>5</td><td></td><td></td><td></td><td></td></tr>
<tr><td>6</td><td></td><td></td><td></td><td></td></tr>
<tr><td></td><td></td><td></td><td></td><td></td></tr>
<tr><td></td><td></td><td></td><td></td><td></td></tr>
<tr><td></td><td></td><td></td><td></td><td></td></tr>
<tr><td></td><td></td><td></td><td></td><td></td></tr>
<tr><td></td><td></td><td></td><td></td><td></td></tr>
<tr><td></td><td></td><td></td><td></td><td></td></tr>
<tr><td>决策评价</td><td colspan="5">结果：（将自己的工艺方案与组内成员的工艺方案进行对比分析，对自己的工艺方案进行修改并说明修改原因，最后确定一个最佳方案。）</td></tr>
</table>

实施单

学习领域	焊接基础技术		
学习情境 3	储罐焊接生产的安全技术应用	学时	12 学时
任务 2	焊接生产工位的安全技术应用	学时	6 学时
作业方式	小组分析、个人解答，现场批阅、集体评判		
1	焊接工位平面图绘制		

作业解答：

2	电焊机安全操作规程编制

作业解答：

3	电焊机使用安全看板设计及焊接工位安全管理办法编制

作业解答：

作业评价：

班级		组别		组长签字	
学号		姓名		教师签字	
教师评分		日期			

检查单

学习情境 3	储罐焊接生产的安全技术应用	任务 2	焊接生产工位的安全技术应用
检查学时		课内 0.5 学时	第　　组

检查目的及方式	教师对小组的工作过程和工作情况进行检查。如检查等级为不合格，则小组需要整改，并做出整改说明

序号	检查项目	检查标准	检查结果分级（在检查相应的分级框内画“√”）				
			优秀	良好	中等	合格	不合格
1	准备工作	资源是否已查到；材料是否准备完整					
2	分工情况	安排是否合理、全面；分工是否明确					
3	工作态度	小组工作是否积极、主动且全员参与					
4	遵纪情况	是否按时完成所负责的工作内容，遵守工作纪律					
5	团队合作	成员是否团结协作、互相帮助，并听从指挥					
6	创新意识	任务完成过程是否不照搬照抄；看问题是否有独到见解和创新思维					
7	完成效率	工作单记录是否完整；是否按照计划完成任务					
8	完成质量	工作单填写是否准确；工艺表、程序、仿真结果是否达标					
检查评语	评语：					教师签字：	

评价单

学习情境 3	储罐焊接生产的安全技术应用	任务 2		焊接生产工位的安全技术应用		
评价学时		课内 0.5 学时				
班级：		第　　组				
考核情境	考核内容及要求	分值（100 分）	小组自评（10%）/分	小组互评（20%）/分	教师评价（70%）/分	实得分（∑）/分
汇报展示（20 分）	演讲资源利用	5				
	演讲表达和非语言技巧应用	5				
	团队成员补充配合程度	5				
	时间与完整性	5				
质量评价（40 分）	工作完整性	10				
	工作质量	5				
	报告完整性	25				
团队情感（25 分）	核心价值观	5				
	创新性	5				
	参与率	5				
	合作性	5				
	劳动态度	5				
安全文明（10 分）	工作过程中的安全保障情况	5				
	工具正确使用和保养、放置规范性情况	5				
工作效率（5 分）	能够在要求的时间内完成，每超时 5 min 扣 1 分	5				

小组成员素质评价单

<table>
<tr><td>学习情境 3</td><td>储罐焊接生产的安全技术应用</td><td colspan="2">任务 2</td><td colspan="4">焊接生产工位的安全技术应用</td></tr>
<tr><td>班级</td><td></td><td colspan="2">第　　组</td><td colspan="2"></td><td>成员姓名</td><td></td></tr>
<tr><td>评分说明</td><td colspan="7">每个小组成员的评分包括自评分和小组其他成员评分两部分，取平均值作为该小组成员最终得分。评分项目共包括以下 5 项。评分时，每人依据评分标准进行合理量化评分。小组成员在进行自评分后，要找小组其他成员以不记名的方式进行评分</td></tr>
<tr><td>评分项目</td><td>评分标准</td><td>自评分</td><td>成员 1 评分</td><td>成员 2 评分</td><td>成员 3 评分</td><td>成员 4 评分</td><td>成员 5 评分</td></tr>
<tr><td>核心价值观（20 分）</td><td>有无违背社会主义核心价值观的思想及行为</td><td></td><td></td><td></td><td></td><td></td><td></td></tr>
<tr><td>工作态度（20 分）</td><td>是否按时完成所负责的工作且遵守纪律；是否积极主动参与小组工作；是否全过程参与；是否吃苦耐劳；是否具有工匠精神</td><td></td><td></td><td></td><td></td><td></td><td></td></tr>
<tr><td>交流沟通（20 分）</td><td>能否良好地表达自己的观点；能否倾听他人的观点</td><td></td><td></td><td></td><td></td><td></td><td></td></tr>
<tr><td>团队合作（20 分）</td><td>能否与小组成员合作完成任务，并做到团结协作、互相帮助且听从指挥</td><td></td><td></td><td></td><td></td><td></td><td></td></tr>
<tr><td>创新意识（20 分）</td><td>对待问题能否独立思考，提出独到见解；能否利用创新思维解决遇到的问题</td><td></td><td></td><td></td><td></td><td></td><td></td></tr>
<tr><td>小组成员最终得分</td><td colspan="7"></td></tr>
</table>

【课后作业】

1. 焊接时发生直接触电的原因有哪些？
2. 请简要回答预防触电的安全措施有哪些？
3. 请简要回答减少粉尘及有害气体的危害的措施有哪些？
4. 电焊钳必须符合哪些安全要求？
5. 电焊设备漏电的原因是什么？

焊接故事园——焊接操作引起火灾事故分析

1. 事故经过

某年 12 月 25 日晚，位于 A 市老城区的 B 商厦楼前灯火通明。商家 C 新近租用该商厦的一层和负一层开设百货商场 A 市分店，计划于 26 日试营业，此时正紧锣密鼓地装修。当晚，该商厦顶层（4 层）的一个歌舞厅举办了舞会，人们摩肩接踵，沉浸于欢乐之中。此时，楼下几簇小小的电焊火花将正在装修的地下室点燃，火势和浓烟顺着楼梯直逼顶层歌舞厅，酿成了特大火灾事故，夺走了300多人的生命。

2. 主要原因分析

调查分析结果显示，该起火灾事故是由商家C雇佣的4名无特种作业人员操作证的电焊工违章作业引起的。他们在负一层焊接该层与负二层的家具商场之间的遮盖钢板时，未考虑到家具商场中都是易燃物，因此未采取任何防范措施。野蛮施工致使焊渣溅落至负二层并引燃了物品。情急之下，他们尝试用消防水龙带向下浇水灭火，但并未控制住火势且火势越来越大。在此情况下，四人立刻逃离现场且未报警。大火就这样凶猛烧了起来。浓烟沿通道翻腾着直冲顶层舞厅，等到有人发现失火时已是两个多小时以后，此时紧急疏散和灭火都为时已晚。300多人因中毒、窒息而亡。分析这起事故的主要原因之一是：电焊工无证上岗，未接受安全教育，缺乏基本安全常识，而且事故发生后惊慌失措，没有及时报警，贻误了紧急疏散和灭火的时机。

学习情境 4　储罐焊接生产常用焊接方法及工艺的选用

【学习指南】

【情境导入】

一名在某厂储罐当前生产车间工作的学生被任命为车间主任。因为当前订单需求增多,所以其需要结合现有现有条件(设备费用、操作者的技能水平、生产进度)安排焊接生产。现有焊接设备为焊条电弧焊、二氧化碳焊、钨极氩弧焊、埋弧焊相关设备。为保证生产质量和提高生产效率,需要培训焊工;选择坡口和选用焊接方法;编制储罐的焊接工艺过程卡片;评定焊接工艺;针对储罐焊接中出现的应力与变形提出可行的控制预案。

【学习目标】

知识目标

1. 能够描述储罐的结构和应用场合;
2. 能够阐述储罐常用的焊接方法、焊材及设备、接头形式和坡口的选择;
3. 能够描述编制储罐焊接生产工艺的流程。

能力目标

1. 能够根据储罐的结构和受力特点选用焊接方法;
2. 能够结合板厚和焊接接头形式,选用坡口加工和焊接材料;
3. 能够编制焊接工艺评定卡片;
4. 能够对储罐焊接过程中出现的应力和变形问题提出合理工艺措施。

素质目标

1. 树立成本意识、质量意识、创新意识,养成勇于担当、团队合作的职业素养;
2. 初步养成工匠精神、劳动精神、劳模精神,以劳树德,以劳增智,以劳创新。

【工作任务】

任务 1	储罐焊接方法的选择与操作	参考学时:课内 4 学时(课外 2 学时)
任务 2	储罐焊接接头形式的选择与坡口加工	参考学时:课内 4 学时(课外 2 学时)

任务 1　储罐焊接方法的选择与操作

【任务工单】

学习情境 4	储罐焊接生产常用焊接方法及工艺的选用			任务 1	储罐焊接方法的选择与操作	
任务学时				课内 4 学时(课外 2 学时)		
布置任务						
任务目标	通过本任务的学习,培养和锻炼以下几方面的能力: 1. 通过焊接实际操作训练,了解各种焊接方法的特点; 2. 能根据储罐各部件的特点和生产实际选择焊接方法; 3. 按照焊接构件特点,选用合适的焊接材料及工艺参数,并能初步评估焊接接头质量; 4. 能利用现代化手段对信息进行收集并整理					
任务描述	各小组对任务进行分析、讨论,并根据收集的信息了解储罐的分类、部件的组成及作用、生产过程;根据构件图纸拆分零部件图,绘制焊接结构图,确定焊接零、部件的图纸。查阅资料,了解储罐各部件的焊接生产工艺;选择合适的焊接方法及焊接材料。分组轮流对所选焊接方法进行操作训练,并对焊接接头进行直观评估,为储罐类产品的生产做前期准备					
学时安排	资讯 0.5 学时	计划 1 学时	决策 0.5 学时	实施 3 学时	检查 0.5 学时	评价 0.5 学时
对学生学习过程及成果的要求	1. 掌握储罐的分类、组成及生产; 2. 掌握储罐用钢的种类及焊接性能; 3. 掌握不同焊接方法的特点及应用; 4. 每名同学均需独立或在小组同学的帮助下完成任务工作单等,并提请教师检查、签认,对教师提出的建议或指出的错误务必及时思考或修改; 5. 每组必须完成任务工单,并提请教师进行小组评价,之后小组成员分享小组评价分数或等级; 6. 每名同学均需进行任务反思并做书面报告,以小组为单位提交					

【课前自学】

知识点 1　焊接方法分类的认知

焊接是通过加热或加压或两者并用,并用(或不用)填充材料,使焊件达到结合的一种加工工艺方法。它是目前应用极为广泛的一种永久性连接方法。目前世界各国年平均生产的焊接结构用钢已占钢总产量的 45%左右。焊接方法之所以能迅速发展,是因为它本身具有一系列优点。

一是连接性能好。可以方便地将板材、型材或铸锻件根据需要进行组合焊接,因此焊接对于制造大型、特大型结构(如机车、桥梁、轮船、火箭等)有重要意义。同时,焊接还可以将不同形状及尺寸(板厚、直径)甚至不同材质的材料(异种材料)连接起来,从而达到减轻结构质量、节约材料、优化资源等目的。

二是焊接结构刚度大、整体性好,同时又容易保证气密性及水密性,所以特别适合制造高强度、大刚度的中空结构(如压力容器、管道、锅炉等)。

三是焊接方法多,焊接工艺适应性广。焊接生产可满足不同要求及批量化生产。另外,由于焊接规范参数的电信号容易控制,所以焊接自动化比较容易实现(如汽车制造业中广泛使用了点焊机械手、弧焊机器人)等。

目前金属焊接方法比较多,按照焊接工艺特点和母材所处的状态不同,焊接方法可分为 3 大类:熔焊、压焊、钎焊。

一、熔焊

熔焊是将焊件接头加热至熔化状态,不加压完成焊接的方法。加热条件增大了金属的原子动能,促进了原子间的相互扩散。当被焊金属加热至熔化状态而形成液体熔池时,原子之间可以充分扩散和紧密接触,因此冷却凝固后即形成牢固的焊接接头。常见熔焊方法有气焊、焊条电弧焊、埋弧焊、气体保护焊、电渣焊等,如图 4-1 所示。

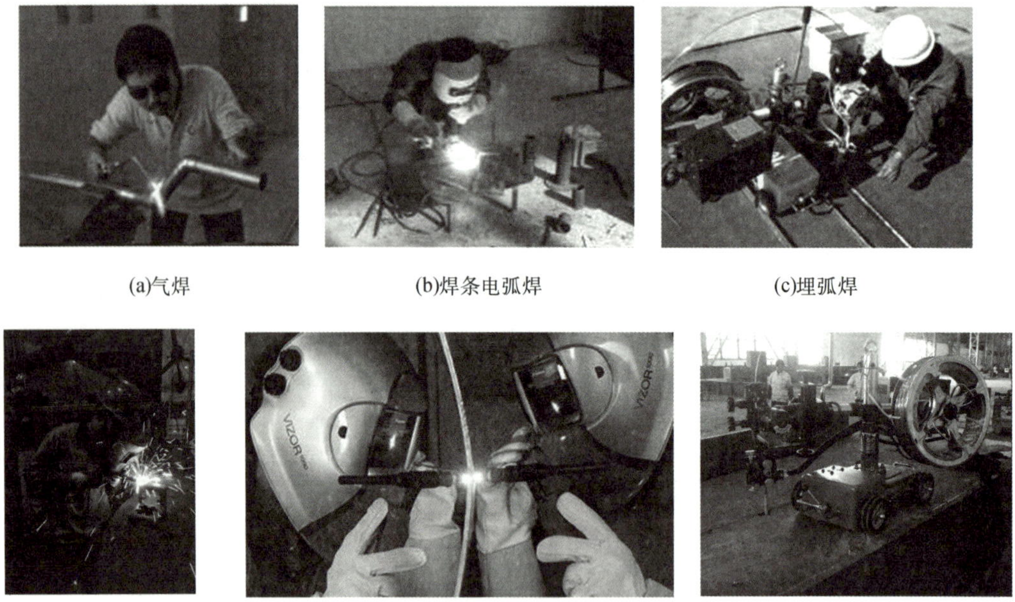

(a)气焊 (b)焊条电弧焊 (c)埋弧焊

(d) CO_2 气体保护焊 (e)钨极氩弧焊 (f)电渣焊

图 4-1 常见熔焊方法

二、压焊

压焊是焊接过程中必须对焊件施加压力(加热或不加热)以完成焊接的方法。这类焊接有两种形式:一是将被焊金属接触部分加热至塑性状态或局部熔化状态,然后施加一定的压力,使金属原子间相互结合形成牢固的焊接接头。如锻焊、电阻焊、摩擦焊和扩散焊等就是这种压焊方法。二是不进行加热，仅在被焊金属的接触面上施加足够的压力，借助压力所引起的塑性变形，使原子间相互接近而获得牢固的接头，如冷压焊。

三、钎焊

钎焊（图4-2）是采用比母材熔点低的金属材料作为钎料，将焊件和钎料加热到高于钎料熔点且低于母材熔化的温度，采用液态钎料润湿母材，然后填充接头间隙并与母材相互扩散以实现连接焊件的焊接方法。

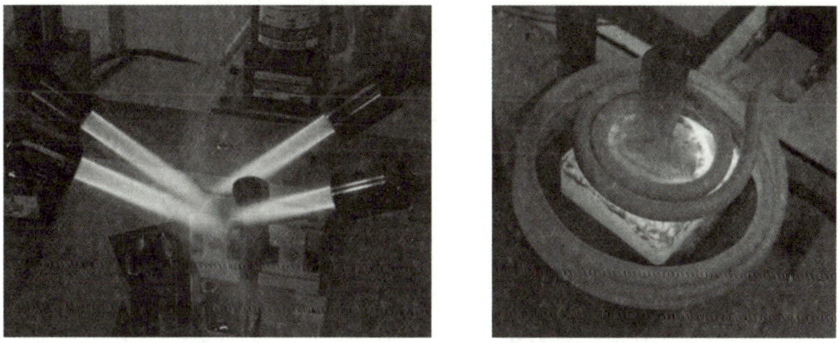

(a)火焰钎焊　　(b)感应钎焊

图4-2　钎焊

知识点2　常用焊接方法及设备的选择

对于储罐焊接来说多用熔焊和压焊。具体来说，储罐常用的焊接方法有焊条电弧焊、埋弧焊、CO_2气体保护焊、钨极氩弧焊等。在选择储罐焊接方法时，首先应了解每种焊接方法的使用范围、特点、优缺点等；其次在两种或多种焊接方法均能实现的情况下，还需要根据设备费用、操作者的技能水平、生产进度安排等进行选择；最后，焊接方法还要符合相关标准的要求。只有在满足以上条件的基础上选择的焊接方法才是合理的。

焊接设备是在焊接时供给焊接所需能量、实施焊接操作的装置的总称，包括焊接电源、行走机构、送丝机构和装夹移动工件的辅助装置等。弧焊电源是为焊接电弧提供电能，并具备适于电弧焊电气特性的装置。常用焊接电源如图4-3所示。

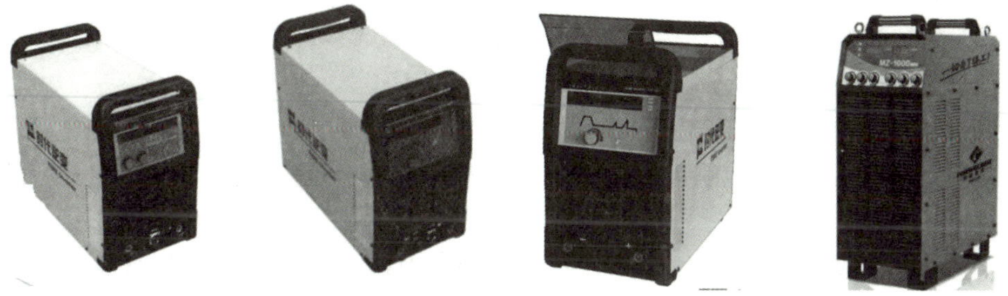

(a) CO_2气体保护焊机　　(b)氩弧焊机　　(c)手工直流焊机　　(d)埋弧焊机

图4-3　常用焊接电源

一、焊条电弧焊

1. 原理

利用焊条和焊件之间产生的电弧热，将焊条和焊件局部加热到熔化状态，焊条端部熔化后的熔滴和熔化的母材熔合在一起，形成熔池。随着电弧向前移动，熔池液态金属逐步冷却结晶，形成焊缝。

焊条电弧焊的焊缝形成过程如图 4-4 所示。焊条电弧焊由焊接电源、焊接电缆、焊钳、焊条、焊件、电弧等构成回路。焊接时采用焊条和工件接触引燃电弧，然后提起焊条并保持一定距离，在焊接电源提供合适电弧电压和焊接电流的条件下电弧稳定燃烧，产生高温，焊条和焊件局部加热到熔化状态。焊条端部熔化的金属和被熔化的焊件金属熔合在一起，形成熔池。在焊接中，电弧随焊条移动，熔池中的液态金属逐步冷却结晶后便形成了焊缝，两焊件被焊接在一起。

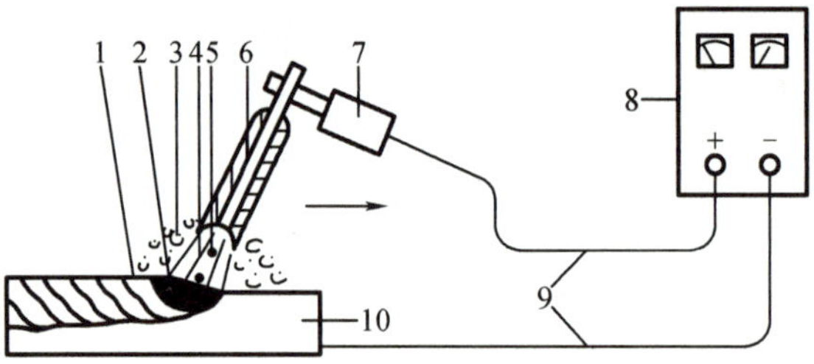

1—焊缝；2—熔池；3—保护气体；4—电弧；5—熔滴；6—焊条；7—焊钳；8—电焊机；9—焊接电缆；10—工件。

图 4-4　焊条电弧焊的焊缝形成过程

2. 特点

(1)优点

①设备简单、成本低；

②操作灵活方便；

③适应性强，能进行全位置焊接适合焊接多种材料；

(2)缺点

生产效率低、劳动强度大。

3. 电焊机分类

按产生电流种类不同，焊条电弧焊的电焊机可分为直流弧焊机和交流弧焊机两大类。

4. 焊接材料——焊条

在焊条电弧焊中，焊条既是电极，又是填充金属，熔化后与液态的母材熔合并形成焊缝。因此，焊条的性能直接影响电弧的稳定性，焊缝金属的化学成分、力学性能，以及焊接效率等。

焊条是涂有药皮的供焊条电弧焊用的焊接材料，由药皮和焊芯两部分组成，如图 4-5 所示。

(1)焊条的分类

焊条按原国家机械工业委员会编写的《焊接材料产品样本》分为 10 大类，如图 4-6 所示。

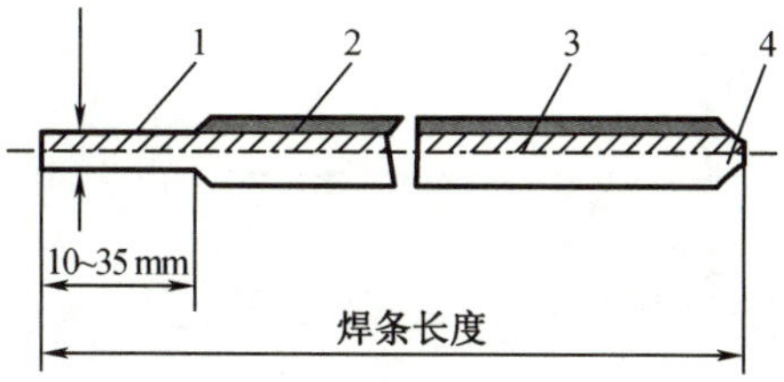

1—夹持端;2—药皮;3—焊芯;4—引弧端。

图 4-5　焊条的组成示意图

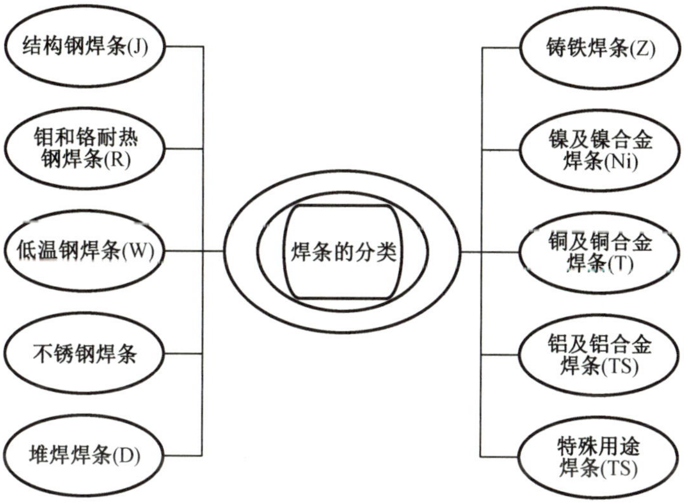

图 4-6　焊条的分类

焊条有 3 种分类方法:按焊条用途分类、按药皮的主要化学成分分类、按药皮熔化后熔渣的特性分类。按照焊条的用途,焊条有两种分类形式:一为原机械工业部编制的,焊条可以分为结构钢焊条、钼和铬耐热钢焊条、不锈钢焊条、堆焊焊条、低温钢焊条、铸铁焊条、镍及镍合金焊条、铜及铜合金焊条、铝及铝合金焊条、特殊用途焊条。二为国家标准规定的,焊条可以分为碳钢焊条、低合金焊条、不锈钢焊条、堆焊焊条、铸铁焊条、铜及铜合金焊条、铝及铝合金焊条。二者没有原则区别,前者用商业牌号表示,后者用型号表示。

如果按照焊条药皮的主要化学成分来分类,焊条可以分为氧化钛型焊条、氧化钛钙型焊条、钛铁矿型焊条、氧化铁型焊条、纤维素型焊条、低氢型焊条、石墨型焊条及盐基型焊条。

如果按照焊条药皮熔化后熔渣的特性来分类,焊条可以分为酸性焊条和碱性焊条。酸性焊条药皮的主要成分为酸性氧化物,如二氧化硅、二氧化钛、三氧化二铁等。碱性焊条药皮的主要成分为碱性氧化物,如大理石、萤石等。

(2)焊条型号与牌号的编制方法

焊条的型号是按国家有关标准与国际标准确定的。以结构钢为例,型号编制法为:字母“E”表示焊条,第一、二位数字表示熔敷金属最小抗拉强度,第三位数字表示焊条的焊接位置,第四位数字表示药皮类型及焊接电流种类。焊条型号的标注如图 4-7 所示。

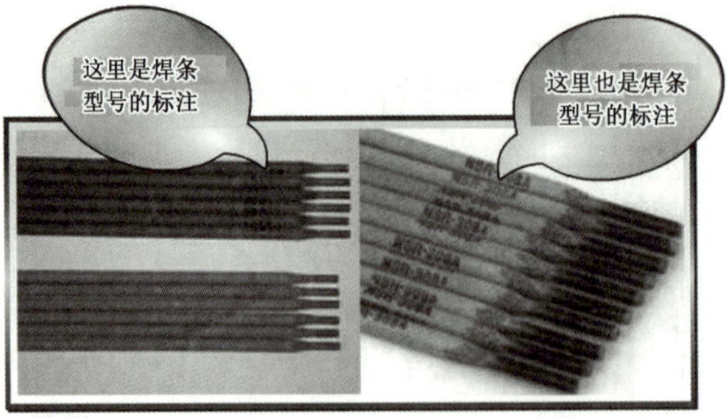

(a)

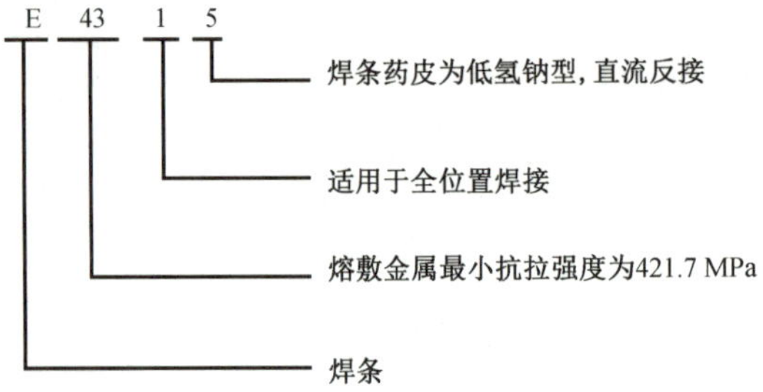

(b)

图 4-7　焊条型号的标注

焊条牌号(图 4-8)是焊条行业统一的焊条代号。我国常用的焊条牌号：拼音字母(或汉字)与 3 位数字及外文字母组成。

拼音字母(或汉字)含义：J 表示结构钢焊条(结)、A 不锈钢焊条(奥)、D 表示堆焊焊条(堆)等。

第一、二位数字：抗拉强度，kg/mm^2；

第三位数字：药皮类型及焊接电源种类，如 1 表示氧化钛型、2 表示钛钙型、7 表示低氢钠型(直流)；

外文字母：焊条的特殊性能和用途。

表 4-1、表 4-2、表 4-3 分别为焊条适用的焊接位置、焊条牌号中第三位数字的含义、非合金钢及细晶粒钢焊条和热强钢焊条的型号与牌号对照表。

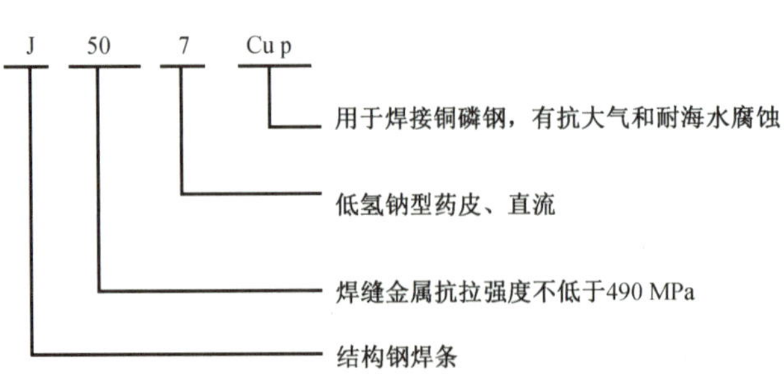

图 4-8　焊条牌号的标注

表 4-1　焊条适用的焊接位置(X_3)

X_3	焊接位置
0	全位置(平焊、立焊、横焊、仰焊)
1	全位置(平焊、立焊、横焊、仰焊)
2	平焊、平角焊
4	平焊、立焊、仰焊、立向下焊

表 4-2　焊条牌号中第三位数字的含义

焊条牌号	药皮类型	焊接电源种类
□××0	不属已规定类型	不规定
□××1	氧化钛型	直流或交流
□××2	钛钙型	直流或交流
□××3	钛铁矿型	直流或交流
□××4	氧化铁型	直流或交流
□××5	纤维素型	直流或交流
□××6	低氢钾型	直流或交流
□××7	低氢钠型	直流
□××8	石墨型	直流或交流
□××9	盐基型	直流

表 4-3　非合金钢及细晶粒钢焊条和热强钢焊条的型号与牌号对照表

序号	型号	牌号	序号	型号	牌号
1	E4303	J422	6	E5011	J505
2	E4311	J425	7	E5016	J506
3	E4316	J426	8	E5015	J507
4	E4315	J427	9	E5015-G	J507MoNb J507NiCu
5	E5003	J502	10	E5515-G	J557 J557Mo J557MoV

补充阅读资料——焊接材料的类别

焊接材料是焊接时所消耗材料的通称,如焊条、焊丝、金属粉末、焊剂、保护气体等。常用焊接材料见表 4-4。

表 4-4　常用焊接材料

<table>
<tr><th colspan="2">焊材名称</th><th>图示</th><th>特点及应用</th></tr>
<tr><td colspan="2">焊条</td><td></td><td>由药皮和焊芯两部分组成，其中，药皮起稳弧、冶金和保护作用，焊芯作为电极和填充金属</td></tr>
<tr><td colspan="2">焊剂</td><td>
</td><td>颗粒状，焊接时起稳弧、保护和冶金作用</td></tr>
<tr><td rowspan="4">焊丝</td><td>实芯焊丝</td><td></td><td>焊接时作为电极和填充金属，表层镀铜，起到导电和保护作用</td></tr>
<tr><td>药芯焊丝</td><td></td><td>呈空心管状，药粉添加其中，起到稳弧、冶金和保护作用，焊接时作为电极和填充金属</td></tr>
<tr><td>焊丝
（氩弧焊用）</td><td>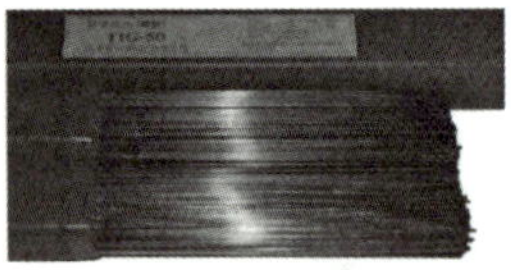</td><td>直径通常为 2～4 mm，长度一般为 1 m，焊接时作为填充金属</td></tr>
<tr><td>焊丝
（埋弧焊用）</td><td></td><td>自动埋弧焊一般使用直径为 3～6 mm 的焊丝，以充分发挥埋弧焊的大电流和高熔敷率的优点</td></tr>
</table>

表 4-4(续)

焊材名称	图示	特点及应用
钨极	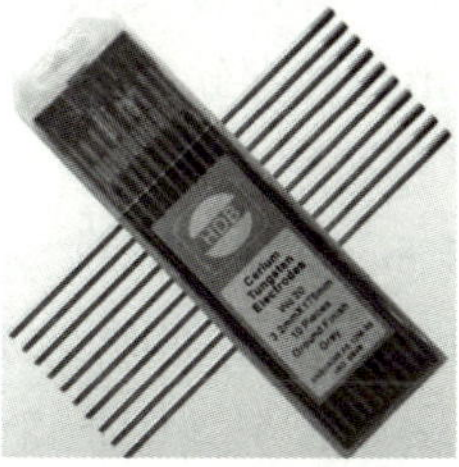	是钨极氩弧焊的电极材料,通常要求电流容量大、引弧和稳弧性好
气瓶		氩气瓶瓶身涂银灰色,标深绿色"氩"字样;二氧化碳气瓶瓶身涂铝白色,标黑色"液化二氧化碳"字样

5. 焊接工艺参数

(1)极性选择

焊接电源分为交流、直流两种。就极性选择而言,直流焊接可分为正接和反接,如图 4-9 所示。

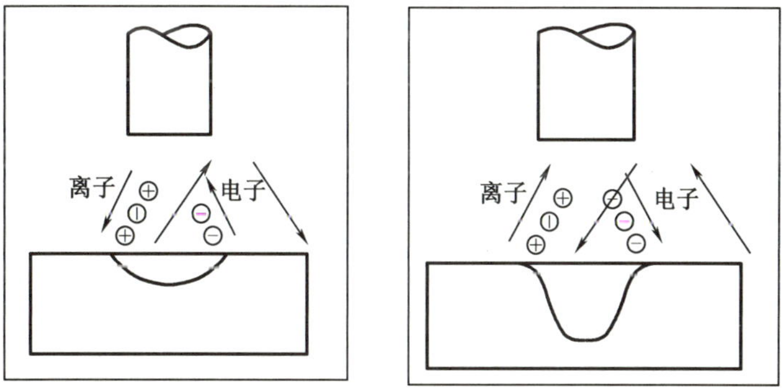

(a)正接　　(b)反接

图 4-9　极性选择

正接:焊接件接电源正极,焊条接电源负极的接线方法。热量集中在焊条端,焊接熔深浅,适用于薄板快速焊接。

反接:焊接件接电源负极,焊条接电源正极的接线方法。热量集中在焊接件,焊接熔深深,电弧挺度强。

极性选择的原则:碱性焊条常采用直流反接,否则电弧燃烧不稳定,飞溅严重,噪声大;酸性焊条使用直流电源时通常采用直流正接。

(2)焊条直径的选择

焊条直径主要取决于焊接件厚度、接头形式、焊缝位置、焊层数等因素。对于厚度大的焊接件,应选用直径较大的焊条。当用细焊条焊厚度大的焊接件时,常会出现焊不透缺陷;而用粗焊条焊厚度小的焊接件时,则容易出现烧穿缺陷。T 形接头、搭接接头散热条件比对接接头好,可选用较粗直径的焊条。平焊时所用的焊条直径可大些,立焊时焊条直径不超过 5 mm,仰焊或横焊时焊条直径不超过 4 mm。多层焊时,为防止焊不透,第一层焊道应采用直径较小的焊条进行焊接,其余各层可根据焊接件厚度,选用直径较大的焊条。对于一般焊接结构,焊条的直径可根据焊接件厚度从表 4-5 中查得。

表 4-5　焊条直径与焊接件厚度的关系

项目	焊接件厚度/mm					
	1.5~2	2.5~3	3.5~4.5	5~8	10~12	13
焊条直径/mm	1.6~2	2.5	3.2	3.2~4	4~5	5~6

(3)焊条选择的原则

①基于母材的力学性能或化学成分要求

a. 等强原则:对于结构钢(如碳钢、低合金钢),通常要求焊缝金属与母材等强度。

b. 等分原则:对于合金钢(如耐热钢、不锈钢),要求焊缝监护的主要合金成分与母材相同或相近。

c. 低匹配原则:在结构刚性大、接头应力高、焊缝容易产生裂纹的情况下,可选用焊缝金属强度比母材低一级的焊条,目的是牺牲接头强度以提高塑性。

②满足焊件的使用性能

a. 对于承受动载荷和冲击载荷的焊接件,应选用塑性和韧性指标较高的低氢型焊条。

b. 接触腐蚀性介质的焊接件,根据环境介质的种类、浓度、工作温度选用不锈钢或耐腐蚀焊条。

c. 在磨损环境中工作的焊接件选用耐磨损的堆焊焊条。

③工艺优先原则

a. 结构复杂、刚度大或厚度大的焊接件,焊接时应力大,易产生裂纹,应选用抗裂性好的低氢或高韧型焊条。

b. 焊接部位难以清理干净的焊接件,应选用氧化性强,对铁锈、氧化皮、油污不敏感的酸性焊条,防止气孔产生。

c. 受限制不能翻转的焊接件,对其非平焊位置的焊缝选用全位置焊条。

d. 在无直流弧焊电源,又要求必须使用低氢型焊条的场合,选用交-直流两用低氢钾型焊条。

e. 在狭小、密闭容器内或在通风条件不良的场所焊接时,尽量选用酸性或低尘无毒焊条。

④最低成本控制原则

在满足使用性能和操作工艺性的条件下,尽量选用成本低、效率高的不锈钢焊条。

(4)焊接电流、电压、速度的选择

①焊接电流是焊条电弧焊的主要焊接参数。焊接电流太大时,焊条尾部发红,部分药皮的涂层失效或崩落,机械保护效果变差,容易产生气孔、咬边、烧穿等焊接缺陷,并使焊接飞溅加大。焊接电流太小时,会造成未焊透、未熔合等缺陷,并使劳动生产率降低。选择焊接电流时,应在保证焊接质量的前提下,尽量选用较大的电流,以提高劳动生产率。

影响焊接电流的主要因素是焊条直径和焊缝位置。焊接电流的大小通常按经验公式计算:

$$I=K\cdot D$$

式中　I——焊接电流;

K——经验系数,一般为 30~50;

D——焊条直径,mm。

平焊时,取较大值;其他位置焊缝的焊接,取较小值。在使用碱性焊条时焊接电流比使用酸性焊条小些。打底焊采用小电流,填充焊电流大一些,盖面焊为防止余高过大或咬边而采用小电流。

②焊接电压

焊接电压由弧长决定,电弧长则电压高,反之则电压低。电压高燃烧不稳定,能量分散,引起飞溅。立焊、仰焊的弧长比平焊短;使用酸性焊条时,为预热待焊部位或降低熔池温度和加大宽度,电弧要拉长;使用碱性焊条时,尽量采用短弧焊接,防止空气入侵。在焊接过程中,应尽量保持弧长稳定,而且尽可能用短弧焊接。所谓短弧是指弧长是焊条直径 0.5~1.0 倍,超过这个限度即为长弧。

③焊接速度

焊接速度直接影响生产效率,速度过慢,则热影响区变宽,接头晶粒粗大,性能恶化,变形大,薄板易烧穿;速度过快,易造成未焊透、未熔合、焊缝成形不良等。

(5)焊接位置

焊接按焊缝在空间位置的不同可分为平焊、横焊、立焊和仰焊,如图 4-10 所示。平焊操作方便,劳动条件好,生产效率高,焊缝质量易于保证。因此,一般应尽可能将焊接件放在平焊位置进行施焊。立焊时熔滴易向下流淌,成形较困难,不易操作。横焊时熔滴易偏向焊缝的下边,造成熔化不良、焊瘤、未焊透等缺陷。仰焊时熔滴最易下滴,焊缝成形困难,操作更难。

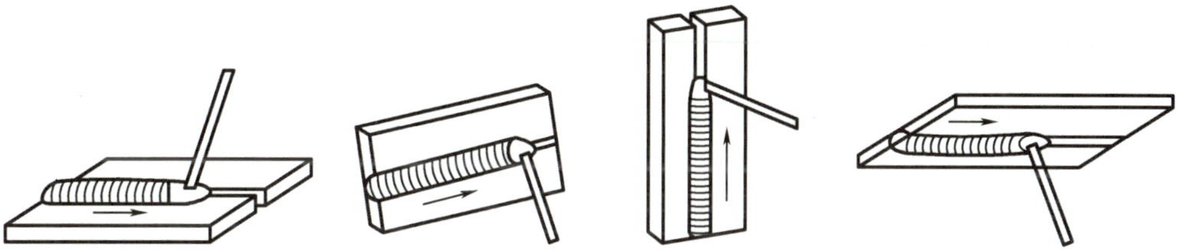

(a)平焊　(b)横焊　(c)立焊　(d)仰焊

图 4-10　焊接位置示意图

平焊时，焊接电流与焊条直径的关系可以通过经验公式确定即 $I=12D^2\pm15$，其中 I 为焊接电流（A），D 为焊条直径（mm）。此公式为经验公式，所得的电流值为经验值，焊接操作者可根据实际情况进行调整。

对于平焊、角焊，一般电流选择上限值，而对于立焊、仰焊或者薄板的焊接，电流选择下限值。

立焊、横焊时电流应该比平焊时小 10%～15%，仰焊时电流应该比平焊时小 15%～20%，角焊时电流应该比平焊时大一些。

（6）焊接层数

在焊接中厚板时，一般要开坡口，并采用多层多道焊。对于低碳钢和强度等级低的低合金钢进行多层多道焊时，每道焊缝厚度不宜过大，过大时对焊缝金属的塑性不利，因此对质量要求较高的焊缝，每层厚度最好不大于 4 mm。

二、埋弧焊

1. 原理

埋弧焊是利用位于焊剂层下电极（焊丝或焊带）与焊接件之间燃烧的电弧产生的热量熔化电极、焊剂和母材金属而形成焊缝的焊接方法。

埋弧焊工作原理如图 4-11 所示。导电嘴和焊接件分别与焊接电源的输出端相接，焊丝盘的焊丝经焊丝送进轮连续送进，同时焊剂经焊剂送管送进，连续送进的焊丝在焊剂层下与焊接件间产生电弧。电弧的热量使焊剂、焊丝和母材熔化并形成熔池和熔渣。焊剂形成的熔渣与气体共同保护熔池金属，使其与空气隔绝。随着电弧向前移动，液态金属逐渐冷却并凝固成焊缝，液态熔渣也变成坚硬的渣壳。未熔化的焊剂具有隔离空气、屏蔽电弧光和热的作用。埋弧焊焊缝断面示意图如图 4-12 所示。

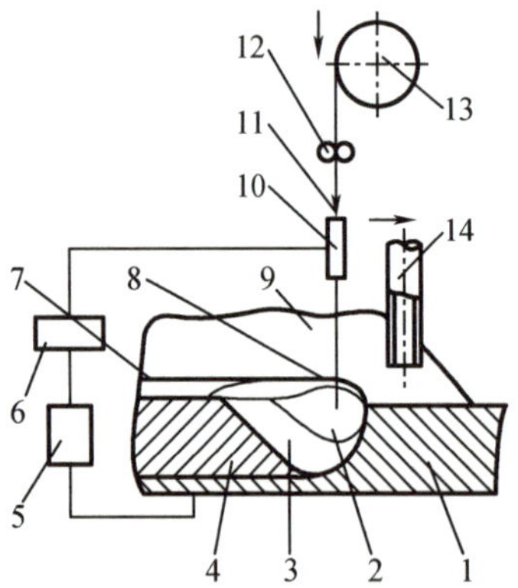

1—母材；2—电弧；3—熔池；4—焊缝金属；5—焊接电源；6—电控箱；7—渣壳；8—液态熔渣；9—焊剂；10—导电嘴；11—焊丝；12—焊丝送进轮；13—焊丝盘；14—焊剂送管。

图 4-11　埋弧焊工作原理

2. 特点

（1）焊接生产率高。埋弧焊可采用较大的焊接电流，同时因电弧加热集中，熔深增加。单丝埋弧焊可一次焊透 20 mm 以下不开坡口的钢板。

（2）焊接质量好。熔池有熔渣和焊剂的保护，使空气中的氮气、氧气难以侵入，提高了焊缝金属的强度和韧性。

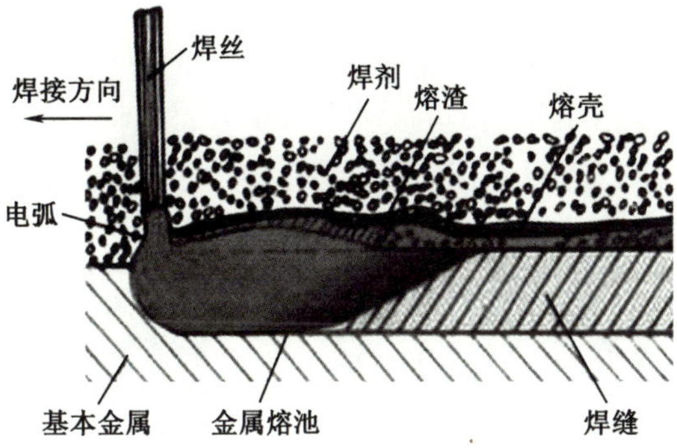

图 4-12 埋弧焊焊缝断面示意图

(3)操作者工作条件好。焊接过程机械化,操作较简便,而且电弧在焊剂层下燃烧,无弧光污染,排放烟尘少。

(4)节约焊接材料及电能。可不开或少开坡口,减少了焊缝中焊丝的填充量,也节省了因加工坡口而消耗的母材。

(5)焊接范围广。埋弧焊不仅能焊接碳钢、低合金钢、不锈钢,还能焊接耐热钢及铜合金、镍基合金等非铁金属。

(6)埋弧焊适用位置受限,适用于长直焊缝和环形焊缝焊接。焊件坡口加工与装配要求较高,且不适合焊接厚度小于 1 mm 的薄件。

3. 埋弧焊机

典型的埋弧焊机一般由焊接电源、机械系统(包括送丝机构、行走机构、导电嘴、焊丝盘、焊剂漏斗等)和控制系统(控制箱、控制盘)组成。使用最广泛的是变速送丝式埋弧焊机和等速送丝式埋弧焊机两种,典型型号如 MZ-1000 和 MZ1-1000 型。焊机按结构形式可分为小车式、悬挂式、车床式、门架式、悬臂式等,如图 4-13 所示。目前小车式、悬臂式用得较多。

4. 埋弧焊的焊接材料

埋弧焊的焊接材料有焊丝和焊剂。焊丝是焊接时导电并作为填充金属的金属丝。埋弧焊的焊丝可分为实芯焊丝和药芯焊丝两类,生产中普遍使用的是实芯焊丝,药芯焊丝只在某些特殊场合中使用。焊丝按被焊材料不同又分为碳素结构钢焊丝(H08A)、合金结构钢焊丝(H10Mn2)、不锈钢焊丝(H03Cr21Ni10)等。常用焊丝的直径有 ϕ2 mm、ϕ3 mm、ϕ4 mm、ϕ5 mm 和 ϕ6 mm 等规格。埋弧焊时能够熔化形成熔渣和气体,对熔化金属起保护作用并进行复杂的冶金反应的颗粒状物质称为焊剂。焊剂具有隔离空气、保护焊接金属不受空气侵害、对熔化金属进行冶金处理的作用。焊剂有熔炼焊剂、非熔炼焊剂(黏结焊剂、烧结焊剂),多用烧结焊剂。埋弧焊的焊剂具有以下作用:焊接时熔化产生气体和熔渣以有效保护熔池;向焊缝金属渗合金,改善焊缝化学成分和提高力学性能;使电弧能稳定燃烧,易脱渣,焊缝成形美观,改善焊接工艺性能的作用。焊丝和焊剂分别如图 4-14 和图 4-15 所示。

对于焊丝与焊剂,依据被焊材料的类别及对焊接接头性能的要求、埋弧焊的工艺特点进行选择。例如,在焊接低碳钢和强度等级较低的低合金钢时,应按等强原则选用与母材相匹配的焊接材料,可用高锰高硅焊剂(如 HJ431、HJ433、HJ430)和低碳钢焊丝(如 H08A)或含锰的焊丝(如 H08MnA),或者用中锰、低锰或无锰焊剂和含锰量较高的焊丝(如 H08MnA、H10Mn2)相配合。在焊接低合金高强钢时,除要使焊缝与母材等强度外,还要特别注意保证焊缝的塑性和韧度，可用中锰中硅或低锰中硅型焊剂，配合相应的合金钢焊丝。在焊接强度级别比较高的钢时，为了得到高韧度，一般选用碱度高的烧结焊剂。在焊接耐热钢、低温钢和耐蚀钢时，可用中硅或低硅型焊剂与相应的合金钢焊丝相配合。

(a)小车式

(b)悬挂式

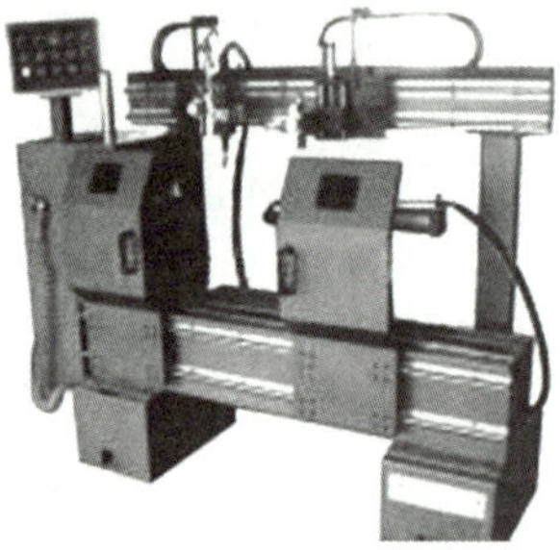

(c)车床式

(d)门架式

(e)悬臂式

图 4-13　常见的埋弧焊机结构形式

图 4-14　焊丝

图 4-15　焊剂

焊剂是指焊接时能够熔化形成熔渣和气体，对熔化金属起保护和冶金处理作用的一种物质。用于埋弧焊的为埋弧焊剂，用于针焊的有硬钎焊钎剂和软钎焊钎剂。

焊剂和焊丝都是在进行埋弧焊、电渣焊时使用的焊接材料。焊剂相当于焊条药皮，焊丝相当于焊芯。埋弧焊、电渣焊多用于焊接钢，少数用于焊接有色金属。

(1)焊剂的分类

焊剂按制造方法可分为熔炼焊剂、非熔炼焊剂，具体如图 4-16 所示。

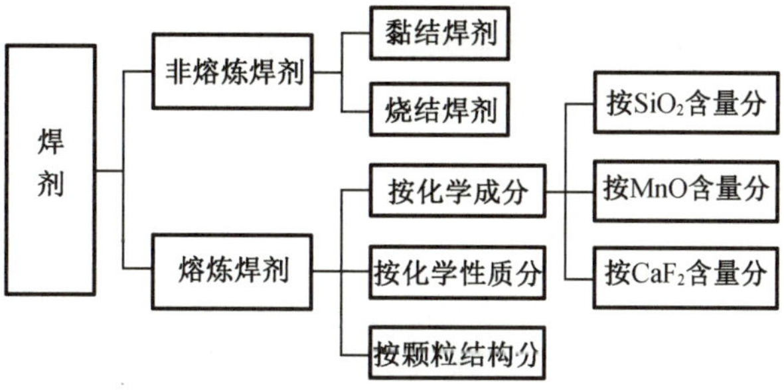

图 4-16　焊剂的分类

(2)焊剂的型号

焊剂型号按适用焊接方法、制造方法、焊剂类型和适用范围等进行划分。焊剂型号由 4 部分组成：

①第一部分：焊剂适用的焊接方法，“S”表示适用于埋弧焊，“ES”表示适用于电渣焊；

②第二部分：焊剂制造方法，“F”表示熔炼焊剂，“A”表示烧结焊剂，“M”表示混合焊剂；

③第三部分：焊剂类型代号，如硅锰型(MS)、硅钙型(CS)、镁钙型(CG)等；

④第四部分：焊剂适用范围代号，如代号 1 用于非合金钢及细晶粒钢、高强钢、热强钢和耐候钢，适合于焊接接头和/或堆焊；在接头焊接时，一些焊剂可应用于多道焊和单/双道焊。代号 2 用于不锈钢和/或镍及镍合金，主要适用于接头焊接，也能用于带极堆焊。代号 2B 用于不锈钢和/或镍及镍合金，主要适用于带极堆焊。代号 3 主要用于耐磨堆焊。代号 4 用于前述代号都不适用的其他焊剂，如铜合金用焊剂。

除以上强制分类代号外，根据供需双方协商，可在型号后依次附加可选代号：

①冶金性能代号，用数字、元素符号、元素符号和数字组合等表示焊剂烧损或增加合金的程度；

②电流类型代号，用字母表示，“DC”表示适用于直流焊接，“AC”表示适用于交流和直流焊接；

③扩散氢代号“HX”，其中 X 可为数字 2、4、5、10 或 15，分别表示每 100 g 熔敷金属中扩散氢含量的最大值(mL)。

型号示例如下：

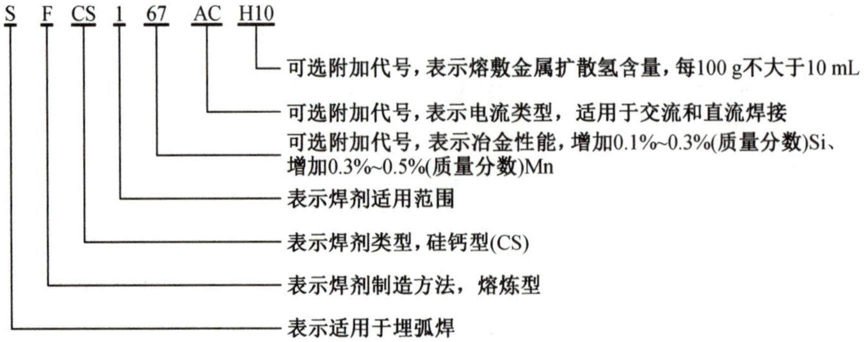

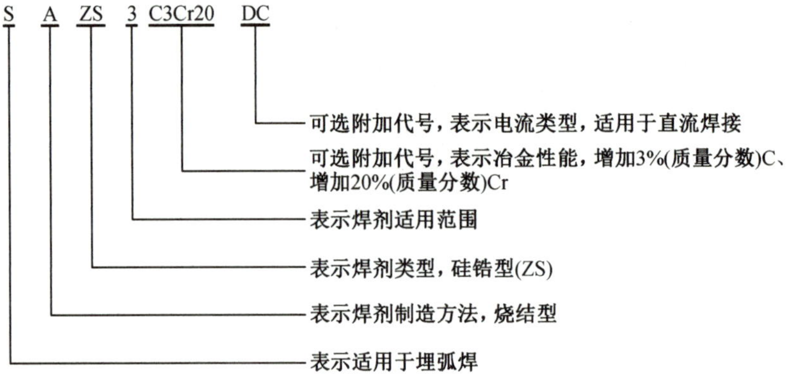

5. 埋弧焊的工艺

(1)焊接工艺

埋弧焊焊接工艺应包括以下内容：

①焊接准备，包括选择与加工焊件坡口、焊前清理焊丝和焊件、对焊件进行装配等。

②选择焊接工艺方法，包括选择单丝焊或多丝焊，加焊剂衬垫或悬空焊，单面焊或双面焊，单层焊或多层多道焊等。

③选择焊接材料，包括选择焊剂和焊丝。

④选择焊接参数，包括选择焊接电流、电弧电压、焊接速度等，还包括是否采用焊前预热、焊后缓冷或后热、焊后热处理等工艺措施，并确定相关的工艺参数。

⑤明确操作要求，包括确定所需的工艺装备、焊缝层间清理的方法等。

⑥制定检查方法及修补技术，如制定焊缝缺欠的检查方法及修补技术等。

在制定焊接工艺以后，应按照有关标准的规定进行焊接工艺评定，评定合格后才能用于施工。

(2)工艺参数

埋弧焊的工艺参数有：焊接电流、电弧电压、焊接速度、焊丝直径、焊丝伸出长度、焊丝倾角、焊件倾斜等。其中对焊缝成形和焊接质量影响最大的是焊接电流、电弧电压和焊接速度。

①焊接电流

焊接时，若其他因素不变，焊接电流增大，则电弧吹力增强，焊缝厚度增大。同时，焊丝的熔化速度也相应加快，焊缝余高稍有增加。但电弧的摆动小，所以焊缝宽度变化不大。电流过大，容易产生咬边或成形不良，使热影响区增大，甚至造成烧穿。电流过小，焊缝厚度减小,容易产生未焊透现象,电弧稳定性也差。

②电弧电压

电流是决定焊缝厚度的主要因素,而电弧电压则是影响焊缝宽度的主要因素。在其他因素不变的条件下,增加电弧长度,则电弧电压增加。随着电弧电压增加,焊缝宽度显著增大,而焊缝厚度和余高减小。这是因为电弧电压越高,电弧就越长,电弧的摆动范围就会扩大,使焊件被电弧加热的面积增大,以致焊缝宽度增大。电弧长度增加以后,电弧热量损失加大,所以用来熔化母材和焊丝的热量减少,使焊缝厚度和余高减少。

③焊接速度

焊接速度对焊缝厚度和焊缝宽度有显著影响。当焊接速度增加时,焊缝厚度和焊缝宽度都大幅下降。这是因为焊接速度增加时,焊缝中单位时间内输入的热量减少。焊速过大,则易形成未焊透、咬边、焊缝粗糙不平等缺陷;焊速过小,则会形成易裂的蘑菇形焊缝或产生烧穿、夹渣、焊缝不规则等缺陷。

④焊丝直径

当焊接电流不变时,随着焊丝直径的增大,电流密度减小,电弧吹力减弱,电弧的摆动作用加强,使焊缝宽度增加而焊缝厚度减小;焊丝直径减小时,电流密度增大,电弧吹力增大,使焊缝厚度增加。故用同样大小的电流焊接时,使用小直径焊丝可获得较大的焊缝厚度。

⑤焊丝伸出长度

一般将导电嘴出口到焊丝端部的长度称为焊丝伸出长度。当焊丝伸出长度增加时,则电阻热作用增大,使焊丝熔化速度增快,以致焊缝厚度稍有减小,余高略有增大;伸出长度太短,则易烧坏导电嘴。焊丝伸出长度随焊丝直径的增大而增大,一般为15~40 mm。

⑥焊丝倾斜

埋弧焊的焊丝位置通常垂直于焊件,但有时也采用焊丝倾斜的方式。焊丝向焊接方向倾斜称为后倾,反焊接方向倾斜称为前倾。焊丝后倾时,电弧吹力对熔池液态金属的作用加强,有利于电弧的深入,故焊缝厚度和余高增大,而焊缝宽度明显减小。焊丝前倾时,电弧对熔池前面的焊件的预热作用加强,使焊缝宽度增大,而焊缝有效厚度减小。

⑦焊件倾斜

焊件有时因处于倾斜位置而有上坡焊和下坡焊之分。上坡焊与焊丝后倾作用相似,焊缝厚度和余高增大,焊缝宽度减小,形成窄而高的焊缝,甚至产生咬边;下坡焊与焊丝前倾作用相似,焊缝厚度和余高都减小,而焊缝宽度增大,且熔池内液态金属容易下淌,严重时会造成未焊透的缺陷。所以,无论是上坡焊还是下坡焊,焊件的倾角 α 都不得超出 $6°\sim8°$,否则会破坏焊缝成形及引起焊接缺陷。

⑧装配间隙与坡口角度

当其他焊接工艺条件不变时,焊件装配间隙与坡口角度增大会使焊缝厚度增大,而余高减小,但焊缝厚度加上余高的焊缝总厚度大致保持不变。因此,为了保证焊缝的质量,埋弧焊对焊件装配间隙与坡口加工的工艺要求较严格。

三、CO_2 气体保护焊

1. 原理

CO_2 气体保护焊是利用 CO_2 气体作为保护气体,通过焊丝与焊件之间产生的电弧来熔化焊丝和焊件的熔化极气体保护焊方法。其原理如图 4-17 所示。焊接时，CO_2 气体通过喷嘴沿焊丝周围喷射出来，在电弧周围形成局部的气体保护层，使熔滴和熔池与空气机械地隔离开来，从而保证焊接过程稳定持续进行，并获得优质的焊缝。

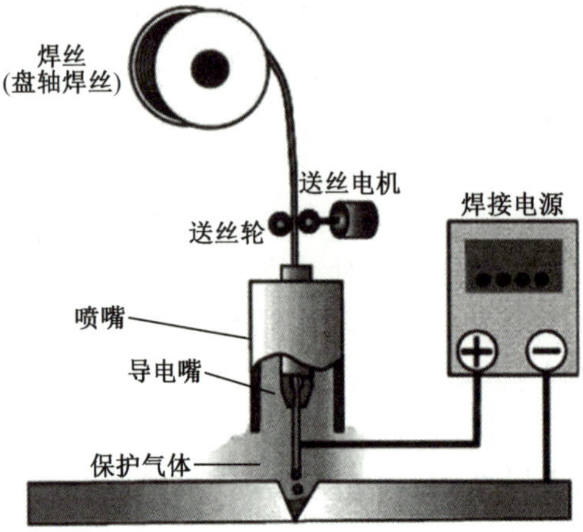

图 4-17　CO_2 气体保护焊原理

2. 特点

(1) 采用明弧焊接，熔池可见度好，操作方便，适用于全位置焊接，并且有利于焊接过程的机械化和自动化，特别是空间位置的机械化焊接。

(2) 电弧在保护气体的压缩下热量集中，焊接速度较快，熔池小，热影响区窄，焊件焊后的变形小，抗裂性能好，尤其适用于薄板焊接。

(3) 在室外作业时，必须设挡风装置才能施焊，电弧的光辐射较强，焊接设备比较复杂。

3. 分类

按机械化程度分类：自动化和半自动化。

按焊丝直径分类：细丝直径为 0.8~1.2 mm；中丝直径为 1.2~1.4 mm；粗丝直径为 1.4~1.6 mm。

按焊丝类型分类：药芯焊丝、实心焊丝。

4. 设备

CO_2 气体保护焊设备的主要组成部分有：焊接电源、送丝机构、焊枪、气路系统（包括气瓶、顶热器、干燥器、减压器、流量计、气阀、胶管等）和控制系统，如图 4-18 所示。CO_2 气体保护焊采用交流电源焊接时，电弧不稳定、飞溅较大，所以必须使用直流电源。通常选用平外特性的弧焊整流器。常用的弧焊整流器有抽头式硅弧焊整流器、晶闸管弧焊整流器及逆变弧焊整流器。送丝系统由送丝机、送丝软管、焊丝盘等组成。焊枪的作用是导电、导丝、导气。CO_2 焊的供气系统是由气源（气瓶）、预热器、减压器、流量计和气阀组成，如气体不纯，还需串接高压和低压干燥器。

5. 工艺参数

CO_2 气体保护焊的主要工艺参数有：焊丝直径、焊接电流、电弧电压、焊接速度、焊丝伸出长度、气体流量等。为了减少焊接过程产生的飞溅，保证焊接电弧的稳定性，CO_2 气体保护焊应选用直流反接。

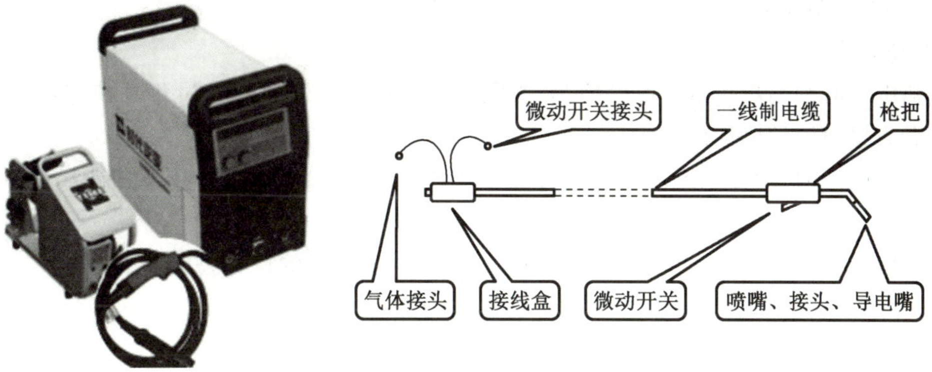

(a)　　(b)

图 4-18　CO_2 气体保护焊设备组成

(1)焊丝直径

CO_2 气体保护焊的焊丝必须比母材含有较多的 Mn 和 Si 等脱氧元素,以防止焊缝产生气孔,减少飞溅,保证焊缝金属具有足够的力学性能。焊丝含碳量应限制在 0.10%以下,并控制硫、磷的含量。焊丝表面镀铜,镀铜可防止生锈,有利于保存,并可改善焊丝的导电性及送丝的稳定性。目前 CO_2 气体保护焊常用的焊丝有 ER49-1 和 ER50-6 等。

CO_2 气体保护焊所用焊丝的直径在 0.5~5 mm 范围内,CO_2 半自动焊常用焊丝的直径有 0.6 mm、0.8 mm、1.0 mm、1.2 mm 等几种。焊丝直径通常根据焊件的厚度、施焊的位置和焊接效率等要求选择。在全位置焊接薄板或中厚板时,多采用 ϕ1.6 mm 以下焊丝(称为细丝 CO_2 气体保护焊)。在平焊位置焊接中厚板时,可以采用 ϕ1.2 mm 以上的焊丝。CO_2 气体保护焊的焊丝直径的选择可以参照表 4-6。

表 4-6　焊丝直径的选择

焊丝直径/mm	熔滴过渡形式	可焊板厚/mm	焊接位置
0.5~0.8	短路过渡	0.4~3	全位置
	细颗粒过渡	2~4	平焊、横焊
1.0~1.2	短路过渡	2~8	全位置
	细颗粒过渡	2~12	平焊、横焊
1.6	短路过渡	2~12	平焊、横焊
	细颗粒过渡	>8	平焊、横焊
2.0~2.5	细颗粒过渡	>10	平焊、横焊

(2)焊接电流

焊接电流的大小应根据焊件厚度、焊丝直径、焊接位置及熔滴过渡形式来确定。焊接电流越大,焊缝厚度、焊缝宽度及余高都相应增大。焊接电流的大小主要取决于送丝速度。

送丝速度越快，焊接电流就越大。焊接电流对焊缝熔深的影响最大。当焊接电流为 60～250 A，即以短路过渡形式焊接时，焊缝熔深一般为 1～2 mm；只有焊接电流在 300 A 以上时，焊缝熔深才明显增大。

(3)电弧电压

电弧电压必须与焊接电流配合恰当，否则会影响焊缝成形及焊接过程的稳定性。电弧电压随着焊接电流的增加而增大。

在短路过渡时，焊接电流一般不超过 200 A，电弧电压(单位：V)可用下式计算：

$$U=0.04I+16\pm2$$

在细颗粒过渡时，焊接电流一般在 200 A 以上，电弧电压的计算公式如下：

$$U=0.04I+20\pm2$$

(4)焊接速度

在一定的焊丝直径、焊接电流和电弧电压条件下，随着焊速增大，焊缝宽度与焊缝厚度减小。焊接速度过快，不仅气体保护效果会变差，还可能会出现气孔，产生咬边及未熔合等缺陷；焊接速度过慢，则会导致焊接生产率降低、焊接变形增大。在进行 CO_2 半自动焊时，焊接速度为 18～36 m/h；在进行 CO_2 自动焊时，焊接速度可高达 150 m/h。

(5)焊丝伸出长度

焊丝伸出长度取决于焊丝直径，一般约等于焊丝直径的 10 倍，且不超过 15 mm。伸出长度过长，焊丝会成段熔断，飞溅严重，气体保护效果差；伸出长度过短，不但易造成飞溅物堵塞喷嘴，影响气体保护效果，也会影响焊工视线。

(6)气体流量

焊接用的 CO_2 一般是被压缩成液体并贮存于钢瓶内。CO_2 气瓶的容量为 40 L，可装 25 kg 的液态 CO_2，占容积的 80%，满瓶压力为 5～7 Mpa，气瓶外表涂铝白色，并标有黑色“液化二氧化碳”的字样。焊接用 CO_2 气体的纯度应大于 99.5%，含水量不超过 0.05%，否则会降低焊缝的力学性能，焊缝也易产生气孔。如果 CO_2 气体的纯度达不到标准，可进行提纯处理。

在正常焊接中，200 A 以下薄板焊接时，CO_2 的流量为 10～25 L/min；200 A 以上厚板焊接时，CO_2 的流量为 15～25 L/min。粗丝大规范自动焊时，CO_2 的流量为 25～50 L/min。

(7)焊枪倾角

焊枪也是不容忽视的因素，焊枪倾角过大(如前倾角大于 25°)时，将加大熔宽并减小熔深，还会增加飞溅。当焊枪与焊件成后倾角时(电弧指向已焊焊缝)，焊缝窄，熔深较大，余高较高。焊枪倾角对焊缝成形的影响如图 4-19 所示。

(8)喷嘴与焊件间的距离

喷嘴与焊件间的距离应根据焊接电流来选择，如图 4-20 所示。

四、钨极氩弧焊

钨极氩弧焊(TIG 焊)，是使用氩气作为保护气体，利用钨电极和工件间产生的电弧热熔化母材和填充焊丝(可以不用焊丝)的一种焊接方法。

TIG 焊焊接原理动画演示

1. 原理

钨极氩弧焊是用钨棒作为电极加上氩气进行保护的焊接方法，其原理如图 4-21 所示。焊接时氩气从焊枪的喷嘴中连续喷出，在电弧周围形成保护层以隔绝空气，防止其对钨极、熔池及邻近热影响区的氧化，从而获得优质的焊缝。焊接过程中根据工件的具体要求可以选择加或不加填充焊丝。

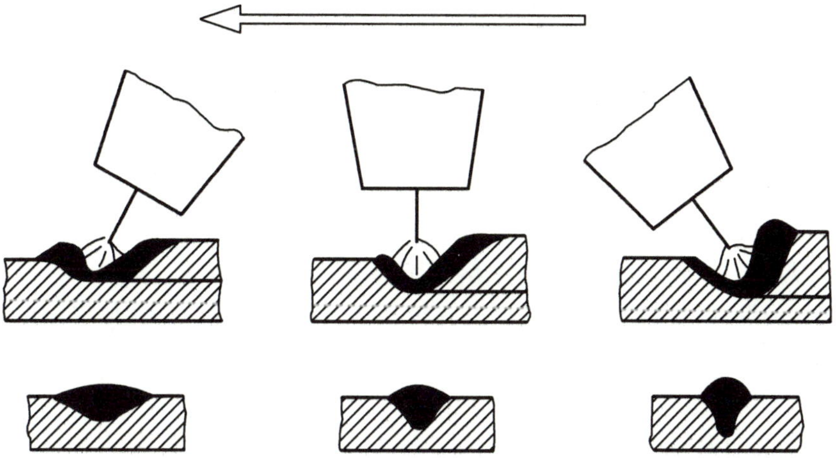

(a)前倾　(b)未倾斜　(c)后倾

图 4-19　焊枪倾角对焊缝成形的影响

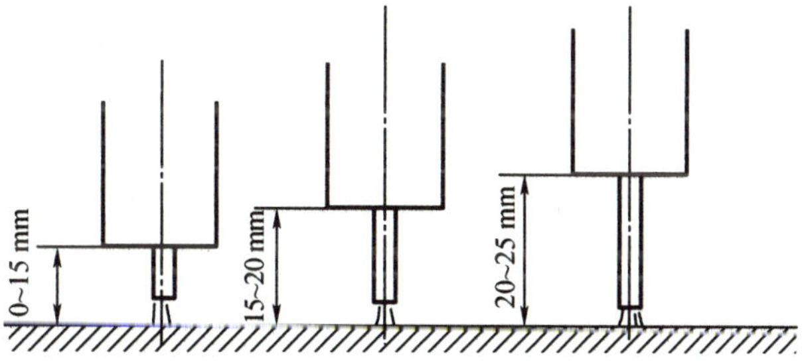

(a)≤200 A　(b)200~350 A　(c)350~500 A

图 4-20　喷嘴至焊件的距离

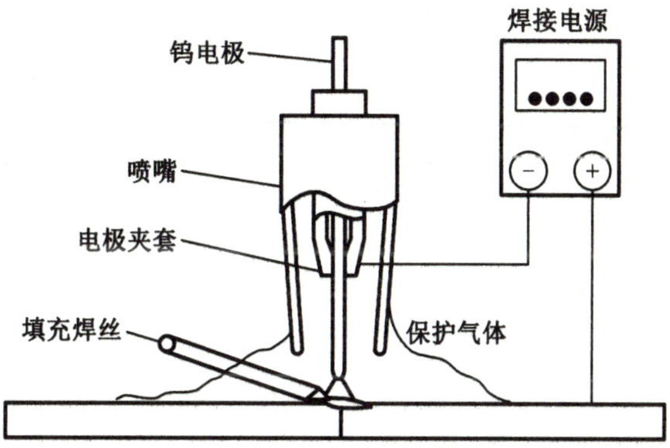

图 4-21　钨极氩弧焊原理示意图

2. 特点

(1)焊缝质量较高。氩气具有极好的保护作用,能有效隔绝周围空气;既不与金属起化学反应,也不溶于金属,使冶金反应简单易控制,因此易获得较高质量的焊缝。

(2)钨极电弧非常稳定,即使在电流很小(<10 A)的情况下仍可稳定燃烧,特别适用于薄板材料焊接。

(3)热源和填充焊丝可分别控制,因而热输入容易调整,所以这种焊接方法可进行全位置焊接,也是实现单面焊双面成形的理想方法。

(4)由于填充焊丝不通过电流,故不产生飞溅,焊缝成形美观。

(5)由于交流氩弧焊在焊接过程中能够自动清除焊件表面的氧化膜,因此可成功地焊接一些化学活泼性强的有色金属,如铝、镁及其合金。

(6)操作技术易于掌握,容易实现机械化和自动化。

(7)钨极承载电流能力较差,过大的电流会引起钨极的熔化和蒸发,其微粒有可能进入熔池而引起夹钨。因此,其熔敷速度小、熔深浅、生产率低。

(8)氩气较贵,熔敷率低,且氩弧焊机有较复杂,和其他焊接方法(如焊条电弧焊、埋弧焊、CO_2 气体保护焊)相比,生产成本较高。

(9)氩弧受周围气流影响较大,不易进行室外焊接作业。

对于大厚度的储罐、管道等,通常利用钨极氩弧焊进行打底焊,以保证根部焊道的质量。

3. 设备

手工钨极氩弧焊设备组成如图 4-22 所示,由焊接电源、焊枪、供气系统、控制系统和冷却系统等部分组成。其中,控制系统包括两部分:一部分是为了保证焊接电源满足钨极氩弧焊所要求的垂降外特性、电流调节特性等而设置的;另一部分是为了协调气体与电源之间的先后顺序而设置的。

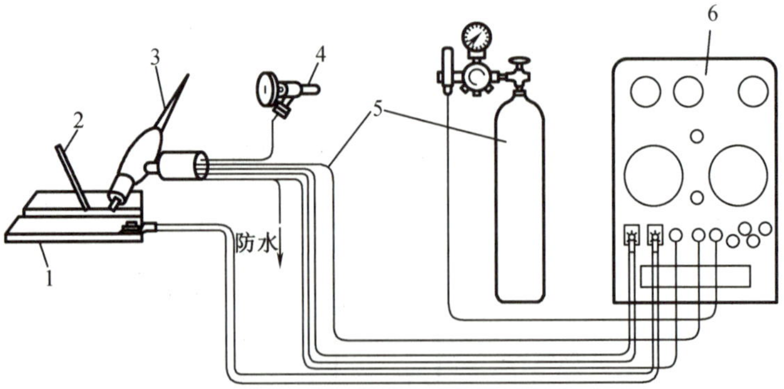

1—焊件;2—焊丝;3—焊炬;4—冷却系统;5—供气系统;6—焊接电源。

图 4-22　手工钨极氩弧焊设备组成

(1)焊接电源

钨极氩弧焊要求采用具有陡降外特性的焊接电源,有直流电源和交流电源两种。常用的直流钨极氩弧焊机有 WS-250 型、WS-400 型等;交流钨极氩弧焊机有 WSJ-150 型、WSJ-500 型等;交直流钨极氩弧焊机有 WSE-150 型、WSE-400 型等。

(2)控制系统

控制系统通过控制线路对供电、供气与稳弧等各个阶段的动作进行控制。

(3)焊枪

焊枪是装夹钨极、传导焊接电流、输出氩气流和启动或停止焊机的工作系统。氩弧焊枪如图 4-23 所示。焊枪分为大、中、小 3 种,按冷却方式又可分为气冷式和水冷式。

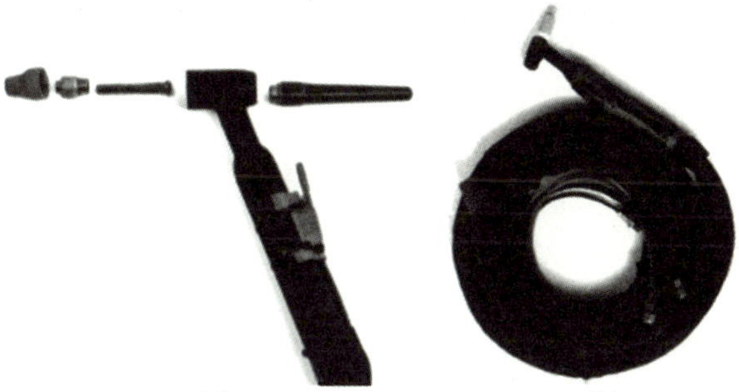

(a)　　(b)

图 4-23　氩弧焊枪

当所用焊接电流小于 150 A 时,可选择气冷式焊枪;当所用焊接电流大于 150 A 时,必须采用水冷式焊枪。

(4)供气系统

供气系统由氩气瓶、氩气流量调节器及电磁气阀组成。

①氩气瓶外表涂灰色,绿漆标"氩气"字样。氩气瓶最大压力为 15 MPa,容积为 40 L。

②电磁气阀是开闭气路的装置,由延时继电器控制,起提前供气和滞后停气作用。

③氩气流量调节器起降压、稳压及调节氩气流量的作用。

④冷却系统用来冷却焊接电缆、焊枪和钨极。如果焊接电流小于 150 A 可不用水冷却。当使用的焊接电流超过 150 A 时,必须通水冷却,并以水压开关控制。

4. 分类

钨极氩弧焊按操作方法可分为手工钨极氩弧焊和机械化焊接两种。对于直线焊缝和规则的曲线焊缝,可采用机械化焊接。而对于不规则或较短的焊缝,则采用手工钨极氩弧焊。使用较多的是直流手工钨极氩弧焊。直流钨极氩弧焊通常分为以下两种:

(1)直流反极性

在钨极氩弧焊中,虽很少用直流反极性,但是,它有一种去除氧化膜作用。所谓去除氧化膜作用是指交流焊的反极性半波也同样存在,它是成功地焊接铝、镁及其合金的重要因素。铝、镁及其合金的表面存在一层致密难熔的氧化膜,覆盖在焊接熔池表面,如不及时清除,焊接时会造成未熔合,在焊缝表面还会形成皱皮或产生内气孔、夹渣,直接影响焊接质量。实践证明,反极性时,被焊金属表面的氧化膜在电弧的作用下,可以被清除掉而获得成形美观的焊缝。这种作用要求阴极斑点的能量密度要很高和被质量很大的正离子撞击,致使氧化膜破碎。

(2)直流正极性

当采用直流正极性时,焊件接正极,接受电子轰击放出的全部动能和逸出功,产生大量的热,因此熔池深而窄,生产率高,并且焊件的收缩和变形都小。当采用直流正极性时,钨极是阴极,熔点高,在高温时电子发射能力强,电弧燃烧稳定性好。除焊接铝、镁及其合金外,一般均采用直流正极性接法进行焊接。

5. 工艺参数

(1)焊接电源的种类和极性

钨极氩弧焊可以采用交流或直流两种焊接电源,采用哪种电源与所焊金属或合金种类有关。采用直流电源时还要考虑极性的选择,如图 4-24 和图 4-25 所示。

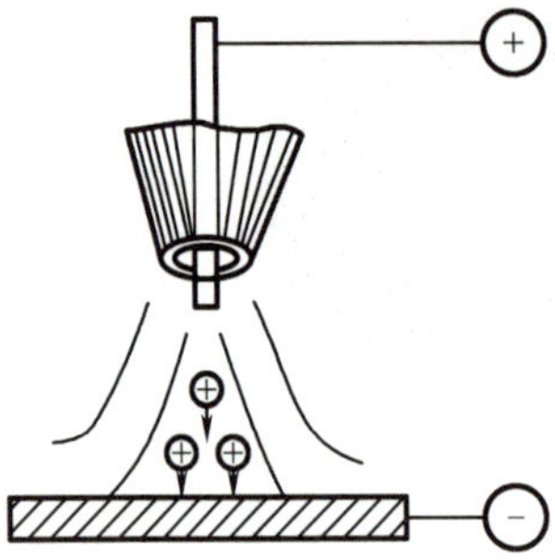

图 4-24　直流反接

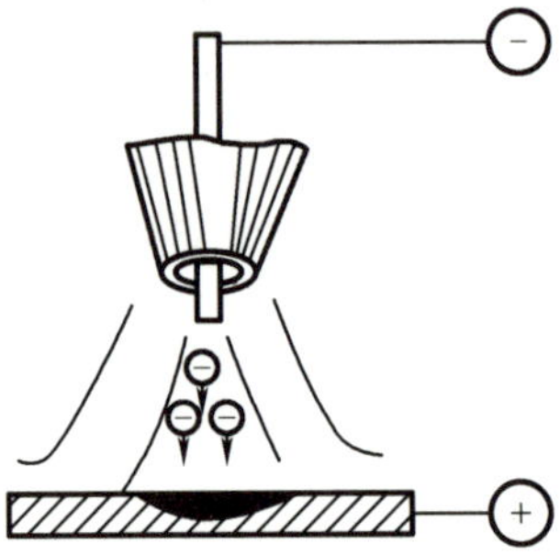

图 4-25　直流正接

采用直流反接时,焊件是阴极,质量较大的氩正离子流向焊件,撞击金属熔池表面,可将铝、镁等金属表面致密难熔的氧化膜击碎,这种现象称为“阴极破碎”作用。

但是直流反接时,钨极因接正极温度较高,容易过热或烧损。所以,铝、镁及其合金一般不采用直流反接,而应尽可能使用交流电进行焊接。

采用直流正接时,无“阴极破碎”作用,适用于焊接不锈钢、耐热钢、钛、铜及其合金。

(2)钨极直径与焊接电流

钨极直径应根据焊接电流的大小而定。焊接电流通常根据焊件的材质、厚度来选择。焊接电流的大小要适当,根据经验,一般应为钨极直径的 30~50 倍。采用交流电源时,选用下限;采用直流电源正接时,选用上限。当钨极直径小于 3 mm 时,从计算值中减去 5~10 A;当钨极直径大于 4 mm 时,可在计算值上再加上 10~15 A。另外,在选用焊接电流时,还要注意其不要大于钨极的许用值。

(3)电弧电压

电弧电压主要由弧长决定。电弧长度增长,容易产生未焊透的缺陷,并使气体保护效果变差,因此应在电弧不短路的情况下,尽量控制电弧长度,一般弧长应近似等于钨极直径。

(4)焊接速度

焊接速度通常是由焊工根据熔池的大小、形状和焊件熔合情况随时调节的。焊接速度过快会破坏气体保护氛围,焊缝容易产生未焊透和气孔缺陷;焊接速度过慢,焊缝容易产生烧穿和咬边缺陷。

(5)喷嘴直径与氩气流量

喷嘴直径是与氩气保护区的大小相关的。喷嘴直径过大,散热快,焊缝成形宽,影响操作者视线,焊接速度慢。而且喷嘴大提高了气体流量,会造成保护气体的浪费。喷嘴直径过小,气体保护效果差,容易烧坏喷嘴,不能满足大电流的焊接要求。

经验认为,喷嘴直径一般为钨极端直径的2~3倍再加4 mm。当然,也要考虑被焊金属的性质。如果是活泼金属,可取2.5~3.5倍。当钨极直径小于3 mm时,可取3.5倍;当钨极直径大于4 mm时,可取2.5倍。圆柱形或收敛形的喷嘴,气体保护效果较好;扩散形喷嘴的气流挺度会差一些。

一般来说,在进行手工钨极氩弧焊时,喷嘴内径以8~14 mm为宜;自动钨极氩弧焊时,喷嘴内径为12~18 mm。圆柱形喷嘴最容易获得气体保护层流。

氩气流量主要根据钨极直径和喷嘴直径来选取,通常为3~20 L/min。喷嘴直径的大小直接影响保护区的范围,一般根据钨极直径来选择。氩气流量合适时,熔池平稳,表面明亮无渣,无氧化痕迹,焊缝成形美观;氩气流量不合适时,熔池表面有渣,焊缝表面发黑或有氧化皮。氩气的合适流量为喷嘴直径的0.8~1.2倍。

(6)喷嘴与焊件间的距离

喷嘴与焊件间的距离以8~14 mm为宜。若距离过大,气体保护效果差;若距离过小,虽对气体保护有利,但操作者能观察的范围和保护区域变小。

(7)钨极伸出长度

为了防止电弧热烧坏喷嘴,除钨极端部应凸出喷嘴以外,其伸出长度一般为3~4 mm(具体情况视焊接需要而定)。伸出长度过短,操作者不便于观察熔化状况,对操作不利;伸出长度过长,气体保护效果会受到一定的影响。

6.焊机常见故障、产生原因及排除方法

(1)控制电路有电,但焊机不能启动

产生原因主要是脚踏开关或焊炬开关接触不良,启动继电器或热继电器或控制变压器发生故障。对此应及时检修。

(2)高频振荡器不振动或振动火花微弱

产生原因主要是高频振荡器发生故障、火花放电器间隙过大或过小、放电盘云母击穿、放电器电极烧坏。对此应调整火花放大器间隙、更换云母片、清理调整放电器电极。

(3)高频振荡器工作正常,但引不起电弧

产生原因可能是焊接电源接触器、控制电路发生故障或焊件接触不良。对此应注意检查、维修。

(4)电弧不稳定

产生原因主要是稳弧器、消除直流分量的元件或焊接电源发生故障。对此主要从以上几个方面检修。

(5)焊机启动后,无氩气输送

产生原因可能是气路堵塞,控制电路、电磁气阀或气体延时线路发生故障。对此应及时检修。

【自学自测】

一、选择题

1.压焊是指焊接过程中必须对焊件施加压力(加热或不加热),以完成焊接的方法。下列属于压焊的是(　　)。

A. 电渣焊　　B. 埋弧焊　　C. 摩擦焊　　D. 气体保护焊

2. 焊条的型号是按国家有关标准与国际标准确定的。以结构钢为例，字母“(　　)”表示焊条。

A. E　　B. K　　C. S　　D. V

3. 埋弧焊可采用较大的焊接电流，同时因电弧加热集中，熔深增大。单丝埋弧焊可一次焊透厚度在(　　)以下不开坡口的钢板。

A. 10 mm　　B. 20 mm　　C. 30 mm　　D. 40 mm

4. 按焊丝直径分类，CO_2 气体保护焊可分为细丝 CO_2 气体保护焊、中丝 CO_2 气体保护焊、粗丝 CO_2 气体保护焊、其中中丝 CO_2 气体保护焊的焊丝直径为(　　)。

A. 0. 6~0. 8 mm　　B. 0. 8~1. 2 mm　　C. 1. 2~1. 4 mm　　D. 1. 4~1. 6 mm

5. 焊丝伸出长度取决于焊丝直径，一般约等于焊丝直径的(　　)倍，且不超过 15 mm。

A. 8　　B. 10　　C. 12　　D. 15

二、填空题

1. 焊接设备是在焊接时供给焊接所需能量、实施焊接操作的装置的总称，包括(　　)、(　　)、送丝机构和装夹移动工件的辅助装置等。

2. 焊接电源分为交流、直流两种。就极性选择而言，直流焊接可分为(　　)和(　　)。

3. 在结构刚性大、接头应力高、焊缝容易产生裂纹的情况下，可选用焊缝金属强度比母材(　　)一级的焊条，目的是牺牲接头强度以提高塑性。

4. 埋弧焊的焊接材料有(　　)和(　　)。

5. 在钨极氩弧焊中，电弧电压主要由(　　)决定。电弧长度增长，容易产生未焊透的缺陷，并使气体保护效果变差，因此应在电弧不短路的情况下，尽量控制电弧长度，一般弧长应近似等于钨极直径。

【任务实施】

1. 制定气体储罐焊接工艺方案

经过对产品结构生产的工艺过程进行分析，确定气体储罐的焊接方案，见表 4-7。

2. 气体储罐产品工艺方案的制定说明

(1)纵缝坡口采用埋弧焊，先焊外坡口，焊到一半厚度后，背面清根，直到露出焊缝金属，再用埋弧焊焊接清根形成的坡口，内侧坡口焊完后，焊接未完成的外侧坡口。筒体纵缝接头焊完后，要对筒体进行高温矫圆，为保证高温处理后纵缝接头的强度性能，焊接材料应该选用 H10MnMoA 焊丝。

(2)筒体环缝、筒体与封头环缝采用埋弧焊窄间隙 U 形坡口+焊条电弧焊 V 形坡口，采用焊条电弧焊先焊内坡口，再用窄间隙埋弧焊焊接外坡口。窄间隙埋弧焊焊前可以不清根。

(3)法兰管子与封头、筒体的 D 形接头焊接采用药皮焊条电弧焊，先焊坡口内焊缝，焊到一半厚度后，背面清根，直到露出焊缝金属。清根坡口焊完后，再焊坡口外焊缝。坡口外的角焊缝焊脚尺寸应满足有关标准和图样的要求。

(4)筒体、封头环缝接头、纵缝接头、法兰管子与封头、筒体的 D 形接头全部完工后,才能进行壳体的整体热处理。为了防止焊接接头焊后产生冷裂纹,筒体环缝接头、纵缝接头、法兰管子与封头、筒体的 D 形接头分别焊完后,应立即按要求进行后热处理。

4-7 气体储罐焊接方案

<table>
<tr><th>焊缝编号</th><th>母材规格/mm</th><th>焊接方法</th><th>焊材规格</th><th>预热/后热</th><th>热处理</th><th>检验</th><th>焊接工艺规格</th><th>焊接工艺评定</th></tr>
<tr><td>A1、A2</td><td>封头与筒体,Q345(16MnR),ϕ1 228×44</td><td>SMAW+NGSAW</td><td>E5015,ϕ4,ϕ5;H10Mn2A,ϕ4;SJ101</td><td>预热,≥100 ℃</td><td>580~650 ℃,2.3 h</td><td rowspan="3">100% RT+20%UT</td><td>WPS-1</td><td>PQR-1</td></tr>
<tr><td>A3、A4</td><td rowspan="2">筒体,Q345(16MnR),ϕ1 340×70</td><td>SAW</td><td>H10MnMoA,ϕ4;SJ101</td><td>预热,≥100 ℃;后热,200~250 ℃,2 h</td><td>900~980 ℃,70 min;580~650 ℃,2.3 h</td><td>WPS-2</td><td>PQR-2</td></tr>
<tr><td>B1</td><td>SMAW+NGSAW</td><td>E5015,ϕ4,ϕ5;10Mn2,ϕ4;SJ101</td><td>预热,≥100 ℃;后热,200~250 ℃,2 h</td><td>580~650 ℃,2.3 h</td><td>WPS-1</td><td>PQR-1</td></tr>
<tr><td>B2、B3</td><td>弯管,20 钢;钢法兰管,Q345(16Mn),ϕ29.6×6.3</td><td>M-GTAW+SMAW</td><td>H08MnA,ϕ2.4;E5015,ϕ3.2,ϕ4,ϕ5</td><td>—</td><td>—</td><td rowspan="2">100% RT+20%UT</td><td>WPS-3</td><td>PQR-3</td></tr>
<tr><td>D1、D2、D3、D4、D5</td><td>法兰管,Q345(16MnR),ϕ1 340×70;Q345(16Mn),ϕ565×83,ϕ78×32,ϕ105×31.5,ϕ52×18.5</td><td>SMAW</td><td>E5015,ϕ3.2,ϕ4,ϕ5</td><td>预热,≥100 ℃;后热,200~250 ℃,2h</td><td>580~650 ℃,2.3 h</td><td>WPS-4</td><td>PQR-4</td></tr>
</table>

注:NGSAW 为窄间隙埋弧焊;M-GTAW 为手工钨极氩弧焊;RT 为射线检测;UT 为超声检测;WPS 为焊接工艺规程;PQR 为焊接工艺评定报告。

【储罐焊接方法的选择与操作工作单】

计划单

学习情境 4	储罐焊接生产常用焊接方法及工艺的选用	任务 1	储罐焊接方法的选择与操作
工作方式	组内讨论，团结协作共同制订计划。小组成员进行工作讨论，确定工作步骤	计划学时	1 学时
完成人	1.　　2.　　3.　　4.　　5.　　6.		
计划依据：			

序号	计划步骤	具体工作内容描述
1		
2		
3		
4		
5		
制订计划说明	（为各成员完成任务提供可借鉴的建议或对计划中的某些方面做出解释。）	

决策单

<table>
<tr><td>学习情境 4</td><td colspan="2">储罐焊接生产常用焊接方法及工艺的选用</td><td>任务 1</td><td colspan="2">储罐焊接方法的选择与操作</td></tr>
<tr><td colspan="3">决策学时</td><td colspan="3">0.5 学时</td></tr>
<tr><td colspan="6">决策目的：</td></tr>
<tr><td rowspan="13">方案对比</td><td>成员</td><td>工艺的可行性
（加工质量）</td><td>加工的合理性
（加工时间）</td><td>加工的经济性
（加工成本）</td><td>综合评价</td></tr>
<tr><td>1</td><td></td><td></td><td></td><td></td></tr>
<tr><td>2</td><td></td><td></td><td></td><td></td></tr>
<tr><td>3</td><td></td><td></td><td></td><td></td></tr>
<tr><td>4</td><td></td><td></td><td></td><td></td></tr>
<tr><td>5</td><td></td><td></td><td></td><td></td></tr>
<tr><td>6</td><td></td><td></td><td></td><td></td></tr>
<tr><td></td><td></td><td></td><td></td><td></td></tr>
<tr><td></td><td></td><td></td><td></td><td></td></tr>
<tr><td></td><td></td><td></td><td></td><td></td></tr>
<tr><td></td><td></td><td></td><td></td><td></td></tr>
<tr><td></td><td></td><td></td><td></td><td></td></tr>
<tr><td></td><td></td><td></td><td></td><td></td></tr>
<tr><td>决策评价</td><td colspan="5">结果：（将自己的工艺方案与组内成员的工艺方案进行对比分析，对自己的工艺方案进行修改并说明修改原因，最后确定一个最佳方案。）</td></tr>
</table>

实施单

学习领域	焊接基础技术		
学习情境 4	储罐焊接生产常用焊接方法及工艺的选用	学时	12 学时
任务 1	储罐焊接方法的选择与操作	学时	6 学时
作业方式	小组分析、个人解答，现场批阅、集体评判		
1	储罐焊接生产过程中焊接方法的选择		

作业解答：

2	储罐焊接生产过程中焊接工艺的制定

作业解答：

3	储罐焊接生产过程中焊接工艺参数的选择及调整

作业解答：

作业评价：

班级		组别		组长签字	
学号		姓名		教师签字	
教师评分		日期			

检查单

<table>
<tr><td colspan="2">学习情境 4</td><td>储罐焊接生产常用焊接方法及工艺的选用</td><td>任务 1</td><td colspan="5">储罐焊接方法的选择与操作</td></tr>
<tr><td colspan="3">检查学时</td><td>课内 0.5 学时</td><td colspan="5">第　　组</td></tr>
<tr><td colspan="2">检查目的及方式</td><td colspan="7">教师对小组的工作过程和工作情况进行检查。如检查等级为不合格,则小组需要整改,并做出整改说明</td></tr>
<tr><td rowspan="2">序号</td><td rowspan="2">检查项目</td><td rowspan="2" colspan="2">检查标准</td><td colspan="5">检查结果分级
(在检查相应的分级框内画“√”)</td></tr>
<tr><td>优秀</td><td>良好</td><td>中等</td><td>合格</td><td>不合格</td></tr>
<tr><td>1</td><td>准备工作</td><td colspan="2">资源是否已查到;材料是否准备完整</td><td></td><td></td><td></td><td></td><td></td></tr>
<tr><td>2</td><td>分工情况</td><td colspan="2">安排是否合理、全面;分工是否明确</td><td></td><td></td><td></td><td></td><td></td></tr>
<tr><td>3</td><td>工作态度</td><td colspan="2">小组工作是否积极、主动且全员参与</td><td></td><td></td><td></td><td></td><td></td></tr>
<tr><td>4</td><td>遵纪情况</td><td colspan="2">是否按时完成所负责的工作内容,遵守工作纪律</td><td></td><td></td><td></td><td></td><td></td></tr>
<tr><td>5</td><td>团队合作</td><td colspan="2">成员是否团结协作、互相帮助,并听从指挥</td><td></td><td></td><td></td><td></td><td></td></tr>
<tr><td>6</td><td>创新意识</td><td colspan="2">任务完成过程是否不照搬照抄;看问题是否有独到见解和创新思维</td><td></td><td></td><td></td><td></td><td></td></tr>
<tr><td>7</td><td>完成效率</td><td colspan="2">工作单记录是否完整;是否按照计划完成任务</td><td></td><td></td><td></td><td></td><td></td></tr>
<tr><td>8</td><td>完成质量</td><td colspan="2">工作单填写是否准确;工艺表、程序、仿真结果是否达标</td><td></td><td></td><td></td><td></td><td></td></tr>
<tr><td>检查评语</td><td colspan="5">评语:</td><td colspan="3">教师签字:</td></tr>
</table>

评价单

学习情境 4	储罐焊接生产常用焊接方法及工艺的选用	任务 1	储罐焊接方法的选择与操作			
评价学时		课内 0.5 学时				
班级：		第　　组				
考核情境	考核内容及要求	分值（100 分）	小组自评（10%）/分	小组互评（20%）/分	教师评价（70%）/分	实得分（$\sum$）/分
汇报展示（20 分）	演讲资源利用	5				
	演讲表达和非语言技巧应用	5				
	团队成员补充配合程度	5				
	时间与完整性	5				
质量评价（40 分）	工作完整性	10				
	工作质量	5				
	报告完整性	25				
团队情感（25 分）	核心价值观	5				
	创新性	5				
	参与率	5				
	合作性	5				
	劳动态度	5				
安全文明（10 分）	工作过程中的安全保障情况	5				
	工具正确使用和保养、放置规范性情况	5				
工作效率（5 分）	能够在要求的时间内完成，每超时 5 min 扣 1 分	5				

小组成员素质评价单

<table>
<tr><td>学习情境 4</td><td>储罐焊接生产常用焊接方法及工艺的选用</td><td colspan="2">任务 1</td><td colspan="4">储罐焊接方法的选择与操作</td></tr>
<tr><td>班级</td><td></td><td colspan="2">第　　组</td><td colspan="2">成员姓名</td><td colspan="2"></td></tr>
<tr><td>评分说明</td><td colspan="7">每个小组成员的评分包括自评分和小组其他成员评分两部分，取平均值作为该小组成员最终得分。评分项目共包括以下 5 项。评分时，每人依据评分标准进行合理量化评分。小组成员在进行自评分后，要找小组其他成员以不记名的方式进行评分</td></tr>
<tr><td>评分项目</td><td>评分标准</td><td>自评分</td><td>成员 1 评分</td><td>成员 2 评分</td><td>成员 3 评分</td><td>成员 4 评分</td><td>成员 5 评分</td></tr>
<tr><td>核心价值观（20 分）</td><td>有无违背社会主义核心价值观的思想及行为</td><td></td><td></td><td></td><td></td><td></td><td></td></tr>
<tr><td>工作态度（20 分）</td><td>是否按时完成所负责的工作且遵守纪律；是否积极主动参与小组工作；是否全过程参与；是否吃苦耐劳；是否具有工匠精神</td><td></td><td></td><td></td><td></td><td></td><td></td></tr>
<tr><td>交流沟通（20 分）</td><td>能否良好地表达自己的观点；能否倾听他人的观点</td><td></td><td></td><td></td><td></td><td></td><td></td></tr>
<tr><td>团队合作（20 分）</td><td>能否与小组成员合作完成任务，并做到团结协作、互相帮助且听从指挥</td><td></td><td></td><td></td><td></td><td></td><td></td></tr>
<tr><td>创新意识（20 分）</td><td>对待问题能否独立思考，提出独到见解；能否利用创新思维解决遇到的问题</td><td></td><td></td><td></td><td></td><td></td><td></td></tr>
<tr><td>小组成员最终得分</td><td colspan="7"></td></tr>
</table>

【课后作业】

1. 焊条电弧焊的特点是什么？
2. 埋弧焊焊接工艺应包括什么内容？
3. 埋弧焊的焊接参数包括哪些？
4. CO_2 气体保护焊如何分类？
5. 钨极氩弧焊的焊接原理是什么？

任务 2　储罐焊接接头形式的选择与坡口加工

【任务工单】

学习情境 4	储罐焊接生产常用焊接方法及工艺的选用			任务 2	储罐焊接接头形式的选择与坡口加工
任务学时			课内 4 学时(课外 2 学时)		
布置任务					
任务目标	1. 了解各种焊接接头形式及特点； 2. 能根据储罐各部件的特点和技术要求,选择合适的接头形式、设计正确的坡口； 3. 具有分析焊接构件应力特点的能力； 4. 能利用现代化手段对信息进行收集和整理				
任务描述	根据构件图纸,拆分零部件图,绘制焊接结构图,确定焊接零部件的图纸。查阅资料,了解储罐各部件的焊接生产工艺。选择合适的焊接接头形式及设计正确的坡口。分组轮流对所设计的不同种类的坡口进行操作训练,并对焊接接头的进行评估,为储罐类产品的生产作前期准备				
学时安排	资讯 0.5 学时	计划 1 学时	决策 0.5 学时	实施 3 学时	检查 0.5 学时	评价 0.5 学时
对学生的学习过程及成果的要求	1. 掌握焊接结构特点及坡口设计原则； 2. 掌握焊接残余应力对构件精度和尺寸稳定性的影响； 4. 掌握焊接接头许用应力设计法； 5. 每名同学均需独立或在小组同学的帮助下完成任务工作单等,并提请教师检查、签认,对教师提出的建议或有错误务必及时思考或修改； 6. 每组必须完成任务工单,并提请教师进行小组评价,之后小组成员分享小组评价分数或等级； 7. 每名同学均需进行任务反思并做书面报告,以小组为单位提交				

【课前自学】

知识点 1　焊接接头组成的认知

焊接接头是指两个或两个以上零件要用焊接组合的接点,或指两个或两个以上零件用焊接方法连接的接头,包括焊缝、熔合区、热影响区、母材,如图 4-26 所示。

由于结构形状、工件厚度及对接头质量的要求不同,其接头及坡口形式也不同。

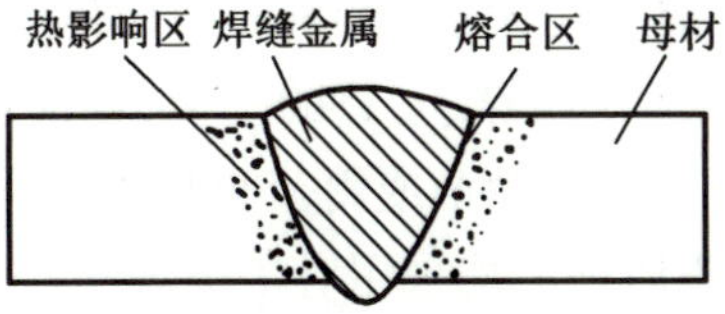

图 4-26　焊接接头的组成

坡口是指为了保证接头质量，在焊前把工件接口处预制成各种形状。焊接前，接头根部之间预留的空隙称为根部间隙。根部间隙是为了保证根部焊透，并要求装配间隙沿接边均匀一致。根部间隙一般留 0~2 mm，板厚越大，间隙越大。

坡口角度用于使电弧沿板厚熔入一定的深度，保证焊缝根部即钝边的焊透，并获得良好的焊缝和便于清渣。但坡口角度增大会增加填充金属量，使焊接生产率降低。对于合金钢而言，开坡口的目的有时是为了调节基体金属与填充金属的比例，以控制焊缝的化学成分。

钝边的主要作用是防止烧穿，但钝边尺寸不能过大，要保证底层焊缝焊透。

知识点 2　焊接接头形式比较

在焊接储罐时，由于焊件厚度、结构形状以及对质量要求的不同，其接头形式也不相同。根据相关国家标准规定，焊接接头的形式如图 4-27 所示。

常见焊接接头形式

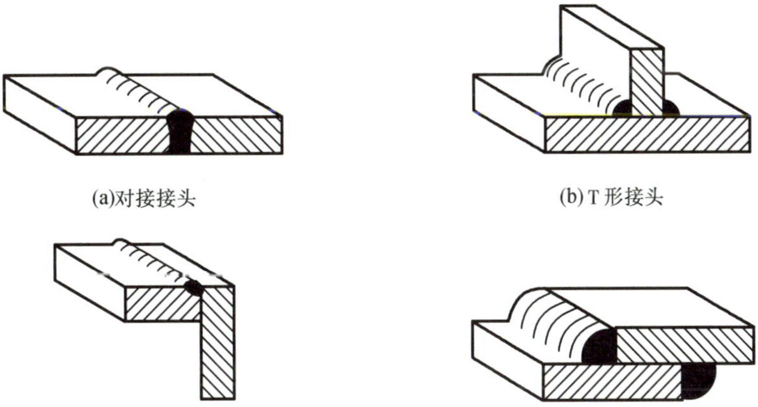

(a)对接接头　(b) T 形接头　(c)角接接头　(d)搭接接头

图 4-27　焊接接头形式

1. 对接接头

两焊件端面相对平行的接头称为对接接头，是焊接结构中最常用的接头，能承受较大的载荷，如图 4-28 所示。对接焊缝坡口形式和尺寸根据板厚、接头类型、焊接方法和工艺过程综合考虑。例如，从节约焊接材料出发，U 形好于 V 形，但加工费用高；双面坡口优于单面坡口且焊接变形小，但双面焊接时需翻转焊件，增加辅助时间，所以钢板厚度小于 25 mm 时，一般采用 V 形坡口；若要受力大、焊接变形小应采用 U 形坡口；利用焊条电弧焊焊接厚度在 6 mm 以下的钢板时选 I 形坡口；使用埋弧焊焊接厚度在 14 mm 以下的钢板时，采用I形坡口也能焊透。储罐类直径大于500 mm的筒体一般用钢板卷制或压制(卷成两个半圆)后焊接而成。筒体较短时可做成完整的一节,当筒体纵向尺寸大于钢板的宽度时可由几个筒节拼接而成。由于筒节与筒节或筒节与封头之间的连接焊缝呈环形,故称为环焊缝。所有纵、环焊的焊接接头原则上均采用对接接头。

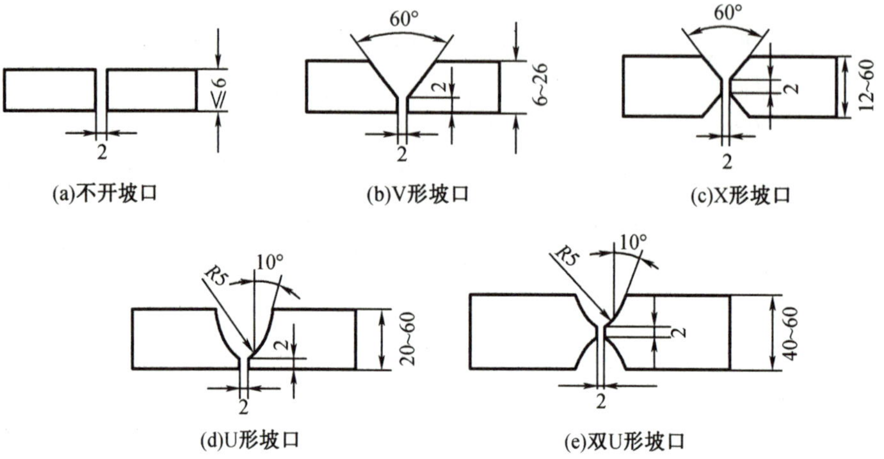

图4-28　对接接头形式(单位:mm)

2. 角接接头

两焊件端面间构成大于30°且小于135°夹角的接头称为角接接头,角接接头多用于箱形构件,其焊缝承载能力不高,一般用于不重要的焊接结构,如图4-29所示。

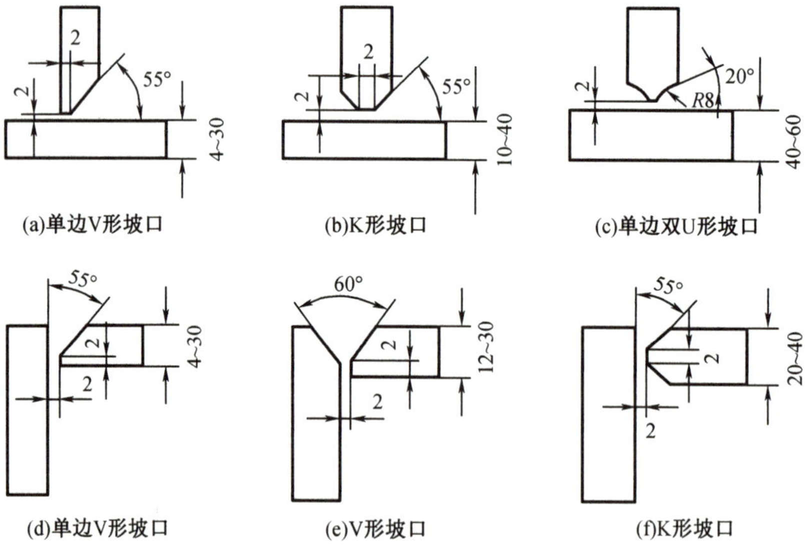

图4-29　角接接头形式(单位:mm)

3. 搭接接头

两焊件重叠放置或两焊件表面之间的夹角不大于30°构成的端部接头称为搭接接头。搭接接头的应力分布不均匀,接头的承载能力低,在结构设计中应尽量避免采用搭接接头。

当被连接件厚度不大时,采用大功率的埋弧焊或 CO_2 气体保护焊,不开槽也有可能焊透,使两个焊件连接起来。例如大型储罐的底板拼接都采用搭接接头,如图 4-30 所示。

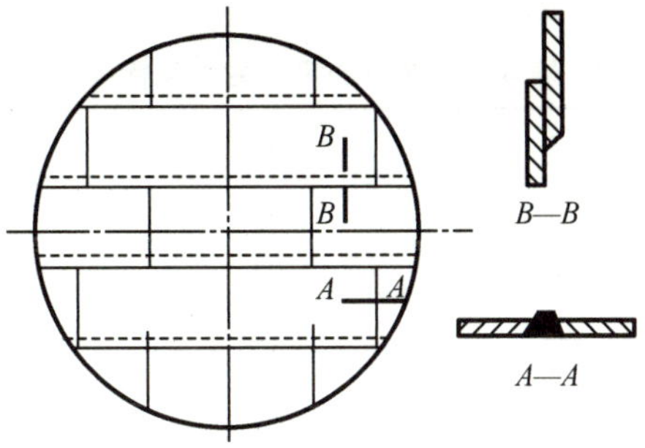

图 4-30 罐底板拼焊

4. T 形接头

一焊件端面与另一焊件表面构成直角或近似直角的接头称为 T 形接头,这种接头在焊接结构中是较常用的,整个接头承受载荷特别是承受动载荷的能力较强。T 形接头形式如图 4-31 所示。典型的电弧焊接头能承受各种方向的力和力矩。对这类接头应避免采用单面角焊,因为这种接头的根部有很深的缺口,其承载能力非常低。对较厚的板,可采用 K 形坡口,根据受力情况决定是否需要焊透。这样做比不开坡口用大尺寸的角焊经济,而且疲劳强度高。储罐的接管与筒身的焊接接头就属于此类。

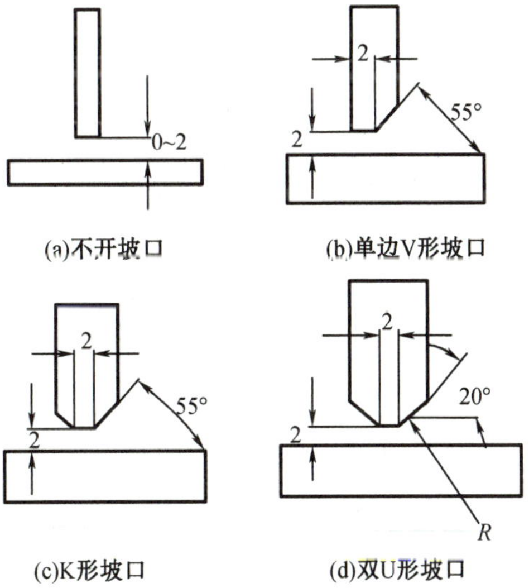

图 4-31 T 形接头形式(单位:mm)

知识点 3 坡口作用与形式选择

1. 坡口的作用

坡口的主要作用是保证焊缝根部焊透,使焊接热源能深入接头根部,以保证接头质量。此外,坡口还能起到调节基本金属与填充金属比例的作用。

2. 坡口的尺寸名称及标注

坡口尺寸主要有坡口角度、坡口面角度、根本间隙、钝边高度、根部半径和坡口深度等。具体名称及标注见表 4-8。

表 4-8　坡口的尺寸名称及标注

名称	坡口角度	坡口面角度	根部间隙
示意图	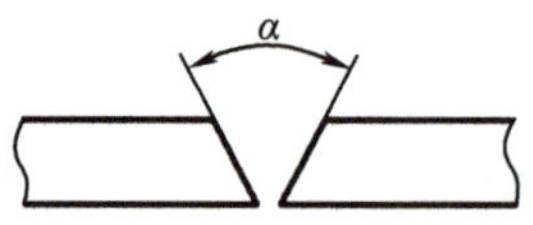	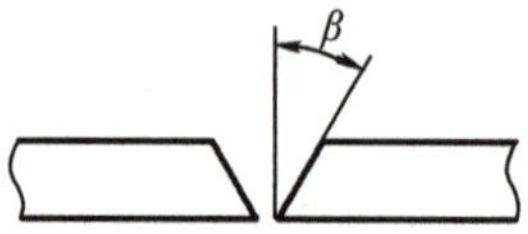	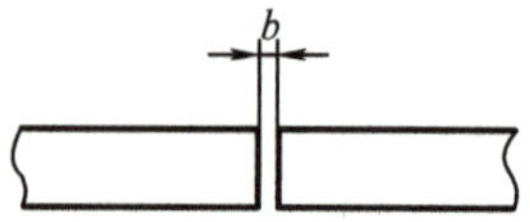
符号	α	β	b
名称	钝边	根部半径	坡口深度
示意图	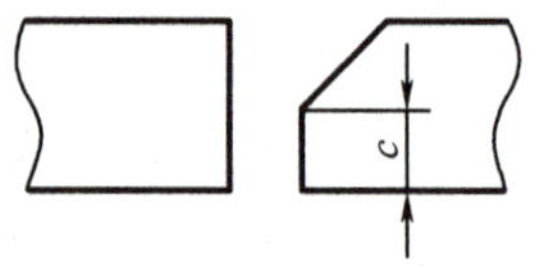	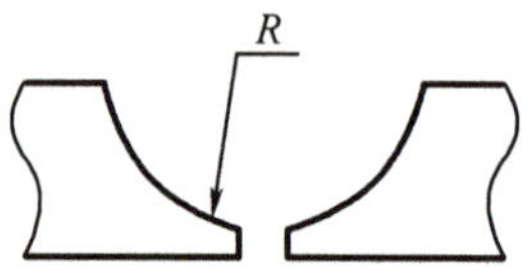	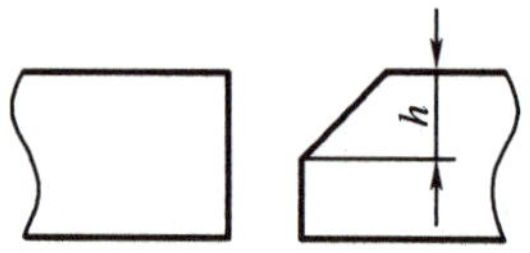
符号	c	R	h

钝边尺寸要保证第一层焊缝焊透。根部间隙在打底焊时，能保证根部焊透。坡口角度用于使电弧熔入焊缝的根部，使钝边焊透，且便于清渣，以获得美观的焊缝。

3. 常见的坡口形式

常见的坡口形式如图 4-32 所示，有 I 形坡口、V 形坡口、带钝边 U 形坡口等，可根据实际需要选用，最终目标是保证接头质量。

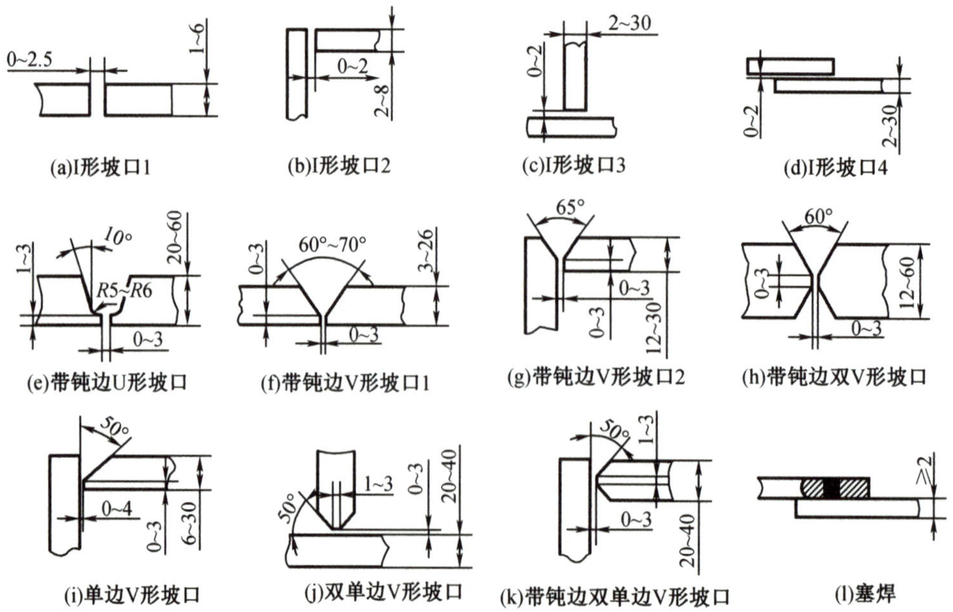

图 4-32　常见的坡口形式(单位:mm)

(1)I 形坡口

I 形坡口用于较薄钢板的焊件对接。采用焊条电弧焊或气体保护焊焊接厚度在 5~6 mm 以下的钢板时可以开 I 形坡口。如果采用埋弧焊,厚度一般可以放到 12~14 mm。这种坡口的焊缝填充金属(焊条或焊丝)很少。

(2)V 形坡口

这种坡口形状简单,加工方便,是最常用的坡口形式。焊接时为单面焊,不用翻转焊件。但由于是单面焊,其在焊后容易往一个方向变形,因此在必要时,应采取反变形措施。

(3)U 形接口

U 形坡口应用于厚板焊接。对大厚度钢板,当焊件厚度相同时,U 形坡口的焊缝填充金属要比 V 形坡口少得多,而且焊件产生的变形也小。但这种坡口加工较困难,一般应用于重要的焊接结构。U 形坡口有带钝边 U 形坡口、带钝边 J 形坡口(单边 U 形坡口)、带钝边双 U 形坡口等。留钝边的作用是防止根部焊穿,但同时也需考虑经济性。

4. 焊接坡口的选择

焊接坡口的选择一般遵循以下原则:

(1)能够保证工件焊透,手工电弧焊熔深一般为 2~4 mm,且便于焊接操作。如在容器内部不便焊接的情况下,要采用单面坡口即在容器的外面焊接。

(2)坡口形状应容易加工。

(3)尽可能提高焊接生产率和节省焊条。

(4)尽可能减小焊后工件的变形。

知识点 4 焊接变形与应力的认知

焊接构件因焊接而产生的内应力称为焊接应力。焊件因焊接而产生的变形称为焊接变形。

1. 焊接变形与应力成因

焊接构件在局部加热过程中,构件上的温度分布极不均匀,如焊缝及其附近区域的金属被加热至熔化,然后逐渐冷却凝固,再降至常温。近缝区的金属也要经历从常温到高温,再由高温降至常温的热循环过程。金属在加热时要膨胀,在冷却时要收缩,由于构件上各处的温度极不均匀,各处的膨胀和收缩变形也差别较大,这种变形不一致导致受力不均匀而发生变形。

在拘束条件下焊接,构件内不仅出现拘束应力,而且焊缝还会引起与自由状态下焊接相似的焊接残余应力。构件中的实际应力应是这两项应力的综合。由于拘束应力是拉应力,它对构件的影响较大,所以在实际生产中,有时需采取一定的措施以减小构件的刚度,防止产生过大的拘束应力。例如在化工容器中,经常会遇到焊接接管、人孔法兰以及在检修时挖补镶块等封闭焊缝。由于这些焊缝在焊接时,构件本身的刚度较大,因此焊缝是在较大的拘束下进行焊接的,这时焊接残余应力与自由状态下的焊接相比将会有较大的区别。

2. 焊接变形

(1)焊接变形的基本形式

焊接变形是焊件自身降低其应力状态的结果,变形的表现形式与焊件的截面尺寸、焊缝布置、焊接元件的组合方式及焊接接头的形式等因素有关。焊接变形的基本形式有收缩变形、弯曲变形、角变形、波浪变形和扭曲变形等，后4种如图4-33所示。

①收缩变形：焊接接头焊后冷却过程中发生缩短现象。

②弯曲变形：长构件因不均匀加热和冷却于焊后两端翘起的变形，又称翘曲变形。

③角变形：由于焊接区沿板材厚度方向不均匀的横向收缩而引起的回转变形。

④波浪变形：因不均匀加热，焊后构件呈波浪状变形。

⑤扭曲变形：由于装配不良、施焊程序不合理等，焊后构件发生扭曲。

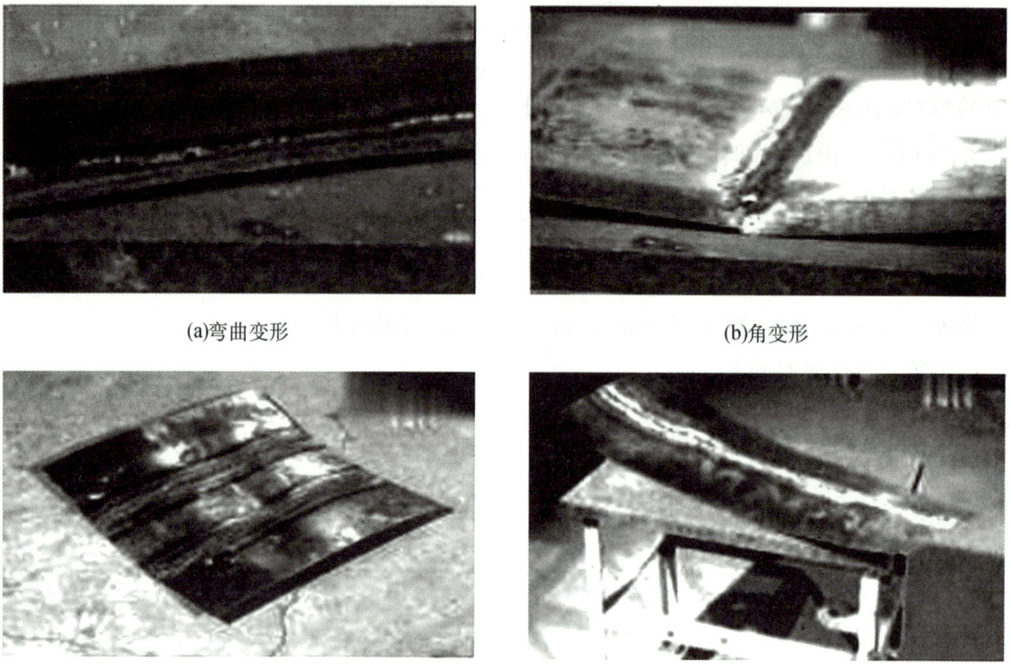

(a)弯曲变形　(b)角变形

(c)波浪变形　(d)扭曲变形

图4-33　常见焊接变形

（2）焊接变形的危害

①降低结构形状尺寸精度和美观度。

②矫正变形要降低生产率，增加制造成本，并且降低焊接接头的性能。

③焊接变形中产生的角变形、波浪变形及弯曲变形等在外载荷作用下会引起应力集中和附加应力，使结构的承载能力下降。

④降低整体结构的组对装配质量，甚至发生强力组装，从而影响焊接质量。

（3）焊接变形的预防和控制措施

焊接变形不但影响结构形状尺寸的精度和外形美观度，严重时还可能降低其承载能力，甚至造成事故。为了防止和减少焊接变形，设计时应尽可能采用合理的结构形式和采用必要的焊接工艺措施。

①采用合理的结构形式

设计焊接结构时，在保证结构有足够承载能力情况下，应采用尽量小的焊缝尺寸、数量，焊缝尽量对称布置，并应使焊缝分散，避免集中。

②反变形法

借助经验和计算方法，估计焊后可能发生的变形大小和方向，焊前将工件安放在与焊接变形方向相反的位置上，如图 4-34 所示。反变形法主要用来减小角变形和弯曲变形。例如，在焊接储罐的管接头时，由于接管部集中在储罐筒身的一侧，焊接后会发生弯曲变形，此时可用夹具使其在外力作用下产生反变形，然后开始焊接。焊后接管焊接的收缩使筒身产生的弯曲变形与预制反变形相互抵消，从而使筒身保持平直。

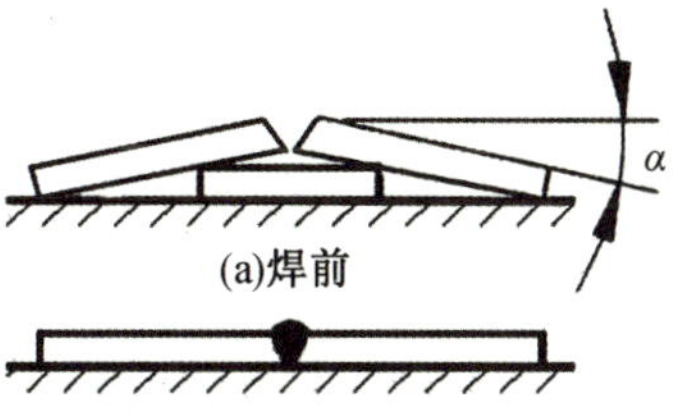

图 4-34　防止角变形的反变形法

③刚性固定法

如图 4-35 所示，焊前将工件用刚性支撑、夹具或定位点焊等强制固定，以防止和减小变形。此方法只适用于塑性较好、结构刚度较小的结构，对淬硬性较大金属不能使用，以免焊后断裂。

图 4-35　刚性固定法

④焊接顺序变换法

安排焊接顺序时应尽可能考虑焊缝的自由伸缩。对称截面梁的焊接次序要交替进行。当结构具有对称布置的焊缝时，应尽量采用对称焊接，并采用相同焊接参数同时施焊。对不对称的焊缝结构，应先焊焊缝少的一侧，后焊焊缝多的一侧，使后焊一侧的变形抵消先焊一侧的变形，从而达到减小总体变形的目的。

⑤选择合理的焊接方法和规范

选择线能量较低的焊接方法和规范，可有效地防止焊接变形。如果在焊接时，没有条件采用线能量较小的焊接方法，又不能进一步降低规范，则可采用直接水冷或铜冷却来限制和缩小焊接热场的分布，达到减小变形的目的，但对焊接淬硬性高的材料应慎用。

⑥焊前预热，焊后处理

焊前对工件预热可以减少焊件各部位温差，降低焊后冷却速度，减小残余应力。在允许的条件下，焊后进行去应力退火或用锤子对红热状态下的焊缝进行均匀迅速的敲击，均可有效地减小焊接变形。

(4)矫正焊接变形的方法

①机械矫正法

机械矫正法是对焊件中尺寸较短部分通过施加外力的作用，使之产生塑性延展，从而达到矫正变形的目的。机械矫正法是通过冷加工塑性变形来矫正变形的，因此，要损耗一部分塑性。故机械矫正法通常适用于低碳钢等塑性好的金属材料。

②火焰矫正法

a. 点加热：利用火焰局部加热时产生塑性变形，使较长金属在冷却后收缩，以达到矫正变形的目的。

b. 线状加热：火焰沿直线方向移动，形成一条加热线，或沿直线移动时在宽度方向做横向摆动，形成一条加热带。各种线状加热的形式如图 4-36 所示。

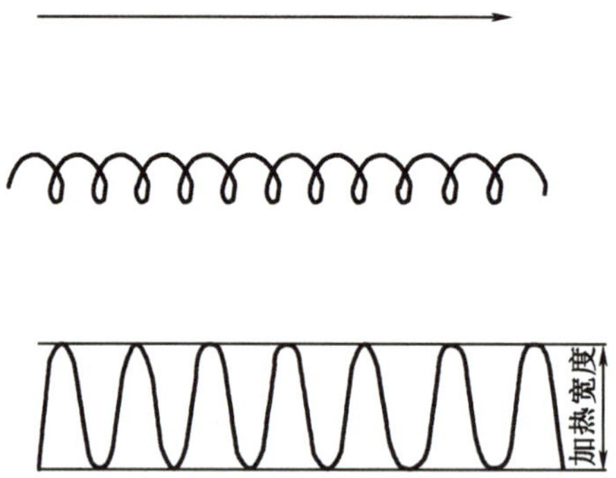

图 4-36　线状加热矫形

c. 三角形加热：加热区域为三角形，各加热区根据焊件的变形情况进行分布，常用于消除框架结构或工字形梁的弯曲变形，如图 4-37 所示。

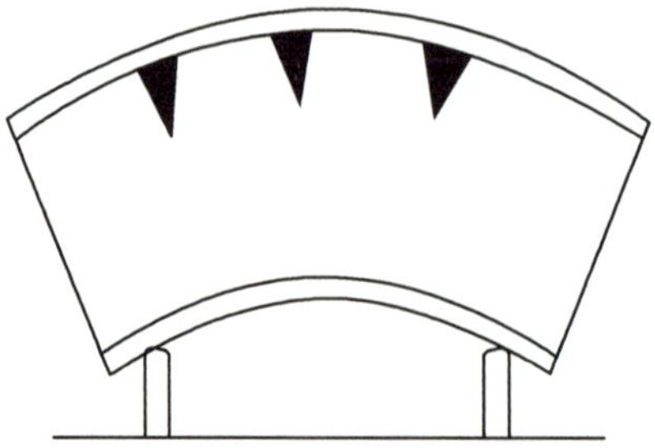

图 4-37　三角形加热矫形

应用生产实例:厚壁筒体在焊后产生椭圆时,可以采火焰加热矫形来矫正,图4-38为矫正厚壁筒椭圆时的加热方法。加热时沿筒体轴线方向进行加热,在椭圆短轴的顶点部位,应在筒的内壁进行加热如图4-38(a)所示。加热区不准贯穿壁厚,这样在冷却收缩时,会使该处的曲率变大。同样道理,在加热椭圆的长轴顶点部位时,应在筒的外壁加热,如图4-38(b)所示,使该处的曲率变小。每次加热后都用样板检查,可重复加热直至合乎要求。

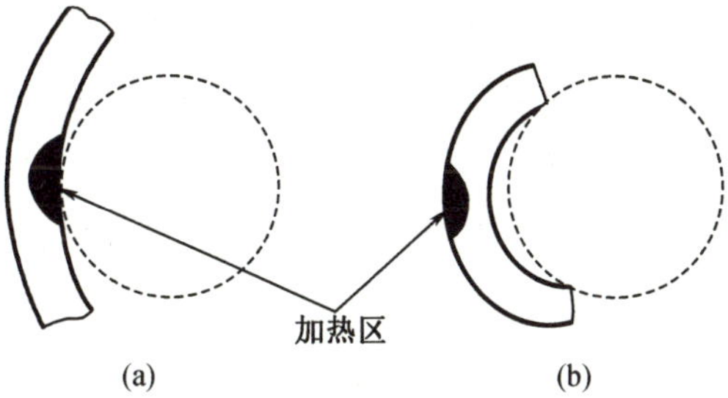

图4-38　为矫正厚壁筒椭圆时的加热方法

3. 焊接残余应力

(1)焊接残余应力的分类

①按应力产生的原因分类。

a. 热应力:由于受热不均匀、温度差异而引起的应力,又称温度应力。

b. 拘束应力:主要由于结构本身或外加拘束作用而引起的应力。

c. 相变应力:主要由于焊接接头区产生不均匀的组织转变而引起的应力,称为相变应力。

d. 氢致集中应力:主要由于扩散氢聚集在显微缺陷处而引起的应力。

②按应力在空间的方向分类,如图4-39所示。

a. 单向应力:在焊件中沿一个方向存在的应力。

b. 双向应力:作用在焊件某一平面内两个互相垂直的方向上的应力。

c. 三向应力:作用在焊件内互相垂直的三个方向的应力。

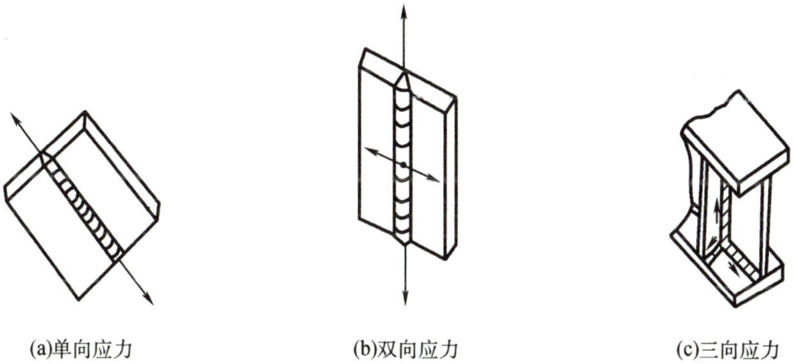

图4-39　残余应力在空间的方向分类

(2)焊接残余应力的危害

①焊接应力会引起热裂纹和冷裂纹的产生。

②焊接应力促使接触腐蚀介质的结构在使用时易发生应力腐蚀，产生应力腐蚀裂纹，并导致低应力脆断。

③在结构应力集中部位、焊接缺陷较多部位、结构刚性拘束较大的部位，存在拉伸应力会缩短结构使用寿命，并易导致低应力脆断。

④有较大焊接残余应力的结构，在长期使用中，由于残余应力逐渐松弛、衰减会产生一定程度的变形。有焊接残余应力的构件，在机械加工之后，原来平衡的应力状态改变，导致构件形状在切削加工后发生变化，影响加工的精度及尺寸的稳定性。

⑤在厚壁结构的焊接接头区及立体交叉焊缝交汇处等部位，三向应力的存在会使材料的塑性变形能力降低，从而降低了结构的承载能力。

(3)减小焊接应力的措施

①采用合理的焊接顺序和方向，如图 4-40 所示。

②采用较小的焊接线能量。

③采用整体预热法。

④采用锤击法。

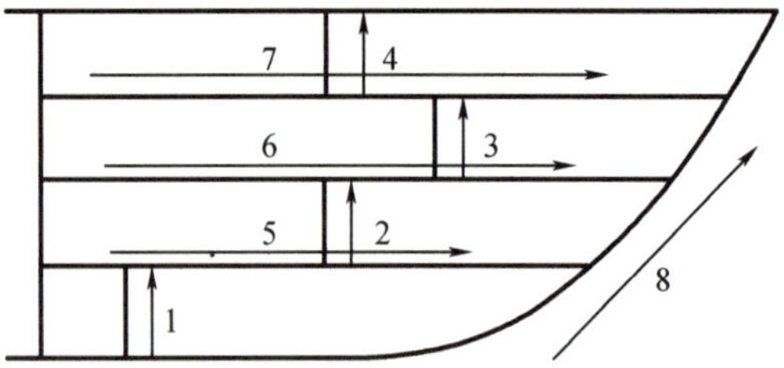

图 4-40　合理的焊接顺序和方向

(4)消除焊接残余应力的方法

①热处理法：通过消除应力退火或高温回火的焊后热处理方法，利用高温时金属材料屈服点下降和蠕变现象来松弛焊接残余应力。

②振动法：利用稳定共振所产生的变载应力，使焊接接头拉伸残余应力区产生塑性变形，从而松弛焊接残余应力。

③机械拉伸法：对焊接结构进行加载，使焊接接头塑性变形区得到拉伸，可减小由焊接引起的局部压缩塑性变形量，从而消除部分焊接残余应力。

【自学自测】

一、选择题

1. I 形坡口用于(　　)的焊件对接

A. 较薄钢板　　B. 中厚钢板　　C. 厚钢板　　D. 都可以

2. 两焊件重叠放置或两焊件表面之间的夹角不大于(　　)构成的端部接头称为搭接接头。

A. 10°　　B. 20°　　C. 30°　　D. 40°

3. 两焊件端面间构成大于 30°且小于(　　)夹角的接头称为角接接头。角接接头多用于箱形构件,其焊缝承载能力不高,一般用于不重要的焊接结构。

A. 105°　　B. 135°　　C. 155°　　D. 175°

4. 下列不属于火焰矫正法加热方式的是(　　)。

A. 点加热　　B. 线状加热　　C. 三角形加热　　D. 面加热

5. 所有纵、环焊的焊接接头,原则上均采用(　　)。

A. 对接接头　　B. 角接接头　　C. 搭接接头　　D. T 型接头

二、填空题

1. 坡口的主要作用是为了保证(　　)焊透,使电弧沿板厚熔入接头根部,以保证接头质量。

2. 焊接构件因焊接而产生的(　　)称为焊接应力。焊件因焊接而产生的变形称为(　　)。

3. 长构件因不均匀加热和冷却于焊后两端翘起的变形,称为(　　)。

4. 在设计焊接结构时,在保证结构有足够(　　)情况下,应采用尽量小的焊缝尺寸、数量。

5. (　　)是对焊件中尺寸较短部分通过施加外力的作用,使之产生塑性延展,从而达到矫正变形的目的。

【任务实施】

管坡口施工工艺流程如图 4-41 所示。

1. 人员配备要求

根据工作量组织钳工 2~4 人,辅助工 1~2 人。高空清理坡口人员应经体检合格,能适应高处作业的要求。

2. 施工工具配置

电动坡口机 1~3 部,砂轮切割机 1 部,割把 1~2 套,角磨 3 台,电磨 3 台,盒尺 1~2 个,1 t 倒链 2 个,以及榔头、记号笔等常备工具。

3. 设备、材料供应

供下料的管材应经质量检验合格,需清理坡口的设备到货且具备施工条件,并准备用于防锈的防锈剂。

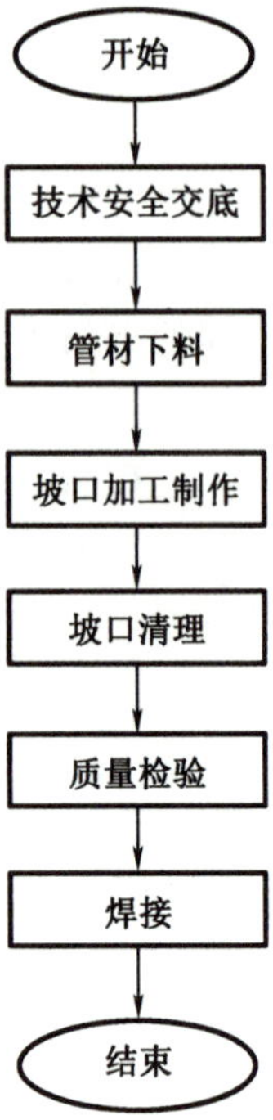

图 4-41 施工工艺流程图

4. 作业方法及要求

(1)管材下料

下料前应确认管子材质、规格，检查管子表面有无裂纹、撞伤、龟裂、压扁、砂眼和分层等缺陷。下料时应尽量采用机械切割、火焰切割、等离子切割，并应留有余量，以便清除淬硬层。

(2)坡口制作

使用坡口机加工坡口，对于热切割的下料应采用专用的气割刀具，避免打坏刀具。如管材数量少或管径小而不能使用坡口机，可以直接用角磨机打出坡口，坡口尺寸及管口端面倾斜应符合相关要求。

(3)坡口检查

坡口内及边缘 20 mm 内母材应无裂纹、重皮、坡口破损及毛刺等缺陷。对合金管应检查标记是否明显，否则应重新标记。

(4)不同厚度焊件对口时，应注意对其厚度差的处理。

(5)坡口清理

管子和管件的坡口及内、外壁 10~15 mm 范围内的油漆、垢、锈等在对口前应清除干净，直至露出金属光泽。对壁厚大于或等于 20 mm 的坡口，应检查其是否有裂纹、夹层等缺陷。对清理完的坡口如不立即焊接应喷涂防锈剂。

【储罐焊接接头形式的选择与坡口加工工作单】

计划单

学习情境 4	储罐焊接生产常用焊接方法及工艺的选用	任务 2	储罐焊接接头形式的选择与坡口加工
工作方式	组内讨论,团结协作共同制订计划。小组成员进行工作讨论,确定工作步骤	计划学时	1 学时
完成人	1.　2.　3.　4.　5.　6.		

计划依据：

序号	计划步骤	具体工作内容描述
1		

计划单(续)

计划依据：

序号	计划步骤	具体工作内容描述
2		
3		
4		
5		

制订计划说明	(为各成员完成任务提供可借鉴的建议或对计划中的某些方面做出解释。)

决策单

<table>
<tr><td>学习情境 4</td><td colspan="2">储罐焊接生产常用焊接方法及工艺的选用</td><td>任务 2</td><td colspan="2">储罐焊接接头形式的选择与坡口加工</td></tr>
<tr><td colspan="3">决策学时</td><td colspan="3">0.5 学时</td></tr>
<tr><td colspan="6">决策目的：</td></tr>
<tr><td rowspan="13">方案对比</td><td>成员</td><td>工艺的可行性
（加工质量）</td><td>加工的合理性
（加工时间）</td><td>加工的经济性
（加工成本）</td><td>综合评价</td></tr>
<tr><td>1</td><td></td><td></td><td></td><td></td></tr>
<tr><td>2</td><td></td><td></td><td></td><td></td></tr>
<tr><td>3</td><td></td><td></td><td></td><td></td></tr>
<tr><td>4</td><td></td><td></td><td></td><td></td></tr>
<tr><td>5</td><td></td><td></td><td></td><td></td></tr>
<tr><td>6</td><td></td><td></td><td></td><td></td></tr>
<tr><td></td><td></td><td></td><td></td><td></td></tr>
<tr><td></td><td></td><td></td><td></td><td></td></tr>
<tr><td></td><td></td><td></td><td></td><td></td></tr>
<tr><td></td><td></td><td></td><td></td><td></td></tr>
<tr><td></td><td></td><td></td><td></td><td></td></tr>
<tr><td></td><td></td><td></td><td></td><td></td></tr>
<tr><td>决策评价</td><td colspan="5">结果：(将自己的工艺方案与组内成员的工艺方案进行对比分析，对自己的工艺方案进行修改并说明修改原因，最后确定一个最佳方案。)</td></tr>
</table>

实施单

学习领域	焊接基础技术		
学习情境 4	储罐焊接生产常用焊接方法及工艺的选用	学时	12 学时
任务 2	储罐焊接接头形式的选择与坡口加工	学时	6 学时
作业方式	小组分析、个人解答，现场批阅、集体评判		
1	储罐焊接接头的选择		

作业解答：

2	储罐不同焊接接头的坡口设计及设计图绘制

作业解答：

3	焊接接头残余应力分析

作业解答：

作业评价：

班级		组别		组长签字	
学号		姓名		教师签字	
教师评分		日期			

检查单

<table>
<tr><td>学习情境 4</td><td colspan="2">储罐焊接生产常用焊接方法及工艺的选用</td><td>任务 2</td><td colspan="5">储罐焊接接头形式的选择与坡口加工</td></tr>
<tr><td colspan="3">检查学时</td><td>课内 0.5 学时</td><td colspan="5">第　　组</td></tr>
<tr><td colspan="2">检查目的及方式</td><td colspan="7">教师对小组的工作过程和工作情况进行检查。如检查等级为不合格,则小组需要整改,并做出整改说明</td></tr>
<tr><td rowspan="2">序号</td><td rowspan="2">检查项目</td><td rowspan="2" colspan="2">检查标准</td><td colspan="5">检查结果分级
(在检查相应的分级框内画“√”)</td></tr>
<tr><td>优秀</td><td>良好</td><td>中等</td><td>合格</td><td>不合格</td></tr>
<tr><td>1</td><td>准备工作</td><td colspan="2">资源是否已查到;材料是否准备完整</td><td></td><td></td><td></td><td></td><td></td></tr>
<tr><td>2</td><td>分工情况</td><td colspan="2">安排是否合理、全面;分工是否明确</td><td></td><td></td><td></td><td></td><td></td></tr>
<tr><td>3</td><td>工作态度</td><td colspan="2">小组工作是否积极、主动且全员参与</td><td></td><td></td><td></td><td></td><td></td></tr>
<tr><td>4</td><td>遵纪情况</td><td colspan="2">是否按时完成所负责的工作内容,遵守工作纪律</td><td></td><td></td><td></td><td></td><td></td></tr>
<tr><td>5</td><td>团队合作</td><td colspan="2">成员是否团结协作、互相帮助,并听从指挥</td><td></td><td></td><td></td><td></td><td></td></tr>
<tr><td>6</td><td>创新意识</td><td colspan="2">任务完成过程是否不照搬照抄;看问题是否有独到见解和创新思维</td><td></td><td></td><td></td><td></td><td></td></tr>
<tr><td>7</td><td>完成效率</td><td colspan="2">工作单记录是否完整;是否按照计划完成任务</td><td></td><td></td><td></td><td></td><td></td></tr>
<tr><td>8</td><td>完成质量</td><td colspan="2">工作单填写是否准确;工艺表、程序、仿真结果是否达标</td><td></td><td></td><td></td><td></td><td></td></tr>
<tr><td>检查评语</td><td colspan="6">评语:</td><td colspan="2">教师签字:</td></tr>
</table>

评价单

学习情境 4	储罐焊接生产常用焊接方法及工艺的选用	任务 2	储罐焊接接头形式的选择与坡口加工			
评价学时		课内 0.5 学时				
班级：		第　　组				
考核情境	考核内容及要求	分值（100 分）	小组自评（10%）/分	小组互评（20%）/分	教师评价（70%）/分	实得分（∑）/分
汇报展示（20 分）	演讲资源利用	5				
	演讲表达和非语言技巧应用	5				
	团队成员补充配合程度	5				
	时间与完整性	5				
质量评价（40 分）	工作完整性	10				
	工作质量	5				
	报告完整性	25				
团队情感（25 分）	核心价值观	5				
	创新性	5				
	参与率	5				
	合作性	5				
	劳动态度	5				
安全文明（10 分）	工作过程中的安全保障情况	5				
	工具正确使用和保养、放置规范性情况	5				
工作效率（5 分）	能够在要求的时间内完成，每超时 5 min 扣 1 分	5				

小组成员素质评价单

<table>
<tr><td>学习情境 4</td><td colspan="2">储罐焊接生产常用焊接方法及工艺的选用</td><td>任务 2</td><td colspan="5">储罐焊接接头形式的选择与坡口加工</td></tr>
<tr><td>班级</td><td></td><td>第　　组</td><td></td><td colspan="2">成员姓名</td><td colspan="3"></td></tr>
<tr><td>评分说明</td><td colspan="8">每个小组成员的评分包括自评分和小组其他成员评分两部分，取平均值作为该小组成员最终得分。评分项目共包括以下 5 项。评分时，每人依据评分标准进行合理量化评分。小组成员在进行自评分后，要找小组其他成员以不记名的方式进行评分</td></tr>
<tr><td>评分项目</td><td colspan="2">评分标准</td><td>自评分</td><td>成员 1 评分</td><td>成员 2 评分</td><td>成员 3 评分</td><td>成员 4 评分</td><td>成员 5 评分</td></tr>
<tr><td>核心价值观（20 分）</td><td colspan="2">有无违背社会主义核心价值观的思想及行为</td><td></td><td></td><td></td><td></td><td></td><td></td></tr>
<tr><td>工作态度（20 分）</td><td colspan="2">是否按时完成所负责的工作且遵守纪律；是否积极主动参与小组工作；是否全过程参与；是否吃苦耐劳；是否具有工匠精神</td><td></td><td></td><td></td><td></td><td></td><td></td></tr>
<tr><td>交流沟通（20 分）</td><td colspan="2">能否良好地表达自己的观点；能否倾听他人的观点</td><td></td><td></td><td></td><td></td><td></td><td></td></tr>
<tr><td>团队合作（20 分）</td><td colspan="2">能否与小组成员合作完成任务，并做到团结协作、互相帮助且听从指挥</td><td></td><td></td><td></td><td></td><td></td><td></td></tr>
<tr><td>创新意识（20 分）</td><td colspan="2">对待问题能否独立思考，提出独到见解；能否利用创新思维解决遇到的问题</td><td></td><td></td><td></td><td></td><td></td><td></td></tr>
<tr><td>小组成员最终得分</td><td colspan="8"></td></tr>
</table>

【课后作业】

1. 坡口的作用是什么？
2. 请列举常见的坡口形式。
3. 简要说明焊接变形有哪些危害。
4. 焊接残余应力如何分类？
5. 减小焊接应力的措施是什么？

焊接故事园——加氢反应器的焊接

加氢反应器通常在高温、临氢等苛刻条件下工作，并在含有氢及硫化氢的介质中运行，因此其对安全性的要求特别高。该设备的主体材质为 15CrMoR+S32168。复合材料的焊接是该设备制造中的重要环节，也是确保其整体质量的关键。热处理方式：整体焊后热处理，无损检测。

复层材料在焊接热过程中，奥氏体不锈钢能吸收大量的氢。当冷却速度较快时，残留的氢不能逸出,会引起氢腐蚀、氢脆,在焊接残余应力和腐蚀介质的共同作用下将会引起硫化物应力腐蚀。因此,需要采用特殊的焊接工艺来保证焊接质量和以后的使用质量。

基层采用手工电弧焊打底、埋弧自动焊盖面的焊接方式。过渡层和复层均采用焊条电弧焊焊接。最终进行整体焊后热处理以消除整体焊接残余应力、结构应力。此外,焊后热处理可提高焊接接头的综合力学性能、高温蠕变强度和组织稳定性,降低焊缝和 HAZ 的硬度。

参考文献

[1] 冯菁菁.焊接结构生产[M].北京:机械工业出版社,2018.

[2] 王宗杰.熔焊方法及设备[M].北京:机械工业出版社,2016.

[3] 束德林.工程材料力学性能[M].北京:机械工业出版社,2016.

[4] 侯洪生.机械工程图学[M].3版.北京:科学出版社,2012.

[5] 陈裕川.焊接结构制造工艺实用手册[M].北京:机械工业出版社,2012.

[6] 杨跃.典型焊接接头电弧焊实作[M].2版.北京:机械工业出版社,2016.

[7] 侯勇.焊条电弧焊[M].北京:机械工业出版社,2017.

[8] 吴叶军.非熔化极气体保护焊[M].北京:机械工业出版社,2018.

[9] 杜则裕.焊接冶金学:基本原理[M].北京:机械工业出版社,2018.

[10] 李亚江.焊接冶金学:材料焊接性[M].北京:机械工业出版社,2016.